高等院校ＥＤＡ系列教材

电子技术实验与Multisim 12仿真

主编　古良玲　王玉菡

参编　全晓莉　陈古波　程　瑶　李　双

机 械 工 业 出 版 社

本书依据高等院校电子信息类、自动化类专业的"电工基础"、"模拟电子技术"和"数字电子技术"课程最新教学大纲要求，精选仿真实验项目，将理论知识与实际训练紧密结合，便于学生参照练习，不仅能激发学生的学习兴趣，而且能加深对理论知识的理解，提高教学效果。

本书第 1 章简要介绍 Multisim 12 仿真软件，了解菜单功能，元器件库和仪器仪表的使用等。第 2 章和第 3 章为模拟电子技术基础实验和数字电子技术基础实验，均以单个实验为主体进行编写，针对每个实验既配备了计算机仿真实验内容，又配备了实验室操作实验内容，较好地把理论、仿真与实际操作有机地结合起来。计算机仿真实验内容既可以作为实验的教学内容，也可以作为实验室操作之前的预习内容，很好地弥补了实验设备不足的缺点，虚实结合，使学习更加能够理论联系实际。第 4 章和第 5 章分别讲解了运用 Multisim 仿真技术设计电子秒表及交通信号控制系统的综合实验，从单元电路仿真分析到总体电路设计，逐步掌握电子技术综合实验的设计要领。

本书可作为相关学校电子信息类、自动化类专业的教科书，也可供从事电工电子技术设计和应用的科技人员参考。

本书配套实验素材文件，需要的教师可登录 www.cmpedu.com 免费注册、审核通过后下载，或联系编辑索取（QQ：2399929378，电话：010-88379753）。

图书在版编目（CIP）数据

电子技术实验与 Multisim 12 仿真 / 古良玲，王玉菡主编. —北京：机械工业出版社，2015.6（2025.1 重印）
高等院校 EDA 系列教材
ISBN 978-7-111-50327-9

Ⅰ. ①电… Ⅱ. ①古… ②王… Ⅲ. ①电子技术—实验—计算机仿真—高等学校—教材 Ⅳ. ①TN-33

中国版本图书馆 CIP 数据核字（2015）第 135500 号

机械工业出版社（北京市百万庄大街 22 号 邮政编码 100037）
策划编辑：尚 晨 责任编辑：尚 晨
责任校对：张艳霞 责任印制：常天培

北京机工印刷厂有限公司印刷

2025 年 1 月第 1 版第 12 次印刷
184mm×260mm · 16 印张 · 392 千字
标准书号：ISBN 978-7-111-50327-9
定价：49.00 元

电话服务
客服电话：010-88361066
010-88379833
010-68326294

网络服务
机 工 官 网：www.cmpbook.com
机 工 官 博：weibo.com/cmp1952
金 书 网：www.golden-book.com
机工教育服务网：www.cmpedu.com

前　言

电子技术实验作为电子技术基础课程的重要组成部分，在人才培养中具有非常重要的作用，它的主要任务是培养学生的基本实验技能、电路的设计与综合应用能力，以全面提高学生的动手能力和创新能力。

电子设计自动化（EDA）技术给电子设计行业带来了巨大变革，其广阔的应用前景已经得到了电子领域科研人员及教学队伍的一致认可。它在电类专业中的地位也逐渐被人们所认识，许多高等学校开设了相应的课程，并为学生提供了课程设计、综合实践、电子设计竞赛等 EDA 技术的综合应用实践环节。其中 Multisim 就是 EDA 技术领域中一款杰出的仿真软件。

为了适应现代电子技术的发展，推动电子技术实验课进行改革而编写了本书。本书在电子技术实验的基础上加入了 Multisim 12 仿真软件的内容，并融入到每一个实验中。

本书是作者多年教学经验的积累，具有以下特点：1）实验内容与理论教学紧密结合，由浅至深；2）以单个实验为主体进行编写，有利于实验的开展；3）实验中采用虚拟仿真与实际电路搭接相结合的方式，使得实验的开展不受实验条件的局限，在时间和空间上得到更大的自由度；4）充分考虑初学者的实际情况，语言通俗易懂，注重兴趣培养；5）既适合初学者学习，又适合设计人员参考；6）既介绍了 Multisim 12 的特点，又重点突出了该软件在电子技术领域的综合应用。

由于大量使用仿真软件 Multisim 12，为了实现与仿真软件的无缝结合，本书的所有逻辑符号全部采用国外标准，附录中列出了国内标准与国外标准逻辑符号对照表，便于读者参考。

本书第 1 章由全晓莉编写，第 2 章由王玉菡编写，第 3 章由古良玲编写，第 4 章由陈古波编写，第 5 章及附录由程瑶和李双共同编写，全书由古良玲负责统稿。

本书在编写过程中得到了重庆市 2014 年高等学校教学改革研究重点项目（项目编号 142004）和重庆理工大学 2013 年教育教学改革研究项目（项目编号 2013YB16）资助，并得到了重庆理工大学电工电子技术实验中心领导及全体老师的大力支持和帮助，在此一并表示衷心的感谢！

本书提供所有的计算机仿真实验电路图。

为了便于教学实验和读者自学，本书中涉及的电气逻辑符号及元器件符号与 Multisim 软件中保持一致，并在书后附有相关符号内容对照表，以供读者查阅。

由于编者水平有限、时间仓促，书中难免有疏漏与不足之处，恳请读者批评指正。读者的反馈信息可通过电子邮件发送至：GLL77222@163.com。

编　者

目　录

第 1 章　Multisim 12 仿真软件介绍

1.1　Multisim 12 简述

早期的 EWB 仿真软件是由加拿大 Interactive Image Technologies 公司（简称 IIT 公司）推出的，后来该公司将 EWB 软件更名为 Multisim 并升级为 Multisim 2001、Multisim 7.0 和 Multisim 8.0；2005 年美国国家仪器公司（National Instrument，简称 NI 公司）收购了加拿大 IIT 公司，并先后推出 NI 公司的 Multisim 9.0、Multisim 10.0、Multisim 11.0、Multisim 12.0 和 Multisim 13.0。Multisim 系列软件是用软件模拟电子与电工元器件以及电子与电工仪器和仪表，实现了“软件即元器件”、“软件即仪器”的效果。后面 3 个版本在电子技术仿真方面差别并不大，只是后续版本适当增加了一些高级功能模块，本书选用 Multisim 12 版本进行讲解。

Multisim 12 是一个集电路原理设计、电路功能测试的虚拟仿真软件，其元器件库提供了数千种电路元器件供实验选用，同时也可以新建或扩充已有的元器件库，而且建库所需的元器件参数可以从生产厂商的产品使用手册中查到，因此可以很方便地在工程设计中使用。该软件的虚拟测试仪器仪表种类齐全，有一般实验用的通用仪器，如万用表、函数信号发生器、双通道示波器、直流电源等；而且还有一般实验室少有或没有的仪器，如波特图仪、字信号发生器、逻辑分析仪、逻辑转换器、失真分析仪、频谱分析仪和网络分析仪等。

Multisim 12 具有较详细的电路分析功能，可以完成电路的瞬态和稳态分析、时域和频域分析、器件的线性和非线性分析、电路的噪声和失真分析、离散傅里叶分析、电路零极点分析、交直流灵敏度分析等电路分析方法，以帮助设计人员分析电路的性能。

此外，Multisim 12 还可以设计、测试和演示各种电子电路，包括电工学、模拟电路、数字电路、射频电路、微控制器和接口电路等。可以对被仿真的电路中的元器件设置各种故障，如开路、短路和不同程度的漏电等，从而观察不同故障情况下电路的工作状况。在进行仿真的同时，软件还可以存储测试点的所有数据，列出被仿真电路的所有元器件清单，以及存储测试仪器的工作状态、显示波形和具体数据等。

Multisim 12 在 Multisim 10 的基础上增加了以下新功能（部分）：

- 全局连接器；
- 页内连接器；
- 项目打包和归档；
- 片段操作；
- 特殊粘贴操作；
- 菜单锁定；
- 在线设计支持；
- 利用 Ultiboard 重新构建前/后向标注；

- 所见即所得的网络系统；
- 示例查找器；
- 高级二极管参数模型；
- SPICE 网表查看器；
- 图形标注；
- 图形智能图例；
- NI 硬件连接器；
- LabVIEW 仪器增至 7 个；
- 虚拟仪器联合仿真终端。

Multisim 12 软件易学易用，便于电子信息、通信工程、自动化、电气控制类专业学生自学和开展综合性的设计和实验，有利于培养学生的综合分析能力、开发和创新能力。

1.2 Multisim 12 的基本功能

1.2.1 Multisim 12 的操作界面

执行命令“开始”→“程序”→“National Instruments”→“Circuit Design Suite 12.0”→“Multisim 12.0”，启动 multisim 12，可以看到如图 1-1 所示的 Multisim 12 的主窗口。该窗口主要由 Menu Toolbar（菜单工具栏）、Standard Toolbar（标准工具栏）、Design Toolbox（设计工具盒）、Component Toolbar（元件工具栏）、Circuit Window（电路窗口）、Spreadsheet View（数据表格视图）、Active Circuit Tab（激活电路标签）、Instrument Toolbar（仪器工具栏）等组成。其含义如下：

1）菜单工具栏：用于查找所有的功能命令。

2）标准工具栏：包含常用的功能命令按钮。

3）仪器工具栏：包含软件提供的所有仪器按钮。

4）元件工具栏：提供了从 Multisim 元件数据库中选择、放置元件到原理图中的按钮。

5）电路窗口：也可称作工作区，是设计人员设计电路的区域。

6）设计工具盒：用于操控设计项目中各种不同类型的文件，如原理图文件、PCB 文件和报告清单文件，同时也用于原理图层次的控制，如显示和隐藏不同的层。

文件所有的操作都可以通过主菜单来进行，所有的功能组件都可以通过 View 菜单让它显示或不显示在屏幕上。

1.2.2 Multisim 12 的主要菜单

1. File（文件）菜单

文件菜单如图 1-2 所示。

File（文件）菜单提供 17 种文件操作命令，如打开、保存和打印等。File 菜单中的命令及功能如下。

- New：建立一个新文件。
- Open：打开一个已存在的*.ms12、*.ms11、*.ms10、*.ms9、*.ms8、*.ms7、*.dsn、

.png 或.utsch 等格式的文件。

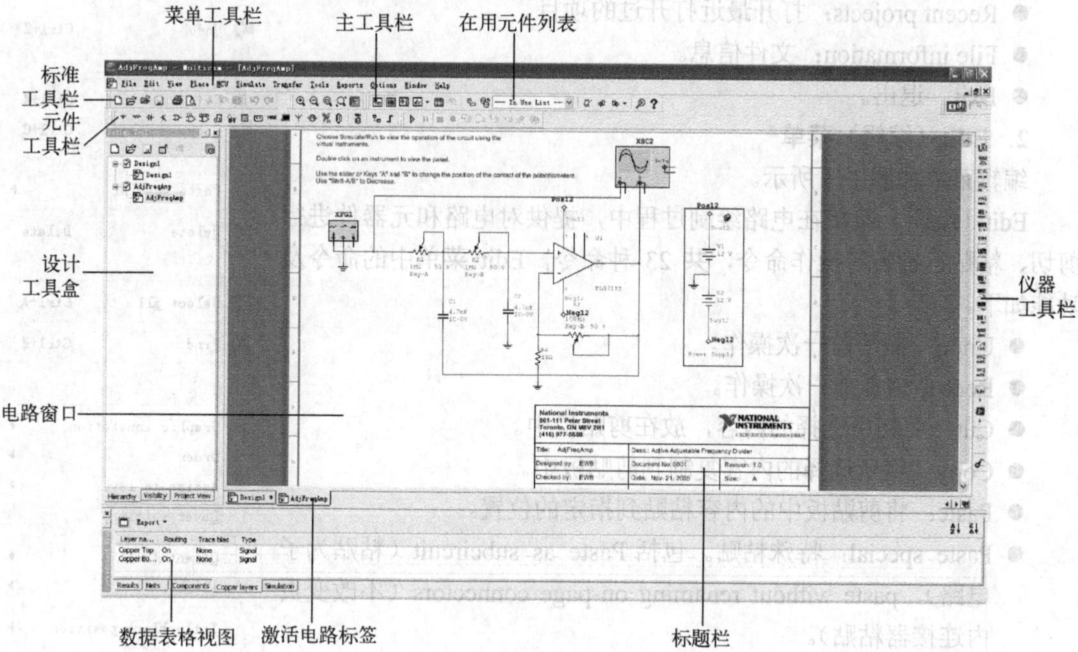

图 1-1　Multisim12 的操作界面

- Open Samples：打开范例文件。
- Close：关闭当前文件。
- Close all：关闭所有文件。
- Save：将电路工作区内的当前文件以*.ms12 的格式存盘。
- Save as：将电路工作区内的当前文件另存为一个文件，仍为*.ms12 格式。
- Save all：将电路工作区内所有的文件以*.ms12 的格式存盘。
- Snippets：片段。包括 Save selection as snippet（将选定区域存为片段）、Save active design as snippet（保存当前设计为片段）、Paste snippet（粘贴片段）、Open snippet file（打开片段）。
- Projects and packing：项目和包。包括 New project（建立新的项目）、Open project（打开原有的项目）、Save project（保存当前的项目）、Close project（关闭当前的项目）、Pack project（打包项目文件）、Unpack project（解压项目文件）、Upgrade project（更新项目文件）、Version control（版本控制）。

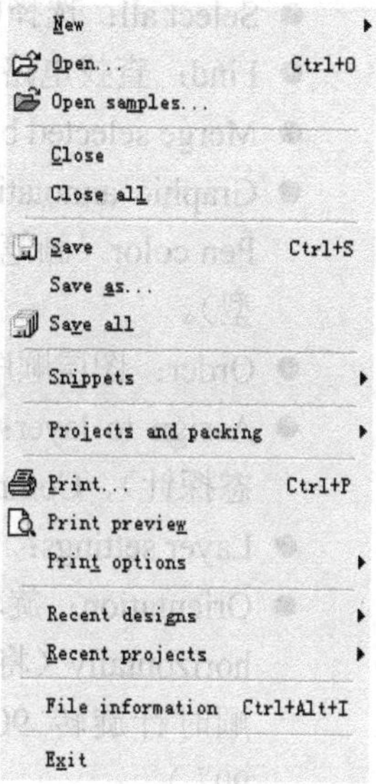

图 1-2　文件菜单

- Print：打印电路工作区内的电路原理图。
- Print preview：打印预览。
- Print options：打印选项。包括 Print sheet setup（打印设置）和 Print instruments（打印电路工作区内的仪表）命令。

- Recent designs：打开最近打开过的设计文件。
- Recent projects：打开最近打开过的项目。
- File information：文件信息。
- Exit：退出。

2. Edit（编辑）菜单

编辑菜单如图 1-3 所示。

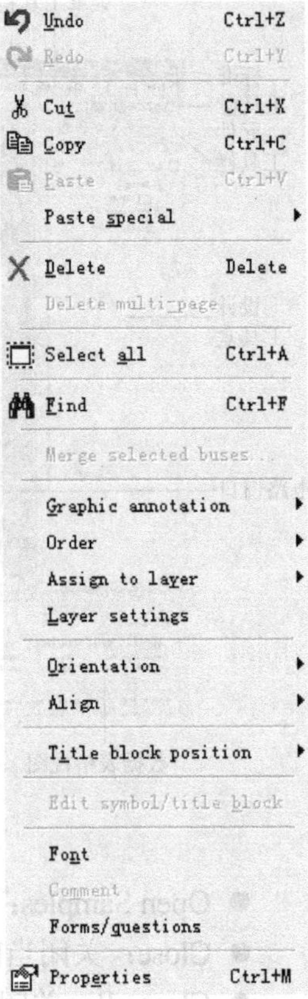

图 1-3 编辑菜单

Edit（编辑）菜单在电路绘制过程中，提供对电路和元器件进行剪切、粘贴、旋转等操作命令，共 23 种命令。Edit 菜单中的命令及功能如下。

- Undo：撤消前一次操作。
- Redo：恢复前一次操作。
- Cut：剪切所选择的内容，放在剪贴板中。
- Copy：将所选择的内容复制到剪贴板中。
- Paste：将剪贴板中的内容粘贴到指定的位置。
- Paste special：特殊粘贴。包括 Paste as subcircuit（粘贴为子电路），paste without renaming on-page connectors（不改变页内连接器粘贴）。
- Delete：删除所选择的内容。
- Delete multi-page：删除多页面电路文件中的某一页电路文件。
- Select all：选择电路中所有的元器件、导线和仪器仪表。
- Find：查找电路原理图中的元件。
- Merge selected buses：合并所选择的总线。
- Graphic annotation：图形注释。包括 Fill color（填充颜色）、Pen color（画笔颜色）、Pen style（画笔样式）、Fill type（填充类型）、Arrow（箭头类型）。
- Order：图层顺序。包括 Bring to front（置于前面）、Send to back（置于后面）。
- Assign to layer：图层赋值。包括 ERC error mark（ERC 错误标记）、Static probe（静态探针）、Comment（修改所选择的注释）、Text/Graphics（文本/图形）。
- Layer settings：图层设置。
- Orientation：旋转方向选择。包括 Flip vertically（将所选择的元器件上下翻转）、Flip horizontally（将所选择的元器件左右翻转）、Rotate 90° clockwise（将所选择的元器件顺时针旋转 90°）、Rotate 90° counter clockwise（将所选择的元器件逆时针旋转 90°）。
- Align：对齐。包括 Align left（左对齐）、Align right（右对齐）、Align centers vertically（中心垂直对齐）、Align bottom（下对齐）、Align top（上对齐）、Align centers horizontally（中心横向对齐）。
- Title block position：标题栏位置。包括 Bottom right（右下角）、bottom left（左下角）、Top right（右上角）、Top left（左上角）。
- Edit symbol/title block：编辑符号/标题栏。

- Font：字体设置。
- Comment：注释。
- Forms/questions：格式/问题。
- Properties：属性编辑。

3．View（窗口显示）菜单

View（窗口显示）菜单如图 1-4 所示。View（窗口显示）菜单提供 21 种用于控制仿真界面上显示的内容的操作命令，View 菜单中的命令及功能如下。

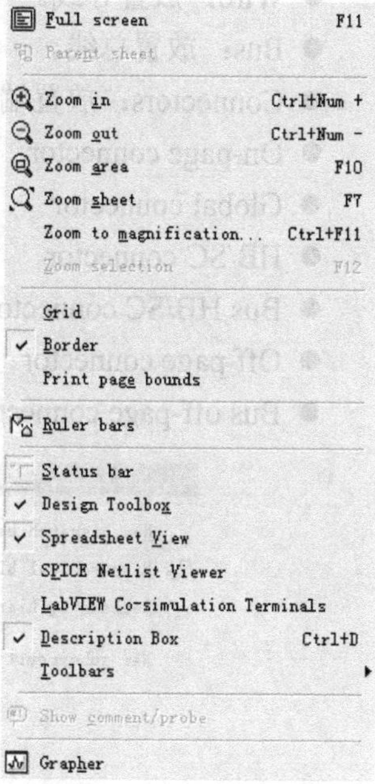

图 1-4　窗口显示菜单

- Full screen：全屏显示电路仿真工作区。
- Parent sheet：返回到上一级工作区。
- Zoom in：放大电路原理图。
- Zoom out：缩小电路原理图。
- Zoom area：放大所选择的区域。
- Zoom sheet：显示完整电路图。
- Zoom to magnification：按一定的比例显示页面。
- Zoom selection：以所选电路部分为中心进行放大。
- Grid：显示或隐藏栅格。
- Border：显示或隐藏边界。
- Print page bounds：显示或者隐藏打印时的边界。
- Ruler bars：显示或隐藏标尺栏。
- Status bar：显示或隐藏状态栏。
- Design Toolbox：显示或者隐藏设计工具箱。
- Spreadsheet View：显示或者隐藏电子表格视窗。
- SPICE Netlist Viewer：显示或隐藏 SPICE 网表视窗。
- LabVIEW Co-simulation Terminals：显示或者隐藏虚拟仪器联合仿真终端。
- Description Box：显示或隐藏电路描述工具箱。
- Toolbars：显示或隐藏工具箱。一般需要开启 Standad（标准）、View（视图）、Main（主体）、Components（元件）、Simulation switch（仿真开关）、Simulation（仿真调试）、Instruments（仪器）这几个常用工具箱，以方便操作。
- Show comment/probe：显示或隐藏注释/探针信息。
- Grapher：显示或隐藏仿真结果的图表。

4．Place（放置）菜单

放置菜单如图 1-5 所示。

Place（放置）菜单提供在电路工作窗口内放置元件、连接点、导线和总线等 16 种命令，Place 菜单中的

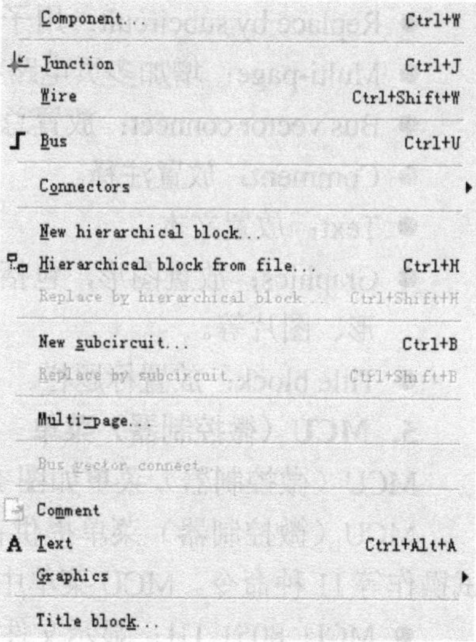

图 1-5　放置菜单

命令及功能如下。

- Component：放置元件。
- Junction：放置节点。
- Wire：放置导线。
- Bus：放置总线。
- Connectors：放置端口连接器。包括六种连接器如图 1-6 所示，其含义分别为：
- On-page connector　　页内连接器；
- Global connector　　全局连接器；
- HB/SC connector　　单线式层次电路或子电路连接器；
- Bus HB/SC connector　　总线式层次电路或子电路连接器；
- Off-page connector　　分页单线式连接器；
- Bus off-page connector　　分页总线式连接器。

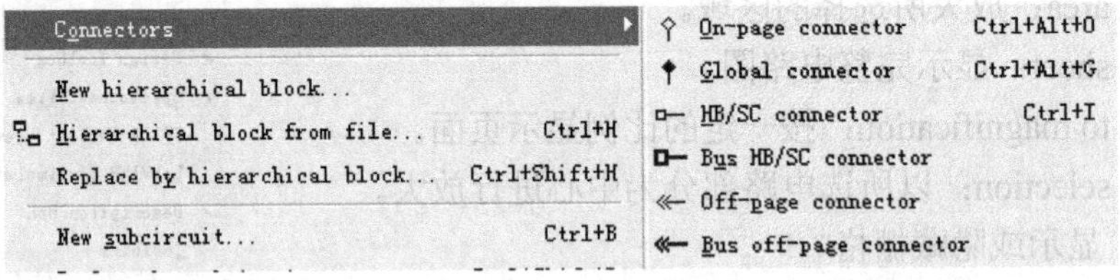

图 1-6　六种连接器

在电路控制区中，连接器可以看作是只有一个引脚的元器件，所有操作方法与元器件相同，不同的是连接器只有一个连接点。

- New hierarchical block：放置新的层次电路模块。
- Hierarchical block from file：从文件获取层次电路。
- Replace by hierarchical block：用层次电路模块替代所选电路。
- New subcircuit：创建子电路。
- Replace by subcircuit：用子电路代替所选电路。
- Multi-page：增加多页电路中的一个电路图。
- Bus vector connect：放置总线矢量连接。
- Comment：放置注释。
- Text：放置文本。
- Graphics：放置图形，包括线、折线、矩形、椭圆、多边形、图片等。
- Title block：放置标题栏。

5. MCU（微控制器）菜单

MCU（微控制器）菜单如图 1-7 所示。

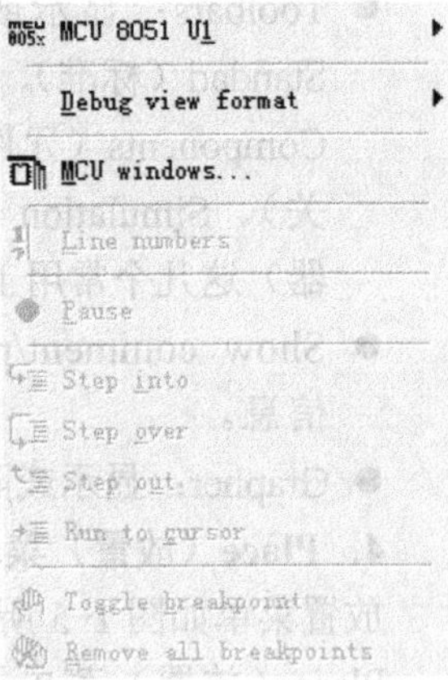

图 1-7　MCU 菜单

MCU（微控制器）菜单提供在电路工作窗口内 MCU 的调试操作等 11 种命令。MCU 菜单中的命令及功能如下。

- MCU 8051 U1：显示文件中的 MCU 元件。如果文件中没有 MCU 元件，则该项显示为 No MCU component found（尚未创建 MCU 器件）。

- Debug view format：调试格式。
- MCU windows：显示 MCU 各种信息窗口。
- Line numbers：显示线路数目。
- Pause：暂停。
- Step into：进入。
- Step over：跨过。
- Step out：离开。
- Run to cursor：运行到指针。
- Toggle breakpoint：设置断点。
- Remove all breakpoints：取消所有的断点。

6. Simulate（仿真）菜单

Simulate（仿真）菜单如图 1-8 所示。

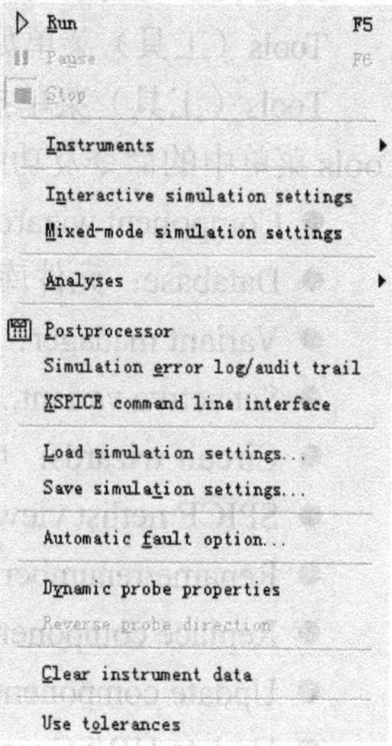

图 1-8　仿真菜单

Simulate（仿真）菜单提供 17 种电路仿真设置与操作命令，Simulate 菜单中的命令及功能如下。

- Run：开始仿真。
- Pause：暂停仿真。
- Stop：停止仿真。
- Instruments：选择仪器仪表。
- Interactive simulation settings：交互式仿真设置。
- Mixed-mode simulation settings：混合模式仿真参数设置。
- Analyses：选择仿真分析法。
- Postprocessor：启动后处理器。
- Simulation error log/audit trail：仿真误差记录/查询索引。
- XSPICE command line interface：XSPICE 命令界面。
- Load simulation settings：导入仿真设置。
- Save simulation settings：保存仿真设置。
- Automatic fault option：自动故障选择。
- Dynamic probe properties：动态探针属性。
- Reverse probe direction：反向探针方向。
- Clear instrument data：清除仪器数据。
- Use tolerances：使用公差。

7. Transfer（文件输出）菜单

Transfer（文件输出）菜单如图 1-9 所示。

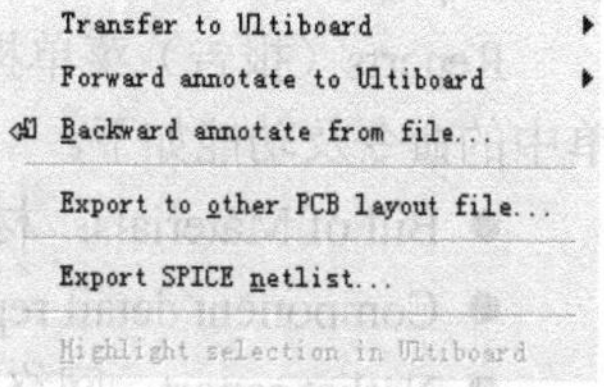

图 1-9　文件输出菜单

Transfer（文件输出）菜单提供 6 种传输命令，Transfer 菜单中的命令及功能如下。

- Transfer to Ultiboard：将电路图传送给 Ultiboard。包括 Transfer to Ultibord 12.0，Transfer annotate to Ultiboard file（其他版本）。

- Forward annotate to Ultiboard：创建 Ultiboard 注释文件。包括 Forward Annotate to Ultiboard 12（创建 Ultiboard 12 注释文件）和 Forward Annotate to Ultiboard 12 or earlier（创建 Ultiboard 12 或者其他早期版本注释文件）。
- Backward annotate from file：将 NI Ultiboard 12 中电路元件注释的变动传送到 NI Multisim 12 的电路文件中，使电路图中的元件注释也作相应的变化。
- Export to other PCB layout file：产生其他印制电路板设计软件的网表文件。
- Export SPICE netlist：输出 SPICE 网表。
- Highlight selection in Ultiboard：对 Ultiboard 电路中所选择元件加以高亮显示。

8. Tools（工具）菜单

Tools（工具）菜单如图 1-10 所示。

Tools（工具）菜单提供 18 种元件和电路编辑或管理命令，Tools 菜单中的命令及功能如下。

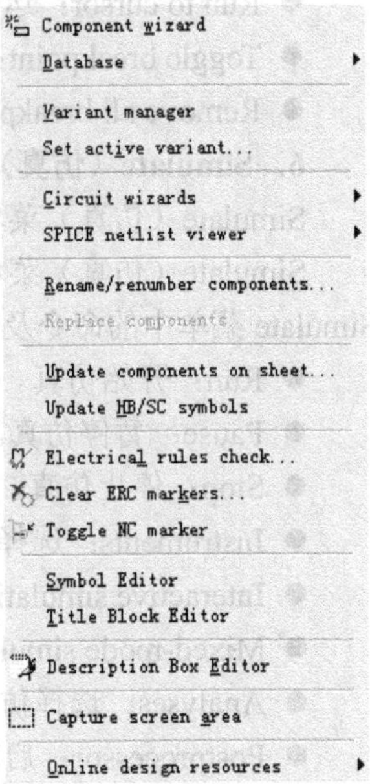

图 1-10　工具菜单

- Component wizard：创建元件向导。
- Database：元件库。
- Variant manager：变更管理器。
- Set active variant...：设置动态变更。
- Circuit wizards：电路设计向导。
- SPICE netlist viewer：SPICE 网表查看器。
- Rename/renumber components：对元件重新命名/编号。
- Replace components...：元件替换。
- Update components on sheet...：更新电路元件。
- Update HB/SC symbols：更新 HB/SC 符号。
- Electrical rules check...：电气规则检查。
- Clear ERC markers...：清除 ERC 标志。
- Toggle NC marker：切换 NC 标志。
- Symbol Editor：符号编辑器。
- Title Block Editor：标题栏编辑器。
- Description Box Editor：描述框编辑器。
- Capture screen area：捕获屏幕区域。
- Online design resources：在线设计资源。

9. Reports（报告）菜单

Reports（报告）菜单如图 1-11 所示。

Reports（报告）菜单提供材料清单等 6 种报告命令，Reports 菜单中的命令及功能如下。

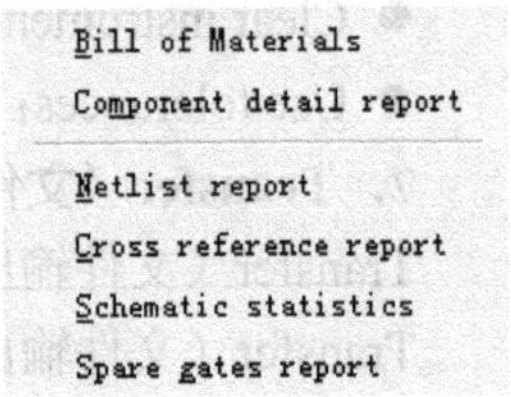

图 1-11　报告菜单

- Bill of Materials：材料清单。
- Component detail report：元件详细报告。
- Netlist report：网络表报告。
- Cross reference report：元件交叉对照表报告。
- Schematic statistics：电路图元件统计表。

● Spare gates report：剩余门电路报告。

10．Option（选项）菜单

Option（选项）菜单如图 1-12 所示。

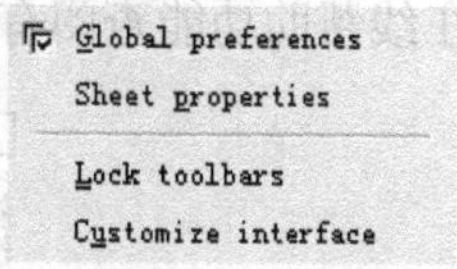

图 1-12　选项菜单

Option（选项）菜单提供 4 种电路界面和电路某些功能的设定命令，Options 菜单中的命令及功能如下。

● Global preferences...：全局参数设置。
● Sheet properties：工作台界面设置。
● Lock toolbars：锁定工具条。
● Customize interface...：用户界面定制。

11．Windows（窗口）菜单

Windows（窗口）菜单如图 1-13 所示。

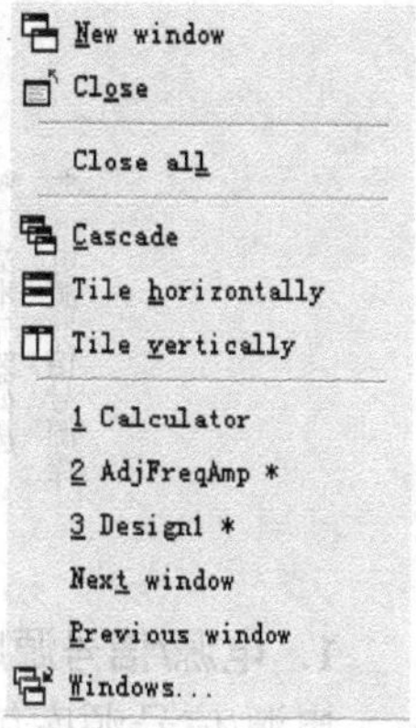

图 1-13　窗口菜单

Windows（窗口）菜单提供 7 种窗口操作命令。Windows 菜单中的命令及功能如下：

● New window：建立新窗口。
● Close：关闭窗口。
● Close all：关闭所有窗口。
● Cascade：窗口层叠。
● Tile horizontally：窗口水平平铺。
● Tile vertically：窗口垂直平铺。
● Windows...：窗口选择。

12．Help（帮助）菜单

Help（帮助）菜单如图 1-14 所示。

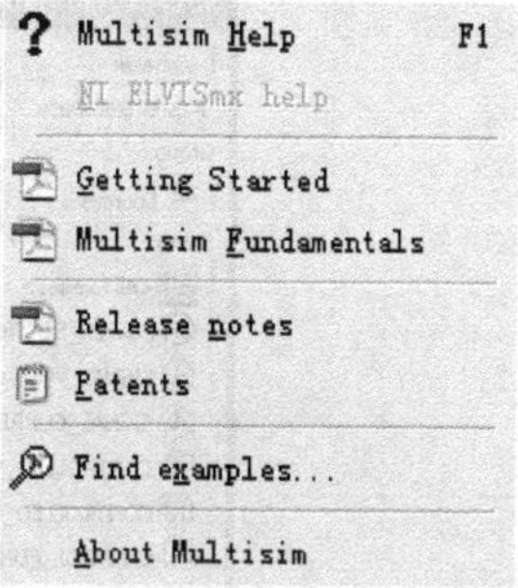

图 1-14　帮助菜单

Help（帮助）菜单为用户提供在线技术帮助和使用指导。Help 菜单中的命令及功能如下。

● Multisim Help：主题目录。
● NI ELVISmx help：NI ELVISmx 帮助。
● Getting Started：Getting Started.pdf 帮助文档。
● Multisim Fundamentals：Multisim Fundamentals.pdf 帮助文档。
● Release notes：版本注释。
● Patents：专利权。
● Find examples：查找范例。
● About Multisim：有关 Multisim 12 的说明。

1.2.3　Multisim 12 的工具栏

Multisim 12 常用工具栏中各图标名称及功能说明，如图 1-15 所示。

1.2.4　Multisim 12 的元器件库

Multisim 12 提供了丰富的元器件库，元器件库栏图标和名称如图 1-16 所示。单击某一个图标即可打开该元件库。关于这些元器件的功能和使用方法将在后面介绍。读者还可使用在线帮助功能查阅有关的内容。

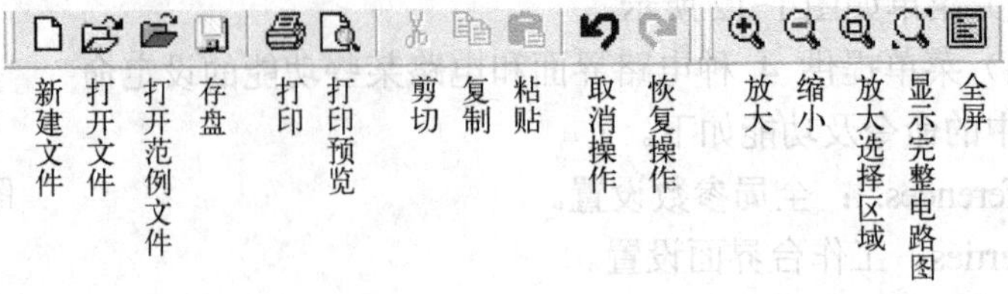

图 1-15　常用工具栏

图 1-16　元器件库

1. 电源/信号源库

电源/信号源库包含有接地端、直流电压源（电池）、正弦交流电压源、方波（时钟）电压源、压控方波电压源等多种电源与信号源。电源/信号源库如图 1-17 所示。

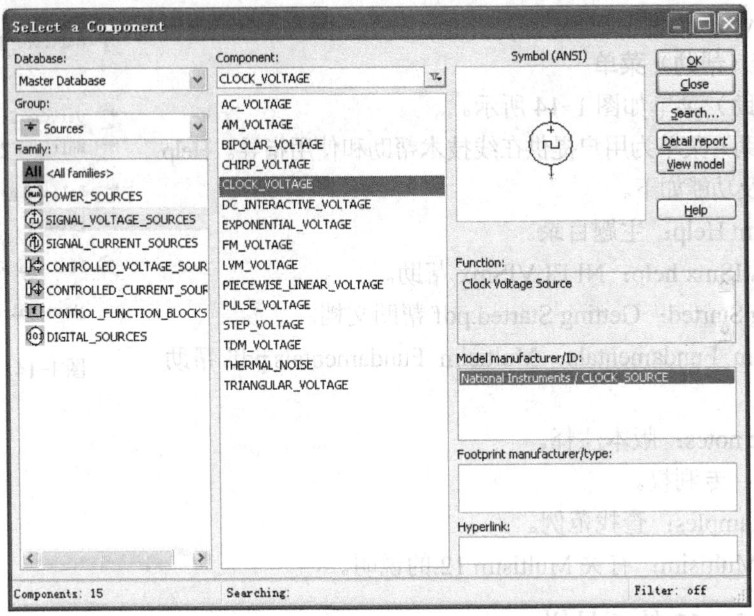

图 1-17　电源/信号源库

2. 基本元器件库

基本元器件库包含有电阻、电容等多种元件。基本元器件库中的虚拟元器件的参数是可以任意设置的，非虚拟元器件的参数是固定的，但可以选择。基本元器件库如图 1-18 所示。

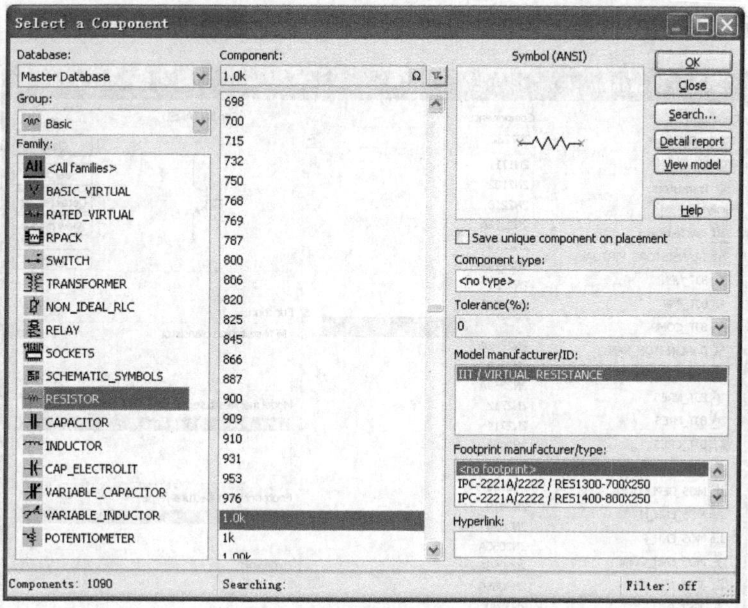

图 1-18　基本元器件库

3．二极管库

二极管库包含有二极管、晶闸管等多种器件。二极管库中的虚拟器件的参数是可以任意设置的，非虚拟元器件的参数是固定的，但可以选择。二极管库如图 1-19 所示。

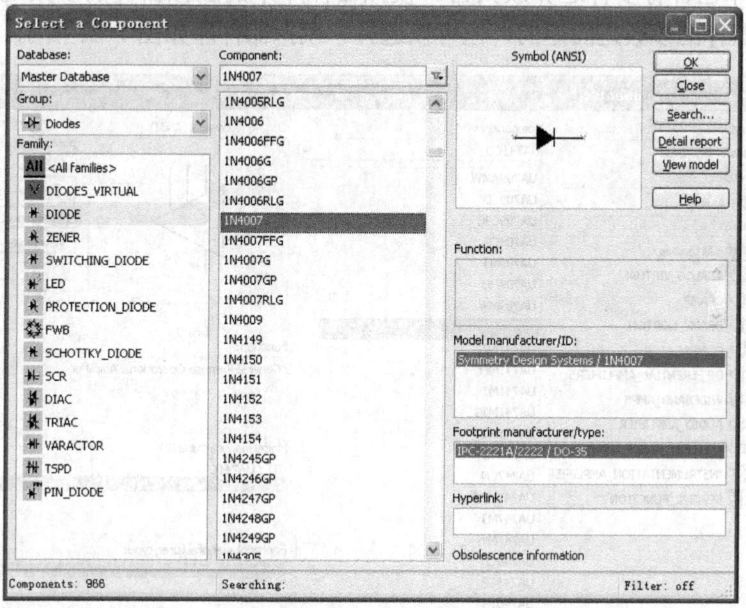

图 1-19　二极管库

4．晶体管库

晶体管库包含有晶体管、FET 等多种器件。晶体管库中的虚拟器件的参数是可以任意设置的，非虚拟元器件的参数是固定的，但可以选择。晶体管库如图 1-20 所示。

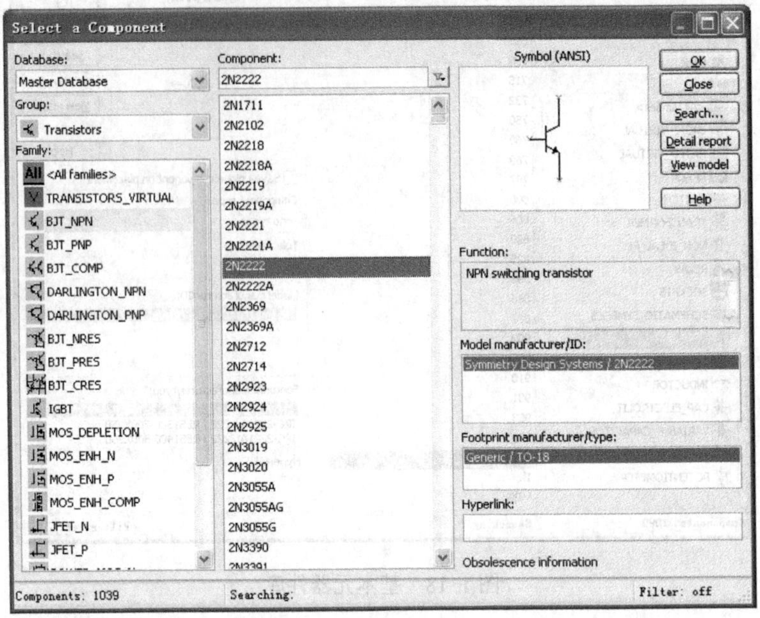

图 1-20　晶体管库

5．模拟器件库

模拟器件库包含有多种运算放大器。模拟器件库中的虚拟器件的参数是可以任意设置的，非虚拟元器件的参数是固定的，但可以选择。模拟器件库如图 1-21 所示。

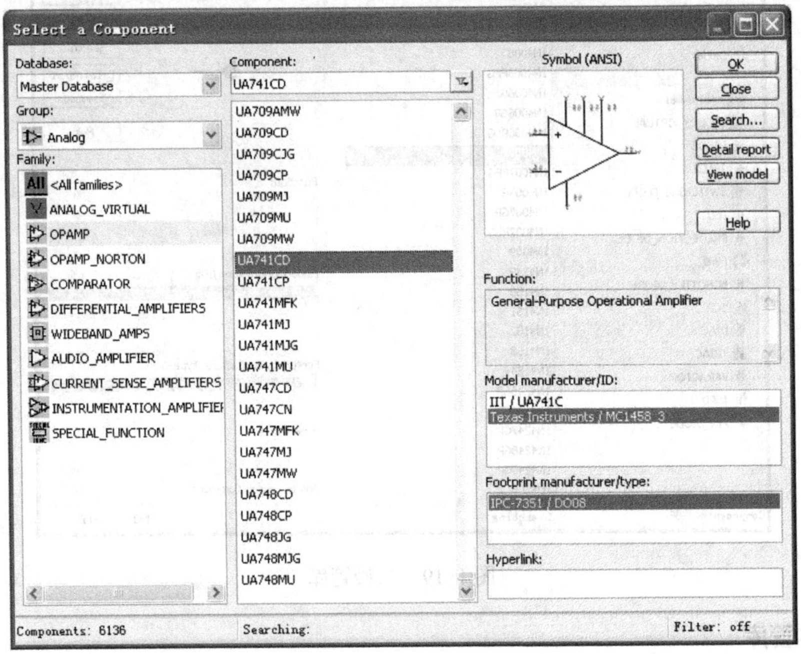

图 1-21　模拟器件库

6. TTL 器件库

TTL 器件库包含有 74××系列和 74LS××系列等 74 系列数字电路器件。TTL 器件库如图 1-22 所示。

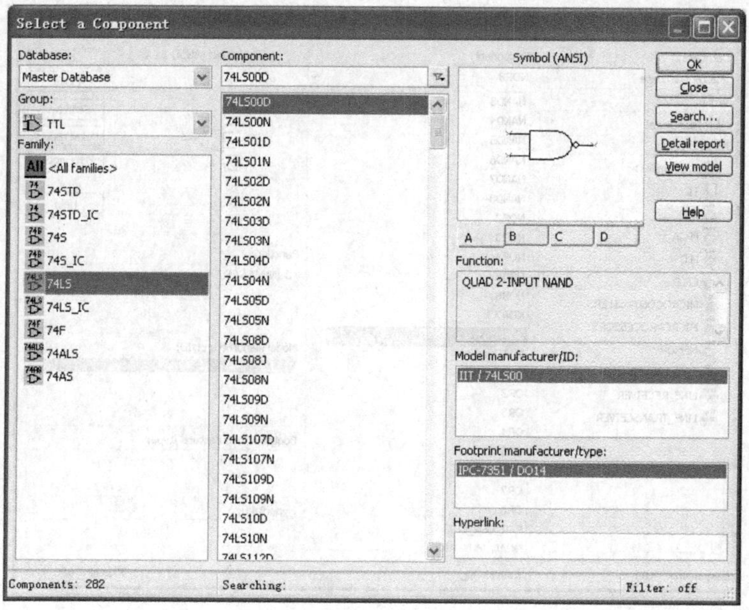

图 1-22　TTL 器件库

7. CMOS 器件库

CMOS 器件库包含有 40××系列和 74HC××系列等多种 CMOS 数字集成电路系列器件。CMOS 器件库如图 1-23 所示。

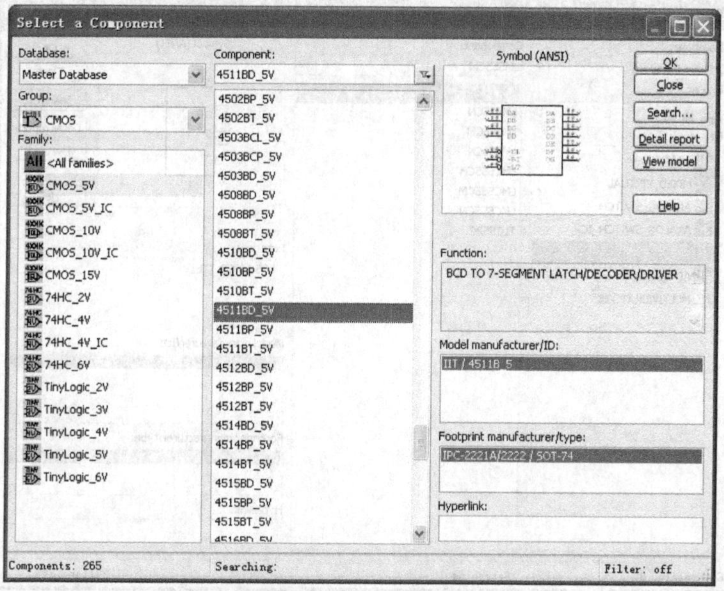

图 1-23　CMOS 器件库

8. 其他数字器件库

其他数字器件库包含有 DSP、FPGA、CPLD、VHDL 等多种器件。其他数字器件库如图 1-24 所示。

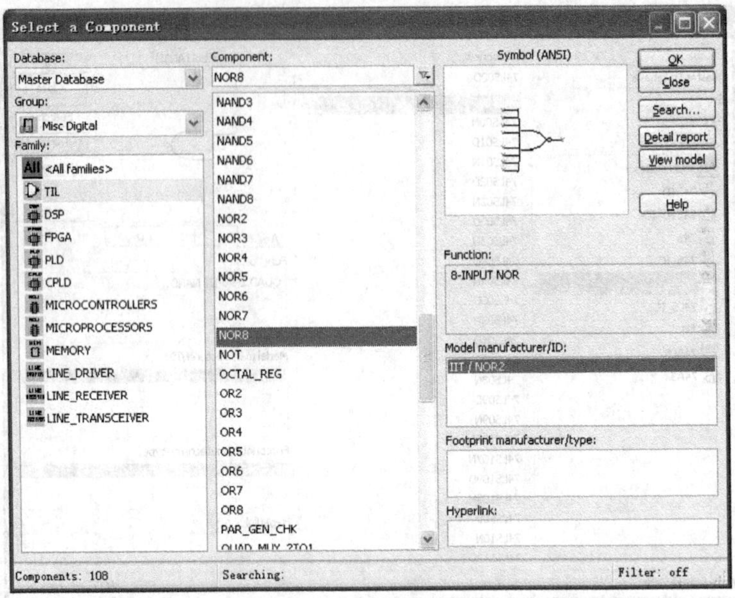

图 1-24　其他数字器件库

9. 数模混合器件库

数模混合器件库包含有 ADC、DAC、555 定时器等多种数模混合集成电路器件。数模混合器件库如图 1-25 所示。

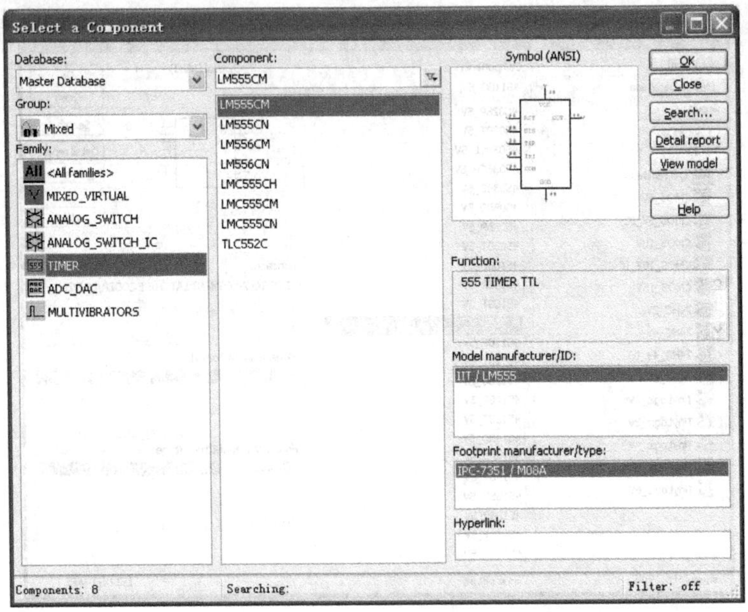

图 1-25　数模混合器件库

10. 指示器件库

指示器件库包含有电压表、电流表、指示灯、七段数码管等多种器件。指示器件库如图 1-26 所示。

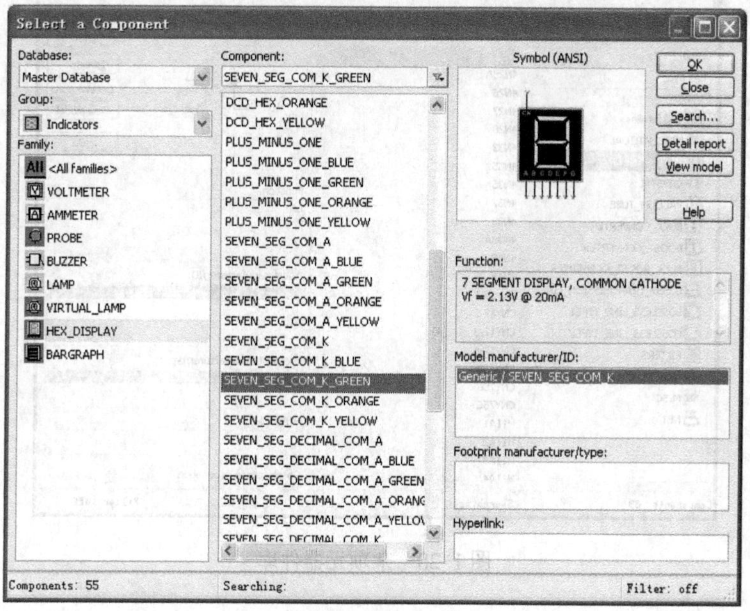

图 1-26 指示器件库

11. 电源器件库

电源器件库包含有三端稳压器、PWM 控制器等多种电源器件。电源器件库如图 1-27 所示。

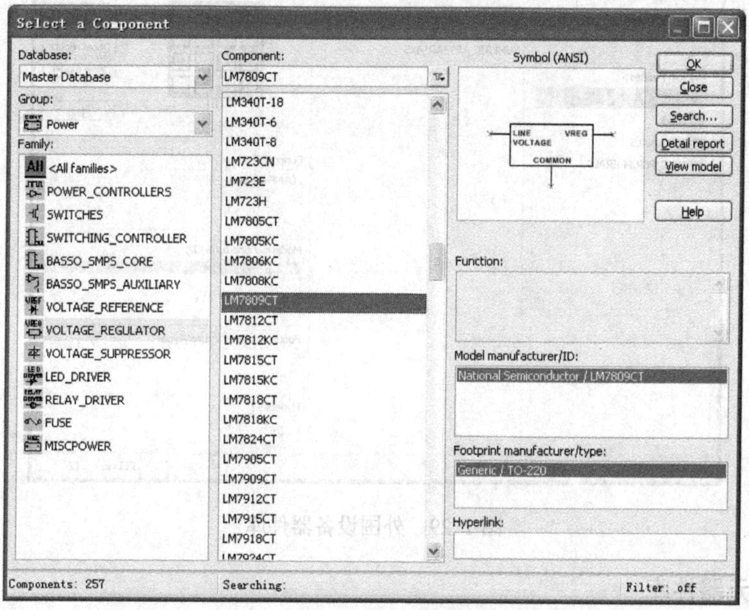

图 1-27 电源器件库

12. 杂项元器件库

杂项元器件库包含有晶体、滤波器等多种器件。杂项元器件库如图 1-28 所示。

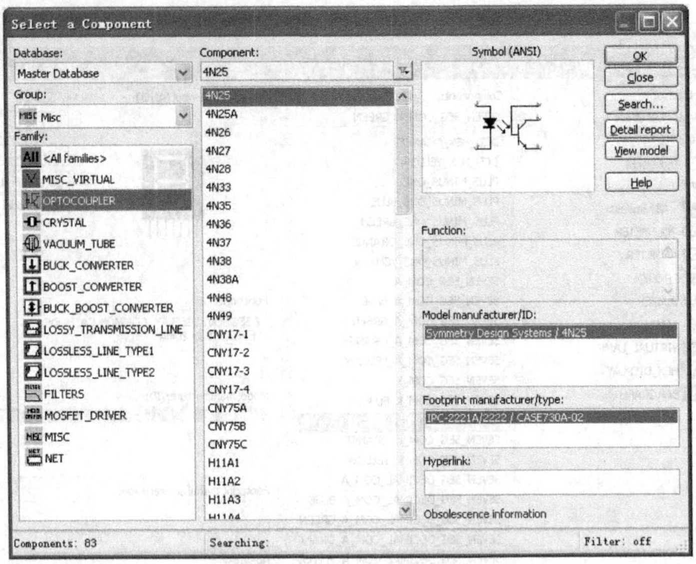

图 1-28 杂项元器件库

13. 外围设备器件库

外围设备器件库包含有键盘、LCD 等多种器件。外围设备器件库如图 1-29 所示。

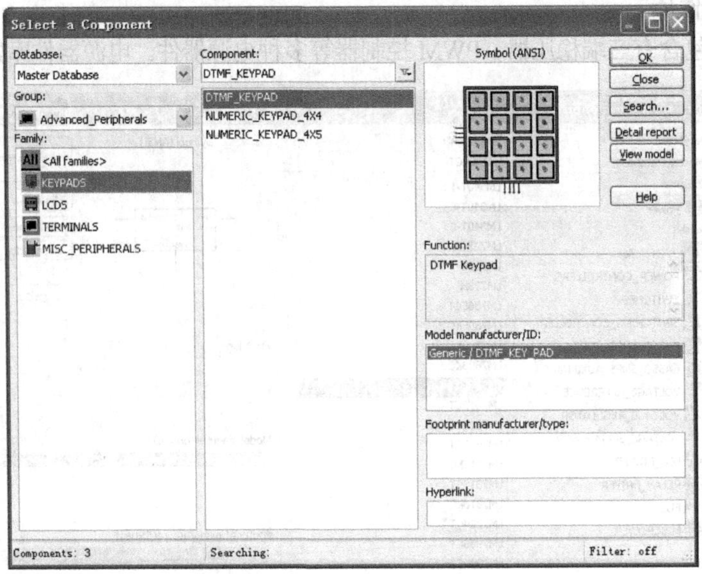

图 1-29 外围设备器件库

14. 射频元器件库

射频元器件库包含有射频晶体管、射频 FET、微带线等多种射频元器件。射频元器件库如图 1-30 所示。

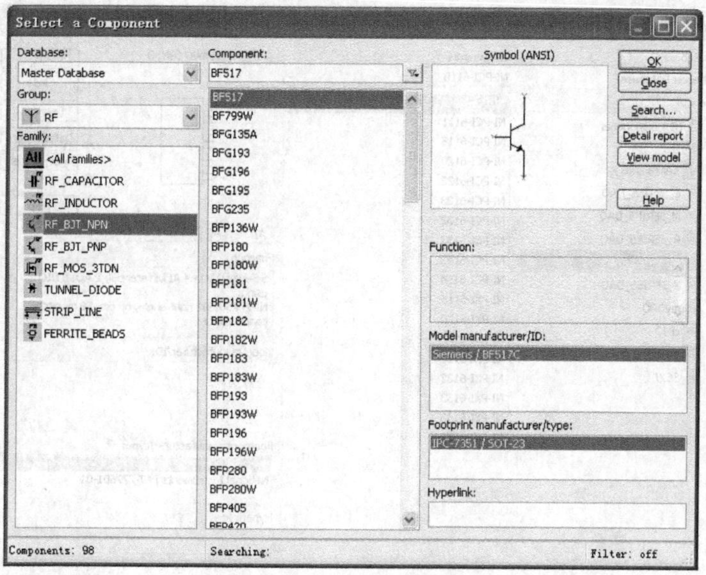

图 1-30　射频元器件库

15. 机电元器件库

机电元器件库包含有开关、继电器等多种机电类器件。机电元器件库如图 1-31 所示。

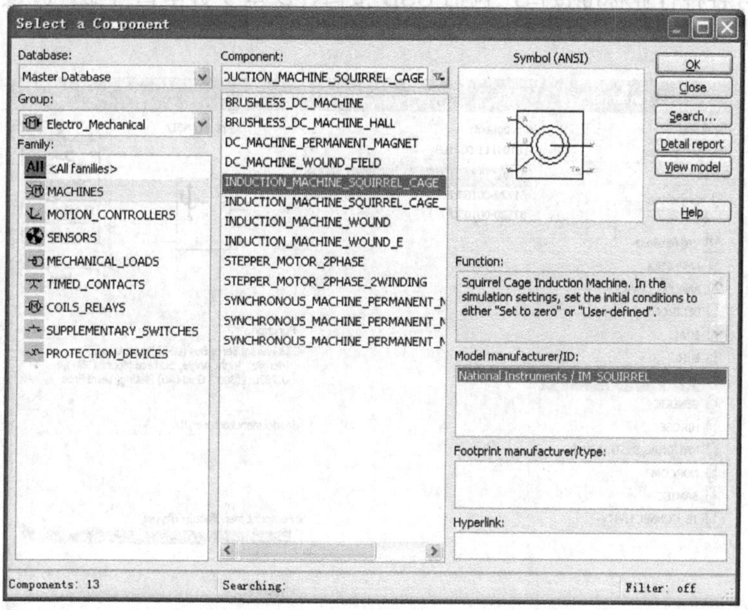

图 1-31　机电元器件库

16. NI 库

NI 库含有 NI 定制的 M_SERIES_DAQ（NI 定制 DAQ 板 M 系列串口）、sbRIO（NI 定制可配置输入输出的单板连接器）和 cRIO（NI 定制可配置输入输出紧凑型板连接器）等 9 种系列元器件，如图 1-32 所示。

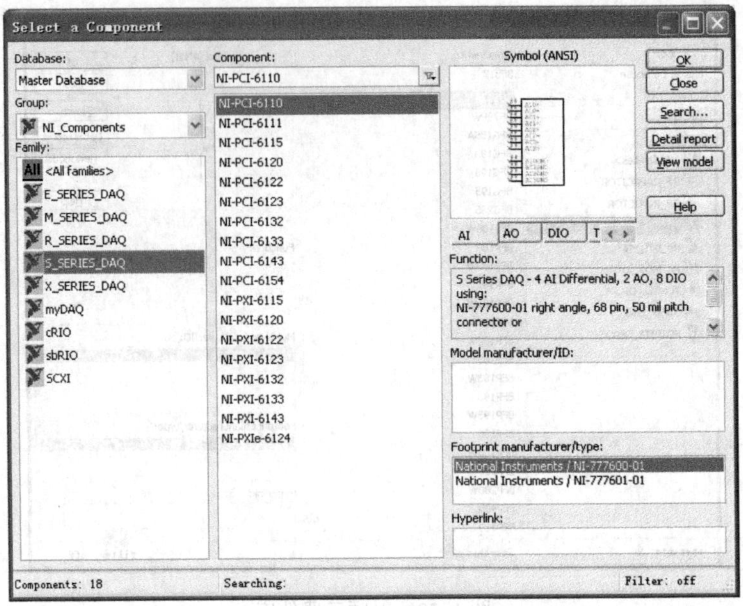

图 1-32　NI 库

17．接口库

接口库包含各种行业标准接口，包括 USB 接口、D 型 9 针串口等器件。接口库如图 1-33 所示。

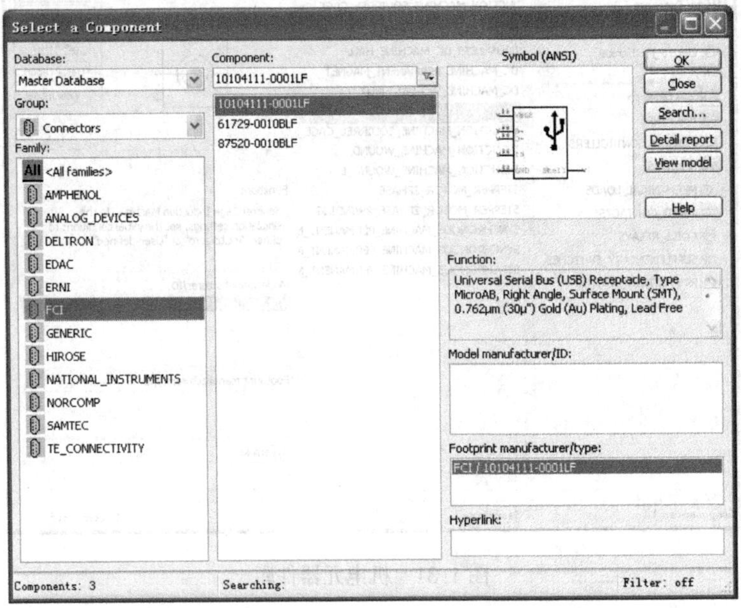

图 1-33　接口库

18．微控制器库

微控制器件库包含有 8051、PIC 等多种微控制器以及存储器等。微控制器件库如图 1-34 所示。

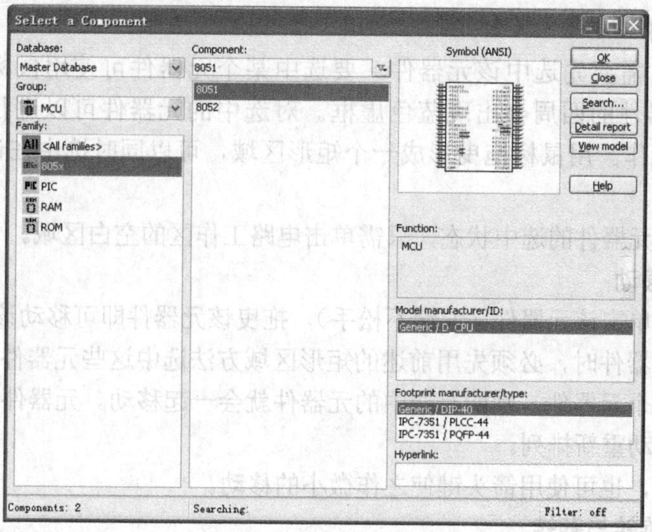

图 1-34　微控制器库

1.3　Multisim 12 的基本使用方法

1.3.1　元器件的操作

1．元器件的选用

选用元器件时，首先在元器件库栏中用鼠标单击包含该元器件的图标，打开该元器件库。然后从选中的元器件库对话框中（如图 1-35 所示的电阻库对话框），用鼠标单击将该元器件，然后单击“OK”按钮，用鼠标拖曳该元器件到电路工作区的适当地方即可。

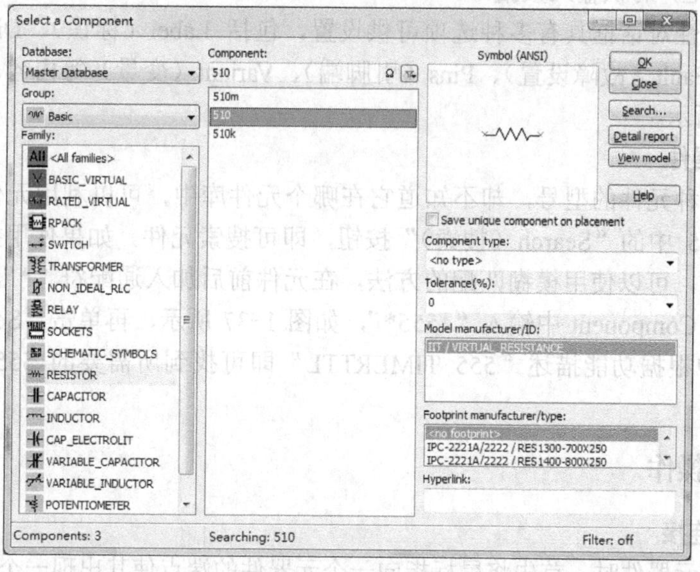

图 1-35　选用元器件

2．选中元器件

在连接电路时需要先选中该元器件。要选中某个元器件可使用鼠标左键单击该元器件，被选中的元器件的四周会出现蓝色虚框。对选中的元器件可以进行移动、旋转、删除、设置参数等操作。用鼠标拖曳形成一个矩形区域，可以同时选中在该矩形区域内包围的一组元器件。

要取消某一个元器件的选中状态，只需单击电路工作区的空白区域。

3．元器件的移动

用鼠标的左键单击该元器件（左键不松手），拖曳该元器件即可移动该元器件。

要移动一组元器件时，必须先用前述的矩形区域方法选中这些元器件，然后用鼠标左键拖曳其中的任意一个元器件，则所有选中的元器件就会一起移动。元器件被移动后，与其相连接的导线就会自动重新排列。

选中元器件后，也可使用箭头键使之作微小的移动。

4．元器件的旋转与翻转

对元器件进行旋转或翻转操作，需要先选中该元器件，然后单击鼠标右键或者选择 Edit 菜单，选择菜单中的 Flip horizontal（将所选择的元器件左右翻转）、Flip vertical（将所选择的元器件上下翻转）、90° Clockwise（将所选择的元器件顺时针旋转 90°）、90° CounterCW（将所选择的元器件逆时针旋转 90°）等命令。也可使用<Ctrl>键实现旋转操作。<Ctrl>键的定义标在菜单命令的旁边。

5．元器件的复制与删除

对选中的元器件进行复制、移动、删除等操作，可以单击鼠标右键或者选择 Edit→Cut（剪切）、Edit→Copy（复制）和 Edit→Paste（粘贴）和 Edit→Delete（删除）等菜单命令。

6．元器件的属性设置

在选中元器件后，双击该元器件，或者选择菜单命令 Edit→Properties（元器件属性）会弹出相关的对话框，可供输入数据。

元器件的属性对话框具有多种选项可供设置，包括 Label（标识）、Display（显示）、Value（数值）、Fault（故障设置）、Pins（引脚端）、Variant（变量）等内容。电阻的属性对话框如图 1-36 所示。

7．搜索元器件

如果知道某种元件的型号，却不知道它在哪个元件库中，可以利用元件搜索功能来查找，单击图 1-35 中的“Search（搜索）”按钮，即可搜索元件。如果使用搜索功能时不知道准确的元件名，可以使用模糊匹配的方法，在元件前后加入通配符“*”，如需要查找定时器 555，则在 Component 中输入“*555*”，如图 1-37 所示，再单击“Search”按钮，在查找出的结果中根据功能描述“555 TIMERTTL”即可找到所需要的 555 时基电路，如图 1-38 所示。

1.3.2 导线的操作

1．导线的连接

在连接两个元器件时，首先将鼠标指向一个元器件的端点使其出现一个小圆点，按下鼠标左键并拖曳出一根导线，拉住导线并指向另一个元器件的端点使其出现小圆点，释放鼠标左键，则导线连接完成。

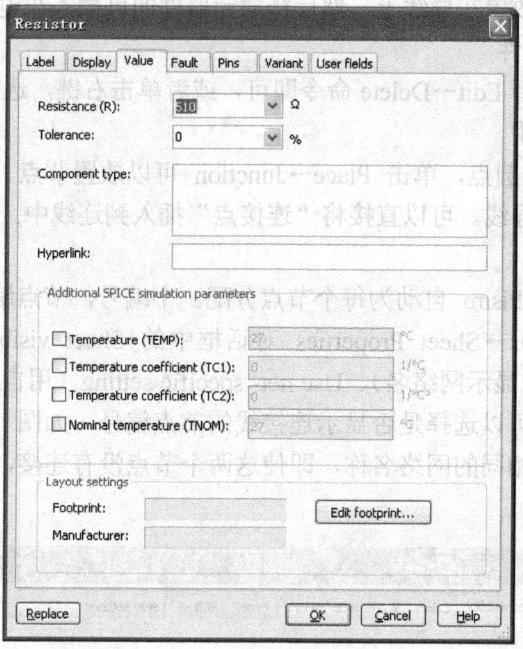

图 1-36　电阻的属性对话框

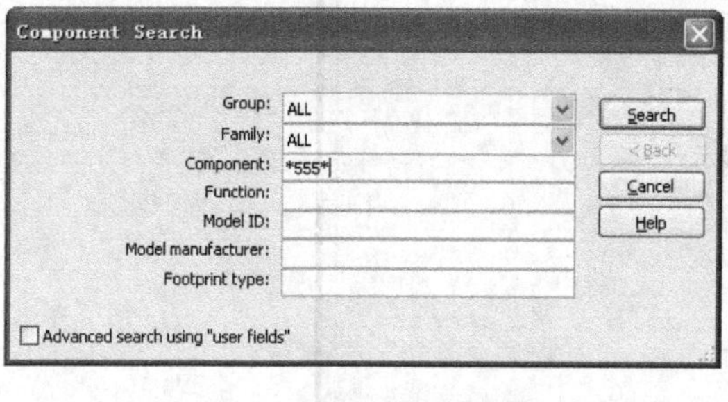

图 1-37　模糊匹配法搜索元件

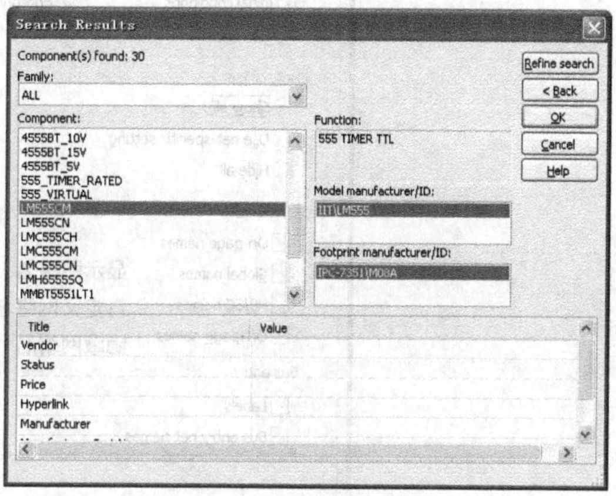

图 1-38　元件搜索结果

连接完成后，导线将自动选择合适的走向，不会与其他元器件或仪器发生交叉。

2．导线的删除与改动

将鼠标指向元器件与导线的连接点使其出现一个圆点，按下左键拖曳该圆点使导线离开元器件端点，释放左键，则导线自动消失，完成导线的删除。也可以将拖曳移开的导线连至另一个节点，以实现导线的改动。

3．改变导线的颜色

在复杂的电路中，可以将导线设置为不同的颜色。要改变导线的颜色，用鼠标指向该导线，单击右键，选择 Net color 选项，即出现颜色选择框，然后选择合适的颜色即可。

4. 在导线中插入元器件

将元器件直接拖曳放置在导线上，然后释放元器件即可插入在电路中。

5. 从电路删除元器件

选中该元器件，选择 Edit→Delete 命令即可，或者单击右键，选择〈Delete〉即可。

6. “连接点”的使用

“连接点”是一个小圆点，单击 Place→Junction 可以放置节点。一个“连接点”最多可以连接来自四个方向的导线。可以直接将“连接点”插入到连线中。

7. 节点编号

在连接电路时，Multisim 自动为每个节点分配一个编号，节点编号即是网络名。是否显示节点编号可由 Options→Sheet Properties 对话框中的 Sheet visibility 选项设置。在 Net names 栏选择 Show all（显示网络名）、Use net- specific setting（用自定义网络名显示）、Hide all（隐藏网络名）选项可以选择是否显示连接线的节点编号，如图 1-39 所示。在一张图样上，如果两个节点具有相同的网络名称，即使这两个节点没有连接，也表示它们是连接在一起的。

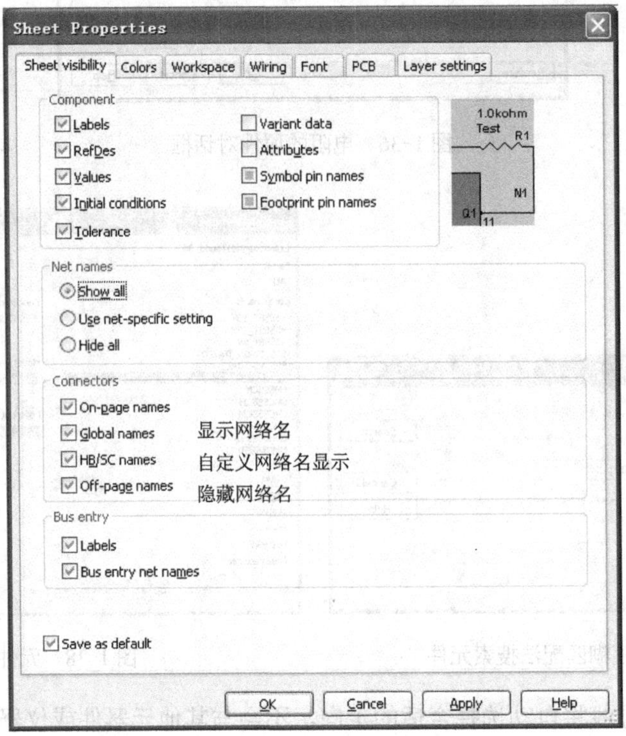

图 1-39　显示与隐藏网络名

1.3.3　仪器仪表的使用

仪器仪表库的图标及功能如图 1-40 所示。该库中所含仪器仪表如下：数字万用表、函数信号发生器、瓦特表、双通道示波器、四通道示波器、波特图仪、数字频率计、字信号发生器、逻辑转换仪、逻辑分析仪、IV 特性分析仪、失真分析仪、频谱分析仪、网络分析仪、安捷伦函数发生器、安捷伦数字万用表、安捷伦示波器、泰克示波器、测试探针、LabVIEW 虚拟仪器、电流探针。

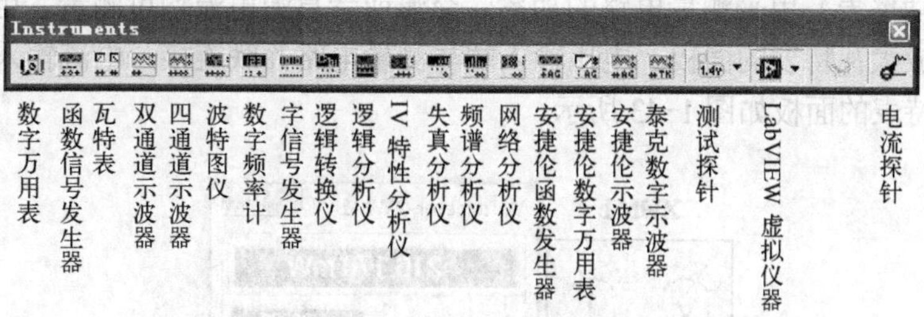

图 1-40　仪器仪表库

1．数字万用表（Multimeter）

数字万用表是一种可以用来测量交直流电压、交直流电流、电阻及电路中两点之间的分贝损耗以及能自动调整量程的数字显示的多用表。

用鼠标双击数字万用表图标，可以放大数字万用表面板，如图 1-41 所示。用鼠标单击数字万用表面板上的 Set（设置）按钮，则弹出参数设置对话框窗口，可以设置数字万用表的电流表内阻、电压表内阻、欧姆表电流及测量范围等参数。

2．函数信号发生器（Function generator）

函数信号发生器是提供正弦波、三角波、方波三种不同波形信号的电压信号源。用鼠标双击函数信号发生器图标，可以放大函数信号发生器的面板。函数信号发生器的面板如图 1-42 所示。

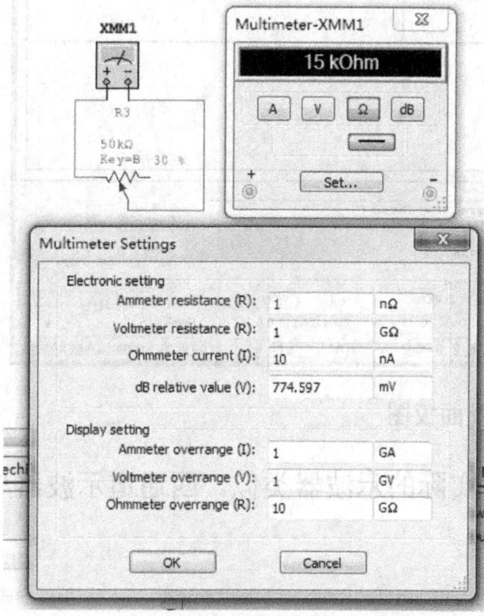

图 1-41　数字万用表面板图及参数设置对话框

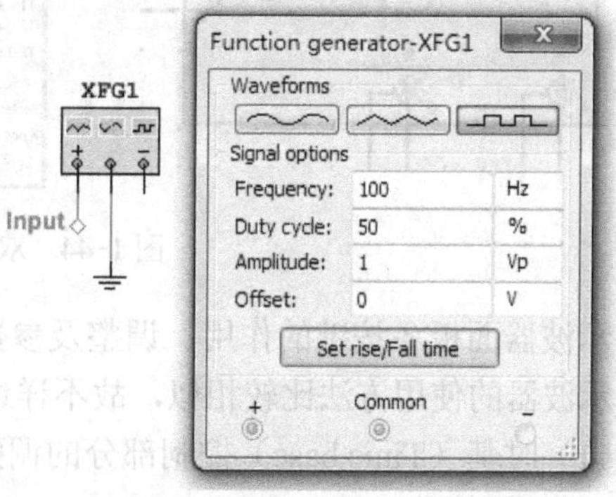

图 1-42　函数信号发生器面板图

函数信号发生器的输出波形、工作频率、占空比、幅度和直流偏置，可用鼠标选择波形选择按钮和在各窗口设置相应的参数来实现。频率设置范围为 1fHz～1000THz；占空比调整范围可从 1％～99％；幅度设置范围为 $1fV_p$～$1000TV_p$；偏移设置范围为-1000TV～

1000TV。

3. 瓦特表（Wattmeter）

瓦特表（功率表）用来测量电路的功率，交流或者直流电流均可测量。用鼠标双击瓦特表的图标可以放大瓦特表的面板。电压输入端与测量电路并联连接，电流输入端与测量电路串联连接。瓦特表的面板如图 1-43 所示。

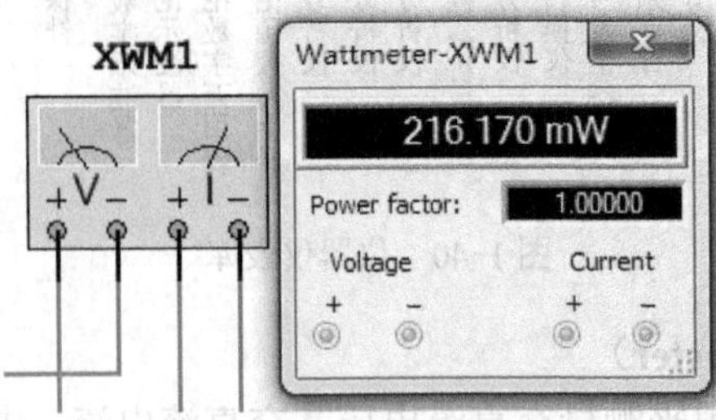

图 1-43　瓦特表面板图

4. 双通道示波器（Double Channel Oscilloscope）与四通道示波器（Four Channel Oscilloscope）

示波器是用来显示电信号波形的形状、大小、频率等参数的仪器。用鼠标双击示波器图标，放大了的示波器的面板如图 1-44 所示。

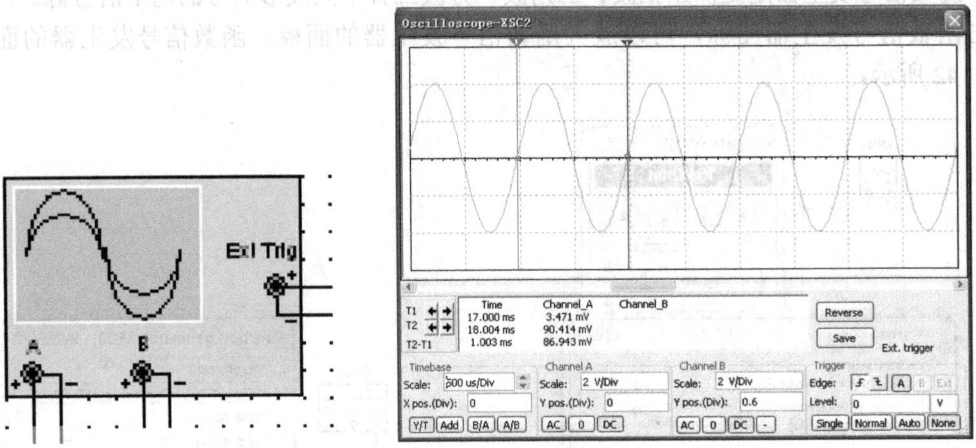

图 1-44　双通道示波器及面板图

示波器面板各按键的作用、调整及参数的设置与实际的示波器类似。四通道示波器与双通道示波器的使用方法比较相似，故不详述。

（1）时基（Time base）控制部分的调整

1）时间基准

X 轴刻度显示示波器的时间基准，其基准为 0.1fs/Div～1000Ts/Div 可供选择。

2）X 轴位置控制

X 轴位置，控制 X 轴的起始点。当 X 的位置调到 0 时，信号从显示器的左边缘开始，正值使起始点右移，负值使起始点左移。X 位置的调节范围从-5.00～+5.00。

3）显示方式选择

选择示波器的显示方式，可以从“幅度/时间（Y/T）”切换到“A通道/B通道（A/B）”、“B通道/A通道（B/A）”或“Add”方式。

● Y/T方式：X轴显示时间，Y轴显示电压值。

● A/B、B/A方式：X轴与Y轴都显示电压值。

● Add方式：X轴显示时间，Y轴显示A通道、B通道的输入电压之和。

（2）示波器输入通道（Channel A/B）的设置

1）Y轴刻度

Y轴电压刻度范围从1fV/Div～1000TV/Div，可以根据输入信号大小来选择Y轴刻度值的大小，使信号波形在示波器显示屏上显示出合适的幅度。

2）Y轴位置（Y position）

Y轴位置控制Y轴的起始点。当Y的位置调到0时，Y轴的起始点与X轴重合，如果将Y轴位置增加到1.00，Y轴原点位置从X轴向上移一大格，若将Y轴位置减小到-1.00，则Y轴原点位置从X轴向下移一大格。Y轴位置的调节范围从-3.00～+3.00。改变A、B通道的Y轴位置有助于比较或分辨两通道的波形。

3）Y轴输入方式

Y轴输入方式即信号输入的耦合方式。当用AC耦合时，示波器显示信号的交流分量。当用DC耦合时，显示的是信号的交流和直流分量之和。

当用0耦合时，在Y轴设置的原点位置显示一条水平直线。

（3）触发方式（Trigger）调整

1）触发信号选择

触发信号一般选择自动触发（Auto）。选择“A”或“B”，则用相应通道的信号作为触发信号。选择“Ext”，则由外触发输入信号触发。选择“Single”为单脉冲触发。选择“Normal”为一般脉冲触发。

2）触发沿（Edge）选择

触发沿（Edge）可选择上升沿或下降沿触发。

3）触发电平（Level）选择

触发电平（Level）可选择触发电平范围。

（4）示波器显示波形读数

要显示波形读数的精确值时，可用鼠标将游标拖到需要读取数据的位置。显示屏幕下方的方框内就会显示游标与波形垂直相交点处的时间和电压值，以及两游标位置之间的时间、电压的差值。

用鼠标单击“Reverse”按钮可改变示波器屏幕的背景颜色。用鼠标单击“Save”按钮可按ASCII码格式存储波形读数。

5. 波特图仪（Bode Plotter）

波特图仪可以用来测量和显示电路的幅频特性与相频特性，类似于扫频仪。用鼠标双击波特图仪图标，放大的波特图仪的面板图如图1-45所示。可选择幅频特性（Magnitude）或者相频特性（Phase）。

波特图仪有In和Out两对端口，其中In端口的“+”和“-”分别接电路输入端的正端和负端；Out 端口的“+”和“-”分别接电路输出端的正端和负端。使用波特图仪时，必须在电路的输入端接入AC（交流）信号源。

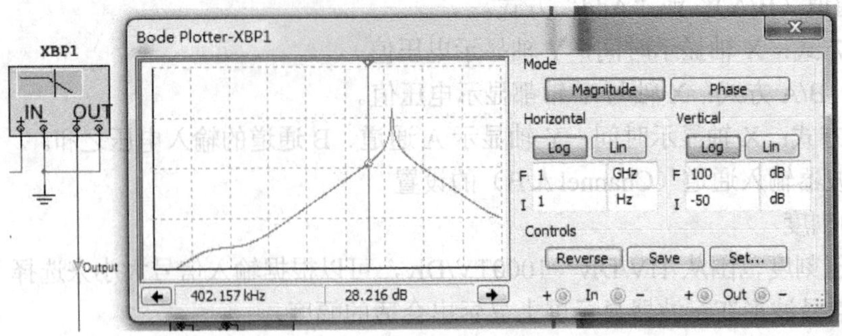

图 1-45　波特图仪的面板图

（1）坐标设置

在垂直（Vertical）坐标或水平（Horizontal）坐标控制面板图框内，按下“Log”按钮，坐标以对数（底数为 10）的形式显示；按下“Lin”按钮，则坐标以线性的结果显示。

水平（Horizontal）坐标：标度（1mHz～1000THz），水平坐标轴总是显示频率值。它的标度由水平轴的初始值 I（Initial）和终值 F（Final）决定。

在信号频率范围很宽的电路中，分析电路频率响应时，通常选用对数坐标（以对数为坐标所绘出的频率特性曲线称为波特图）。

垂直（Vertical）坐标：当测量电压增益时，垂直轴显示输出电压与输入电压之比，若使用对数基准，则单位是分贝；如果使用线性基准，显示的是比值。当测量相位时，垂直轴总是以度为单位显示相位角。

（2）读取坐标数值

要得到特性曲线上任意点的频率、增益或相位差，可用鼠标拖动游标（位于波特图仪中的垂直光标），或者用游标移动按钮来移动游标（垂直光标）到需要测量的点，游标（垂直光标）与曲线的交点处的频率和增益或相位角的数值会显示在读数框中。

（3）分辨率设置

“Set...”用来设置扫描的分辨率，用鼠标单击“Set...”按钮，将出现分辨率设置对话框，数值越大分辨率越高。

6. 数显频率计（Frequency counter）

数显频率计（Frequency counter）是用来测量信号频率的仪器，它可以显示与信号频率有关的一些信息。数显频率计的面板和图标如图 1-46 所示。

7. 字信号发生器（Word generator）

字信号发生器是能产生 16 路（位）同步逻辑信号的多路逻辑信号源，用于对数字逻辑电路进行测试。

用鼠标双击字信号发生器图标，字信号发生器面板如图 1-47 所示。

（1）字信号的输入

在字信号编辑区，32bit 的字信号以 8 位 16 进制数编辑和存放，可以存放 1024 条字信号，地址编号为 0000～03FF。

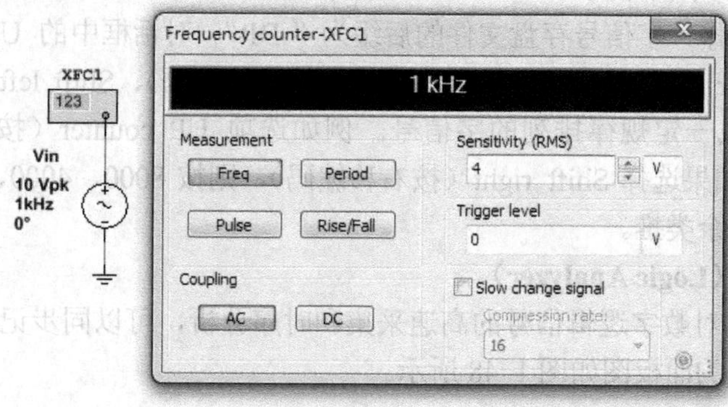

图 1-46　数显频率计的面板图

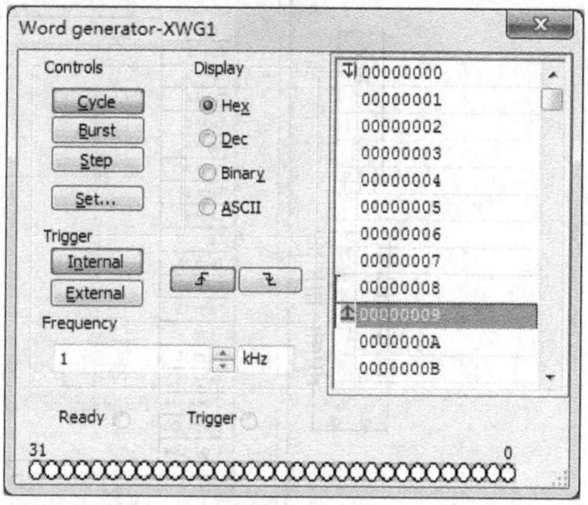

图 1-47　字信号发生器面板图

字信号输入操作如下：将光标指针移至字信号编辑区的某一位，用鼠标单击后，由键盘输入如二进制数码的字信号，光标自左至右，自上至下移位，可连续地输入字信号。

在字信号显示（Display）编辑区可以编辑或显示与字信号格式有关的信息。字信号发生器被激活后，字信号按照一定的规律逐行从底部的输出端送出，同时在面板的底部对应于各输出端的小圆圈内，实时显示输出字信号各位（bit）的值。

（2）字信号的输出方式

字信号的输出方式分为 Step（单步）、Burst（单帧）、Cycle（循环）三种方式。用鼠标单击一次“Step”按钮，字信号输出一条，这种方式可用于对电路进行单步调试。

用鼠标单击“Burst”按钮，则从首地址开始至末地址连续逐条地输出字信号。

用鼠标单击“Cycle”按钮，则不断地进行 Burst 方式的循环输出。

Burst 和 Cycle 情况下的输出节奏由输出频率的设置决定。

Burst 输出方式时，当运行至该地址时输出暂停，再用鼠标单击“Pause”按钮则恢复输出。

（3）字信号的触发方式

字信号的触发分为 Internal（内部）和 External（外部）两种触发方式。当选择 Internal（内部）触发方式时，字信号的输出直接由输出方式按钮（SteP、Burst、Cycle）启动。当选择 External（外部）触发方式时，则需接入外触发脉冲，并定义“上升沿触发”或“下降沿触发”。然后单击输出方式按钮，待触发脉冲到来时才启动输出。此外在数据准备好输出端还可以得到与输出字信号同步的时钟脉冲输出。

（4）字信号的存盘、重用、清除等操作

用鼠标单击“Set...”按钮，弹出 settings 对话框，在对话框中的 Clear buffer（清字信号编辑区）、Load（载入字信号文件）、Save（保存字信号文件）三个选项分别用于对编辑区的字信号进行相应的操作。字信号存盘文件的后缀为“.DP”。对话框中的 UP counter（按递增编码）、Down counter（按递减编码）、Shift right（按右移编码）、Shift left（按左移编码）四个选项分别用于生成一定规律排列的字信号。例如选项 UP counter（按递增编码），则按 0000～03FF 排列；如果选择 Shift right（按右移编码），则按 8000、4000、2000 等逐步右移一位的规律排列；其余类推。

8．逻辑分析仪（Logic Analyzer）

逻辑分析仪用于对数字逻辑信号的高速采集和时序分析，可以同步记录和显示 16 路数字信号。逻辑分析仪的面板图如图 1-48 所示。

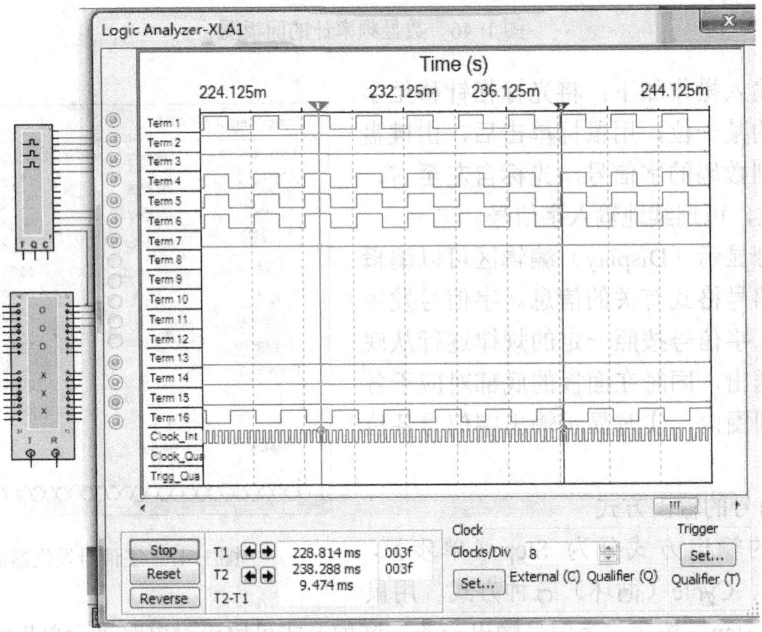

图 1-48　逻辑分析仪的面板图

（1）数字逻辑信号与波形的显示和读数

面板左边的 16 个小圆圈对应 16 个输入端，各路输入逻辑信号的当前值在小圆圈内显示，从上到下排列，依次为最低位至最高位。16 路输入的逻辑信号的波形以方波形式显示在逻辑信号波形显示区。通过设置输入导线的颜色可修改相应波形的显示颜色。波形显示的时间轴刻度可通过面板下边的 Clocks/Div 设置。读取波形的数据可以通过拖放游标完成。在面板下部的两个方框内显示指针所处位置的时间读数和逻辑读数（4 位 16 进制数）。

（2）触发方式设置

单击 Trigger 区域的“Set...”按钮，可以弹出触发方式对话框。触发方式有多种选择。对话框中可以输入 A、B、C 三个触发字。逻辑分析仪在读到一个指定字或几个字的组合后触发。触发字的输入可单击标为 A、B 或 C 的编辑框，然后输入二进制字（0 或 1）或者 x，x 代表该位为“任意”（0、1 均可）。用鼠标单击对话框中 Trigger combinations 方框右边的按钮，弹出由 A、B、C 组合的八组触发字，选择八种组合之一，并单击“OK”按钮后，在 Trigger combinations 方框中就被设置为该种组合触发字。

三个触发字的默认设置均为 xxxxxxxxxxxxxxxx，表示只要第一个输入逻辑信号到达，无论是什么逻辑值，逻辑分析仪均被触发开始波形的采集，否则必须满足触发字条件才被触发。此外，Trigger qualifier（触发限定字）对触发有控制作用。若该位设为 x，触发控制不起作用，触发完全由触发字决定；若该位设置为“1”（或“0”），则仅当触发控制输入信号为“1”（或“0”）时，触发字才起作用；否则即使触发字组合条件满足也不能引起触发。

（3）采样时钟设置

用鼠标单击对话框面板下部 Clock 区域中的“Set...”按钮弹出时钟控制对话框。在对话框中，波形采集的控制时钟可以选择内时钟或者外时钟以及上升沿有效或者下降沿有效。如果选择内时钟，则内时钟频率可以设置。此外对 Clock qualifier（时钟限定）的设置决定时钟控制输入对时钟的控制方式。若该位设置为“1”，表示时钟控制输入为“1”时开放时钟，逻辑分析仪可以进行波形采集；若该位设置为“0”，表示时钟控制输入为“0”时开放时钟；若该位设置为“x”，则表示时钟总是开放，不受时钟控制输入的限制。

9．逻辑转换仪（Logic converter）

逻辑转换仪是 Multisim 软件特有的仪器，能够完成真值表、逻辑表达式和逻辑电路三者之间的相互转换，实际中不存在与此对应的设备。逻辑转换仪面板及转换方式选择图如图 1-49 所示。

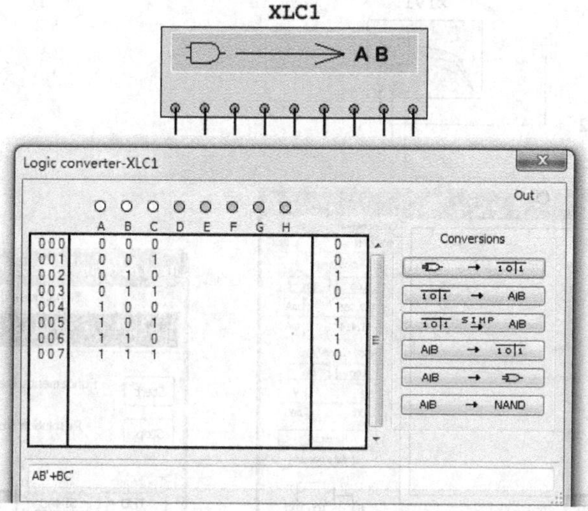

图 1-49　逻辑转换仪面板及转换方式选择图

（1）逻辑电路→真值表

逻辑转换仪可以导出多路（最多八路）输入一路输出的逻辑电路的真值表。首先画出逻辑电路，并将其输入端接至逻辑转换仪的输入端，输出端连至逻辑转换仪的输出端。单击“”按钮，在逻辑转换仪的显示窗口，即真值表区出现该电路的真值表。

（2）真值表→逻辑表达式

真值表的建立：一种方法是根据输入端数，用鼠标单击逻辑转换仪面板顶部代表输入端的小圆圈，选定输入信号（由 A 至 H）。此时真值表区自动出现输入信号的所有组合，而输出列的初始值全部为“0”。可根据所需要的逻辑关系修改真值表的输出值而建立真值表；另一种方法是由电路图通过逻辑转换仪转换过来的真值表。

对已在真值表区建立的真值表，可用鼠标单击“真值表→逻辑表达式”按钮，则在面板的底部逻辑表达式栏出现相应的逻辑表达式。如果要简化该表达式或直接由真值表得到简化的逻辑表达式，可单击“10|1 SIMP AB”按钮后，在逻辑表达式栏中出现相应的该真值表的简化逻辑表达式。其中逻辑表达式中的“'”表示逻辑变量的“非”。

（3）表达式→真值表、逻辑电路或逻辑与非门电路

可以直接在逻辑表达式栏中输入逻辑表达式，“与-或”及“或-与”均可，然后单击“AB → 10|1”按钮得到相应的真值表；单击“AB → ⊐D”按钮得相应的逻辑电路；单击“AB → NAND”按钮得到由与非门构成的逻辑电路。

10．IV（电流/电压）分析仪

IV（电流/电压）分析仪用来分析二极管、PNP 和 NPN 晶体管、PMOS 和 CMOS FET 的 IV 特性。注意：IV 分析仪只能够测量未连接到电路中的元器件。IV 分析仪的面板如图 1-50 所示。

11．失真分析仪（Distortion Analyzer）

失真分析仪是一种用来测量电路信号失真的仪器，multisim 软件提供的失真分析仪频率范围为 20Hz～20kHz，失真分析仪面板如图 1-51 所示。

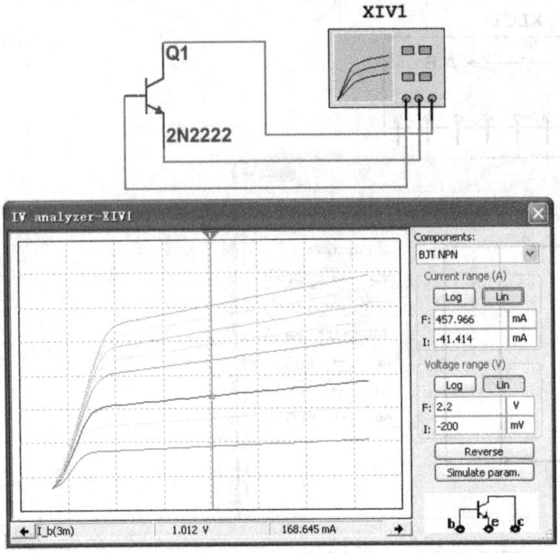

图 1-50　IV（电流/电压）分析仪的面板图

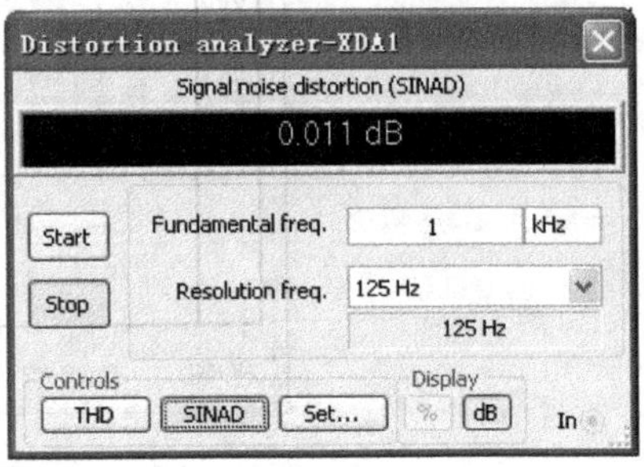

图 1-51　失真分析仪面板图

在 Controls（控制模式）区域中，THD 分析总谐波失真，SINAD 分析信噪比，Set…分析参数。

12．频谱分析仪（Spectrum analyzer）

频谱分析仪用来分析信号的频域特性，Multisim 软件提供的频谱分析仪频率范围上限为 4GHz，频谱分析仪面板如图 1-52 所示。

在图 1-52 所示频谱分析仪面板中，可分为 5 个区域。

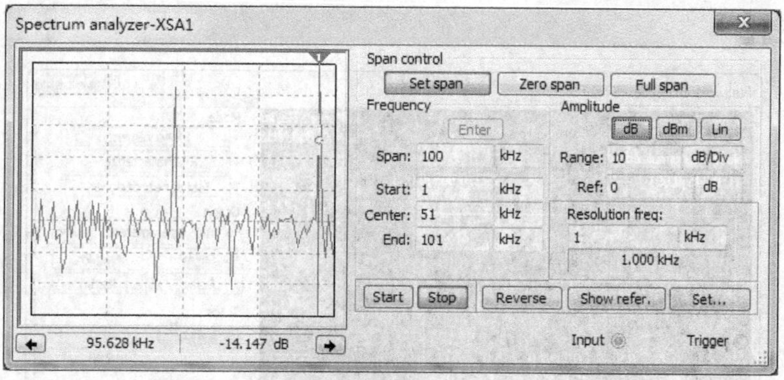

图 1-52　频谱分析仪面板图

1）在 Span Control 区域中：当选择 Set Span 时，频率范围由 Frequency 区域设定；当选择 Zero Span 时，频率范围仅由 Frequency 区域中的 Center 栏设定的中心频率确定；当选择 Full Span 时，频率范围设定为 0～4GHz。

2）在 Frequency 区域中：Span 设定频率范围；Start 设定起始频率；Center 设定中心频率；End 设定终止频率。

3）在 Amplitude 区域中：当选择 dB 时，纵坐标刻度单位为 dB；当选择 dBm 时，纵坐标刻度单位为 dBm；当选择 Lin 时，纵坐标刻度单位为线性。

4）在 Resolution Freq 区域中：可以设定频率分辨率，即能够分辨的最小谱线间隔。

5）在 Controls 区域中：当选择 Start 时，启动分析；当选择 Stop 时，停止分析；当选择 Set…时，可选择触发源是 Internal（内部触发）还是 External（外部触发），选择触发模式是 Continuous（连续触发）还是 Single（单次触发）。

频谱图显示在频谱分析仪面板左侧的窗口中，利用游标可以读取其每点的数据并显示在面板右侧下部的数字显示区域中。

13. 网络分析仪（Network Analyzer）

网络分析仪是一种用来分析双端口网络的仪器，它可以测量衰减器、放大器、混频器、功率分配器等电子电路及元件的特性。Multisim 软件提供的网络分析仪可以测量电路的 S 参数并计算出 H、Y、Z 参数。网络分析仪面板如图 1-53 所示。

（1）窗口数据显示模式设置

窗口数据显示模式在 Marker 区域中设置。当选择 Re/Im 时，显示数据为直角坐标模式。当选择 Mag/Ph（Degs）时，显示数据为极坐标模式。当选择 dB Mag/Ph（Deg）时，显示数据为分贝极坐标模式。滚动条则控制显示窗口游标所指的位置。

（2）选择需要显示的参数

在 Trace 区域中选择需要显示的参数，只要按下需要显示的参数按钮（Z11、Z12、Z21、Z22）即可。

（3）参数格式

参数格式在 Graph 区域中设置。

Param.选项中可以选择所要分析的参数，其中包括 S－Parameters（S 参数）、H－Parameters（H 参数）、Y－Parameters（Y 参数）、Z－Parameters（Z 参数），Stability factor

（稳定因素）五种。

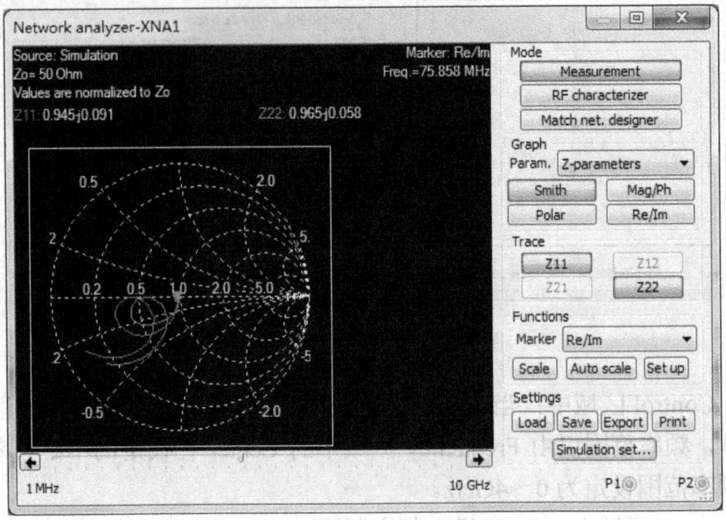

图 1-53　网络分析仪面板图

（4）显示模式

显示模式可以通过选择 Smith（史密斯格式）、Mag/Ph（增益/相位的频域响应图即波特图）、Polar（极化图）、Re/Im（实部/虚部）完成。以上四种显示模式的刻度参数可以通过 Scale 进行设置；程序自动调整刻度参数由 Auto scale 进行设置；显示窗口的显示参数，如线宽、颜色等由 Set up 进行设置。

（5）数据管理

Settings 区域提供数据管理功能。单击“Load”按钮读取专用格式数据文件；单击“Save”按钮储存专用格式数据文件；单击“Export”按钮输出数据至文本文件；单击“Print”按钮打印数据。

（6）分析模式设置

分析模式在 Mode 区域中设置。当选择 Measurement 时为测量模式；当选择 Match Net. Designer 时为电路设计模式，可以显示电路的稳定度、阻抗匹配、增益等数据；当选择 RF Characterizer 时为射频特性分析模式。

14. 安捷伦函数信号发生器（Agilent function generator）

安捷伦函数信号发生器（Agilent function generator）是以安捷伦公司的 33120A 型函数信号发生器为原型设计的，它是一个高性能，能产生 15MHz 多种波形信号的综合函数发生器。安捷伦函数信号发生器的操作面板如图 1-54 所示。至于它的详细功能和使用方法，可参考 Agilent 33120 型函数信号发生器的使用手册。

15. 安捷伦数字万用表（Agilent multimeter）

安捷伦数字万用表（Agilent multimeter）是以安捷伦公司的 34401A 型数字万用表为原型设计的，它是一个高性能的，测量精度为六位半的数字万用表。安捷伦数字万用表的操作面板如图 1-55 所示。关于它的详细功能和使用方法，可参考 Agilent 34401A 型数字万用表的使用手册。

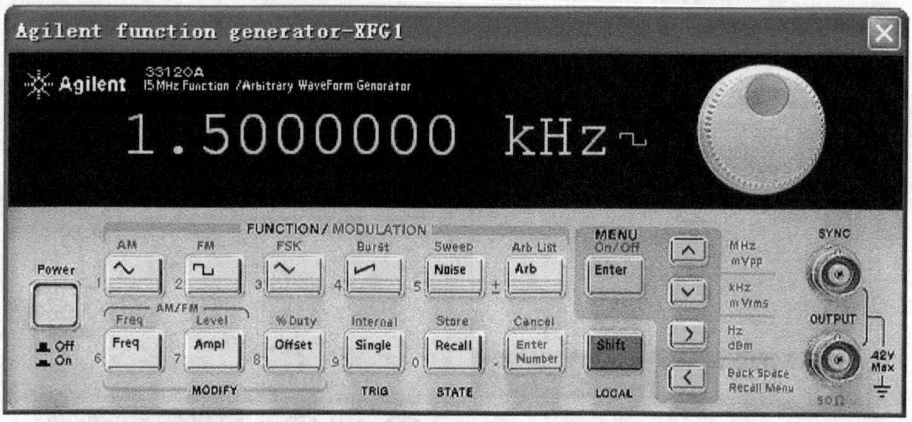

图 1-54　安捷伦函数信号发生器操作面板图

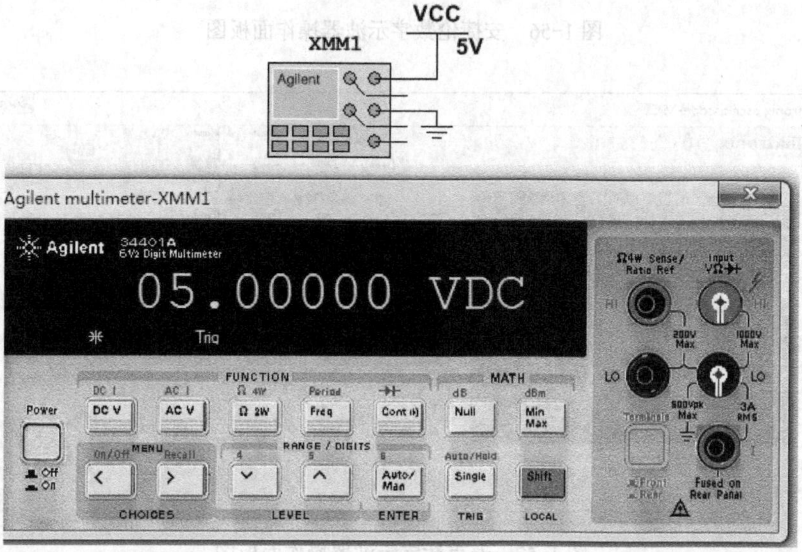

图 1-55　安捷伦数字万用表操作面板图

16．安捷伦数字示波器（Agilent oscilloscope）

安捷伦数字示波器（Agilent oscilloscope）是以安捷伦公司的 54622D 型数字示波器为原型设计的，它是一种由双模拟通道、16 个数字通道、100MHz 数据宽带组成的，附带波形数据磁盘外存储功能的数字示波器。安捷伦数字示波器的操作面板如图 1-56 所示。关于它的详细功能和使用方法，可参考 Agilent 54622D 型数字示波器的使用手册。

17．泰克数字示波器（Tektronix oscilloscope）

泰克数字示波器（Tektronix oscilloscope）是以泰克公司的 TDS 2024 型数字示波器为原型设计的，它是一种由四模拟通道、200MHz 数据宽带、带波形数据存储功能的液晶显示数字示波器。泰克数字示波器的操作面板如图 1-57 所示。关于它的详细功能和使用方法，可参考 TDS 2024 型数字示波器的使用手册。

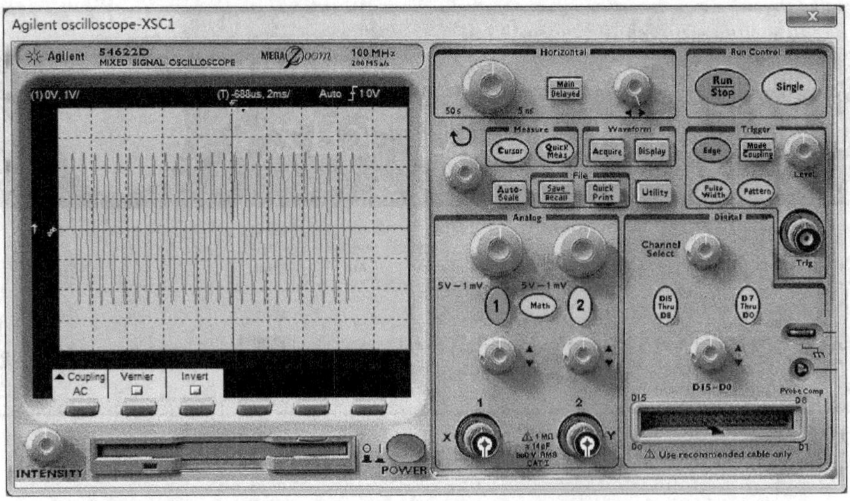

图 1-56　安捷伦数字示波器操作面板图

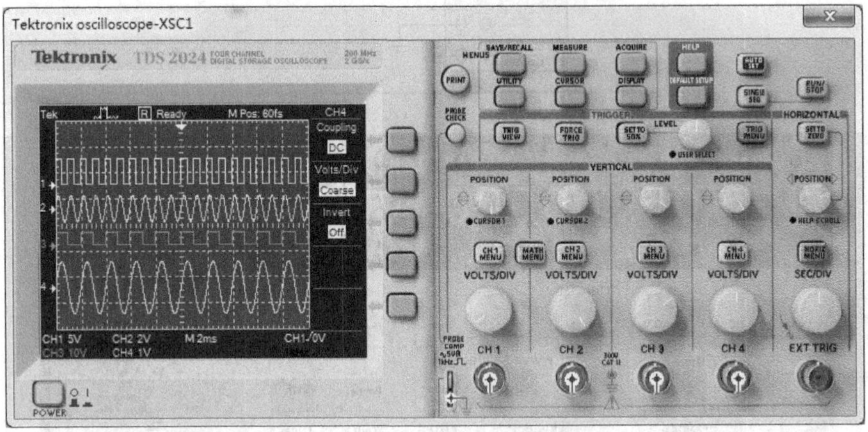

图 1-57　泰克数字示波器操作面板图

18. 测量探针和电流探针

Multisim 软件提供测量探针和电流探针。在电路仿真时，将测量探针连接到电路中的测量点，测量探针即可测量出该点的电压、电流和频率值，如图 1-58 所示，各测量值的含义见表 1-1。电流探针可测量出该点的电流值。

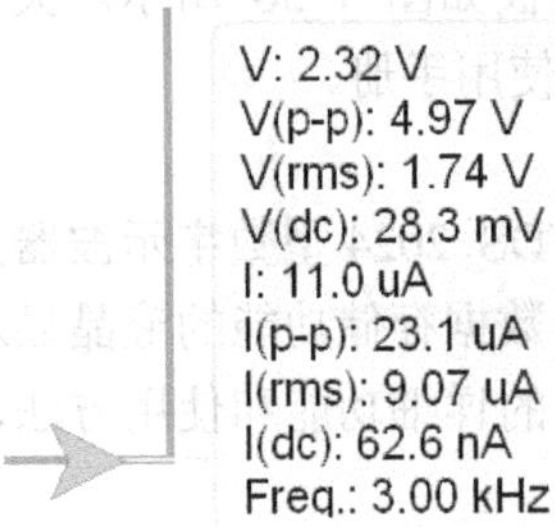

图 1-58　测量探针

表 1-1　测量探针各测试值含义

名　称	含　义	名　称	含　义
V	实时电压	I	实时电流
V（p-p）	电压峰峰值	I（p-p）	电流峰峰值
V（rms）	电压均方根值	I（rms）	电流均方根值
V（dc）	直流电压值	I（dc）	直流电流值
Freq	频率		

19．LabVIEW 虚拟仪器

Multisim 12 提供了 LabVIEW 虚拟仪器开发环境。设计人员可以在 LabVIEW 的图形开发环境下创建自定义的仪器。这些由自己创建的仪器具备 LabVIEW 开发系统的全部高级功能，包括数据获取、仪器控制和运算分析等。

LabVIEW 仪器可以是输入仪器，也可以是输出仪器。输入仪器接收仿真数据用于显示和处理。输出仪器可以将数据作为信号源在仿真环境中使用。需要注意的是，一个 LabVIEW 虚拟仪器不能既是输入型又是输出型仪器。

如需创建和修改 LabVIEW 虚拟仪器，用户必须拥有 LabVIEW 8.0（或更高版本）的开发系统，必须安装 LabVIEW 实时运行引擎在用户的计算机中。它的版本需和用于创建仪器的 LabVIEW 开发环境相对应。NI Circuit Design Suite 已经提供了 LabVIEW 8.0 和 LabVIEW 8.2 实时运行引擎。

Multisim 12 包含了以下几种 LabVIEW 的仿真仪器。

1）BJT 分析仪（BJT Analyzer）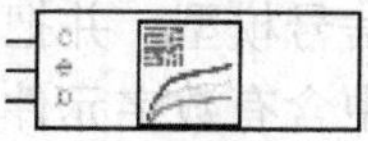——用于测量 BJT 晶体管的电流-电压特性，与 IV 分析仪类似。

2）阻抗计（Impedance Meter）——用于测量电路中两个节点之间的阻抗值。

3）麦克风（Microphone）

——用于记录计算机声音装置的音频信号以及把声音数据作为信号源输出。

4）扬声器（Speaker）

——通过计算机声音设备播放输入的信号。

5）信号分析仪 （Signal Analyzer）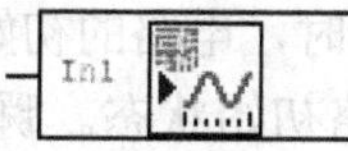

——显示时域信号，自动运行功率频谱或运行平均输入信号。

6）信号发生器（Signal Generater）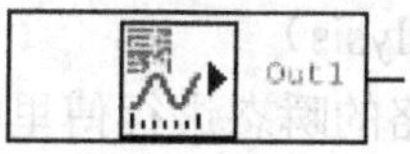

——产生正弦波、三角波、方波和锯齿波。

7）实时信号发生器（Streaming Signal Generator）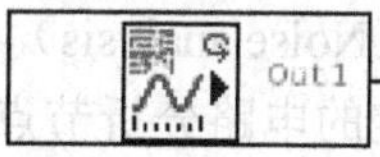

——产生正弦波、三角波、方波和锯齿波，并允许仿真运行期间改变信号。

这些虚拟仪器大致可分为三类，即模拟类仪器、数字类仪器和频率类仪器。模拟类仪器有数字万用表、函数信号发生器、瓦特表、示波器、IV 特性分析仪等；数字类仪器有字信号发生器、逻辑分析仪、逻辑转换仪等；频率类仪器有频率计、频谱分析仪、网络分析仪等。进行电路仿真分析时，对不同类型的电路可选用相应的测试仪器，如数字量的测量可选用逻辑分析仪。但有的虚拟仪器可混用，如示波器可测量模拟电压信号，也可测量数字信号（脉冲波形）。总之测试仪器的使用可根据用户的习惯进行选择。

1.4 Multisim 12 的仿真分析

Multisim 12 提供了多种仿真分析方法，主要包括以下几种。用户在对电路仿真分析时，可选用合适的仿真分析方法来分析电路。下面简要介绍仿真分析方法的特点和应用场合。

（1）直流工作点分析（DC oparation point analysis）

直流工作点分析是在电路电感短路、电容开路的情况下，计算电路的静态工作点。直流分析的结果通常可用于电路的进一步分析，如在进行暂态分析和交流小信号分析之前，程序会自动先进行直流工作点分析，以确定暂态的初始条件和交流小信号情况下非线性器件的线性化模型参数。

（2）交流分析（AC analysis）

交流分析是分析电路的小信号频率响应。分析时程序先对电路进行直流工作点分析，以便建立电路中非线性元件的交流小信号模型，并把直流电源置 0，交流信号源、电容及电感等用其交流模型表示，如果电路中含有数字元件，将被认为是一个接地的大电阻。交流分析是以正弦波为输入信号，不管电路的输入端接何种输入信号，进行分析时都将自动以正弦波替换，而其信号频率也将在设定的范围内被替换。交流分析的结果，以幅频特性和相频特性两个图形显示。如果将波特图仪连至电路的输入端和输出端，也可获得同样的交流频率特性。

（3）单一频率交流分析（Single frequency AC analysis）

单一频率交流分析用来测试电路对某个特定频率的交流频率响应分析结果，并以输出信号的实部/虚部或幅度/相位的形式给出。

（4）瞬态分析（Transient analysis）

瞬态分析是一种时域（Time Domain）分析，可以在激励信号（或没有任何激励信号）的情况下计算电路的时域响应。分析时，电路的初始状态可由用户自行制定，也可由程序自动进行直流分析，用直流解作为电路初始状态。瞬态分析的结果通常是分析节点的电压波形，故可用示波器观测到相应的结果。

（5）傅里叶分析（Fourier analysis）

在给定的频率范围内，对电路的瞬态进行傅里叶分析，计算出该瞬态响应的 DC 分量、基波分量以及各次谐波分量的幅值及相位。

（6）噪声分析（Noise analysis）

噪声分析对指定的电路分析节点、输入噪声源以及扫描频率范围，计算所有电阻与半导体器件所贡献的噪声的均方根值。

（7）噪声系数分析（Noise figure analysis）

噪声系数分析主要研究元器件模型中的噪声参数对电路的影响。在二端口网络（如放大器和衰减器）的输入端不仅有信号，还会伴随噪声，同时电路中的无源器件（如电阻）会增加热噪声，有源器件则增加散粒噪声和闪烁噪声。无论何种噪声，经过电路放大后，将全部汇总到输出端，对输出信号产生影响。信噪比是衡量信号质量好坏的重要参数，而噪声系数（F）则是衡量二端口网络性能的重要参数，其定义为：网络的输入信噪比/输出信噪比，即

$$F = \text{输入信噪比/输出信噪比}$$

若用分贝表示：噪声系数（*NF*）为

$$NF = 10\log_{10} F(\text{dB})$$

（8）失真分析（Distortion analysis）

对给定的任意节点以及扫频范围、扫频类型（线性或对数）与分辨率，计算总的小信号稳态谐波失真与互调失真。

（9）直流扫描分析（DC sweep analysis）

直流扫描分析用来分析电路中某一节点的直流工作点随电路中一个或两个直流电源变化的情况。利用直流扫描分析的直流电源的变化范围可以快速确定电路的可用直流工作点。

（10）灵敏度分析（Sensitivity analysis）

包括 DC（直流）分析和 AC（交流）两种灵敏度分析。用于对元件的某个感兴趣的参数，计算由该参数的变化而引起的 DC 或 AC 电压与电流的变化灵敏度。

（11）参数扫描分析（Parameter sweep analysis）

对给定的元件及其要变化的参数和扫描范围、类型（线性或对数）与分辨率，计算电路的 DC、AC 或瞬态响应，从而可以看出各个参数对某些性能的影响程度。

（12）温度扫描分析（Temperature sweep analysis）

对给定的温度变化范围、扫描类型（线性或对数）与分辨率，计算电路的 DC、AC 或瞬态响应，从而可以看出温度对某些性能的影响程度。

（13）零极点分析（Pole zero analysis）

对给定的输入与输出极点，以及分析类型（增益或阻抗的传递函数，输入或输出阻抗），计算交流小信号传递函数的零、极点。从而可以获得有关电路稳定性的信息。

（14）传递函数分析（Transfer function analysis）

对给定的输入源与输入节点，计算电路的 DC 小信号传递函数以及输入、输出阻抗和 DC 增益。

（15）最坏情况分析（Worst case analysis）

当电路中所有元件的参数在其容差范围内改变时，计算由此引起的 DC、AC 或瞬态响应变化的最大方差。所谓“最坏情况”是指元件参数的容差设置为最大值、最小值或最大上升或下降值。

（16）蒙特卡罗分析（Monte Carlo analysis）

在给定的容差范围内，计算当元件参数随机地变化时，对电路的 DC、AC 或瞬态响应的影响。可以对元件参数容差的随机分布函数进行选择，使分析结果更符合实际情况。通过该分析可以预计由于制造过程中所产生的元件的误差，而导致所设计的电路的不合格概率。

（17）线宽分析（Trace width analysis）

线宽分析就是用来确定在设计 PCB 板时为使导线有效地传输电流所允许的最小导线宽度。导线所散发的功率不仅与电流有关，还与导线的电阻有关，而导线的电阻又与导线的横截面积有关。在制作 PCB 板时，导线的厚度受板材的限制，那么，导线的电阻主要取决于 PCB 设计者对导线宽度的设置。

（18）批处理分析（Batched analysis）

批处理分析是将同一电路的不同分析或不同电路的同一分析放在一起依次执行，这样可以更加全面地观察电路的静态工作点、频域特性等。

（19）用户自定义分析（Use defined analysis）

用户自定义分析就是由用户通过 SPICE 命令来定义某些仿真分析功能，以达到扩充仿真分析范围的目的。SPICE 是 Multisim 软件的仿真核心，SPICE 以命令行的方式与用户接口，而 Multisim 软件以图形界面方式与用户接口。

1.5 思考题

1．在 Multisim 12 软件中，调入工作区的元件，怎样改变其方向？

2．怎样修改电路图中的网络名，怎样隐藏网络名称？

3．在仪器仪表中，共有哪几种示波器？

4．如果只知道某元件型号，不知道其归属哪个元件库，怎样调用该元件？

第 2 章　模拟电子技术基础实验

实验 2.1　常用电子仪器的使用

一、实验目的

1．学习并掌握常用电子仪器的正确使用方法。

2．掌握用示波器观察波形和读取波形参数的方法。

3．掌握函数信号发生器输出信号的使用。

二、实验设备及材料

1．装有 Multisim 12 软件的计算机。

2．函数信号发生器。

3．双通道示波器。

4．数字万用表。

5．模拟电路实验箱。

6．元器件若干。

三、实验原理

1．常用电子仪器的连接

在模拟电子电路中，经常使用的电子仪器有示波器、函数信号发生器、直流稳压电源、频率计等。它们和万用表一起，可以完成对模拟电子电路的静态和动态工作情况的测试。

实验中要综合应用各种电子仪器，可按照信号流向，以连线简捷、调节顺手、观察与读数方便等原则进行合理布局。各仪器与被测实验装置之间的布局与连线如图 2-1 所示。接线时应注意，为防止外界干扰，各仪器的接地端应连接在一起，即共地。信号源的引线通常用屏蔽线或电缆线，示波器接线使用专用电缆线，直流电源的接线用普通导线。

为了防止过载而损坏，测量前一般把量程开关置于量程最大位置上，然后在测量中逐档减小量程。

2．数字万用表 UT58 简介

如图 2-2 所示为优利德 UT58 数字万用表，可测量电阻、电压、电流、电容等常见的电气参数。由液晶显示屏、拨盘开关、表笔插孔、表笔等部分组成。

数字万用表的黑色表笔一般都置于“COM”插孔。在需要测量电流的时候，红色表笔置于“A”插孔或“μAmA”插孔，在测量其他参数时一般都置于“VΩ”插孔。

需要测量电阻时，把拨盘开关切换到电阻档“Ω”，红色表笔置于“VΩ”插孔，用红色表笔接触电阻的一端，黑色表笔接触电阻的另一端，适当拨动拨盘开关，使其有正常读数，如量程设置太小，则测不出来，设置太大，则测得不准确。液晶屏的读数加上量程所对应的单位，即是其电气参数值，如图 2-2 所示，电阻值读数为 132.8，量程 200 所对应的单位为 Ω，则表示所测量的电阻为 132.8Ω。如表盘指向“200M”，则其读数就是 132.8MΩ，其余参数的读法相同。当显示为“1.”状态时，则表示量程不够，需增大量程。

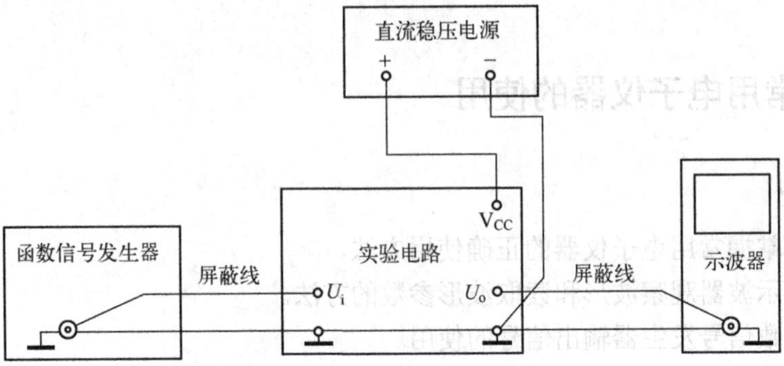

图 2-1　模拟电子电路中常用电子仪器布局图

在测量电容、晶体管的时候（可能需要配置一个白色的配件），插于中间两个插孔。如图 2-3 所示为测量电容，把电容置于白色配件上的电容插孔，把拨盘开关置于电容档“⊣⊢F”，测出其电容值为 74.8nF。利用该配件还可以测出晶体管的β值。

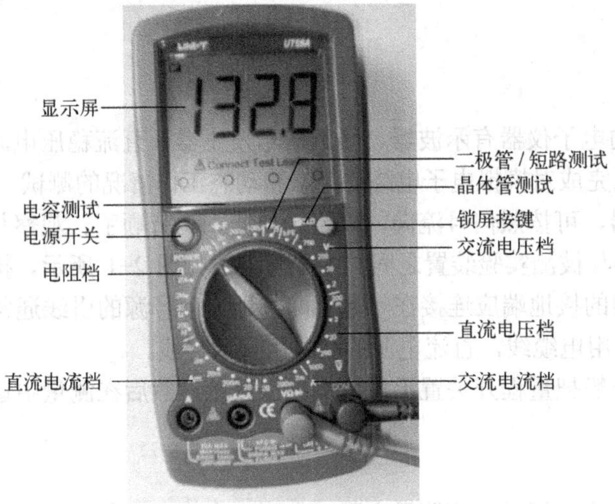

图 2-2　数字万用表测电阻

图 2-3　万用表测电容

需要注意的是，在测大电流（如 500mA）时，千万不要在测量过程中拨动量程选择开关，以免产生电弧，烧坏转换开关的触点；万用表使用完毕，应将拨盘开关置于交流电压的最大量程即“750V”处；如长期不使用，应将万用表内部的电池取出，以免电池腐蚀表内的元器件。

3．函数信号发生器 RIGOL DG1012 简介

如图 2-4 所示为北京普源 RIGOL DG1012 函数信号发生器的前面板图。包括旋钮、功能按键及菜单按键。显示屏下侧的一行六个蓝色按键为菜单按键，使用它们，可以选择当前菜单的不同选项。其他按键为功能键，使用它们，可以进入不同的功能菜单或直接获得特定的功能应用。

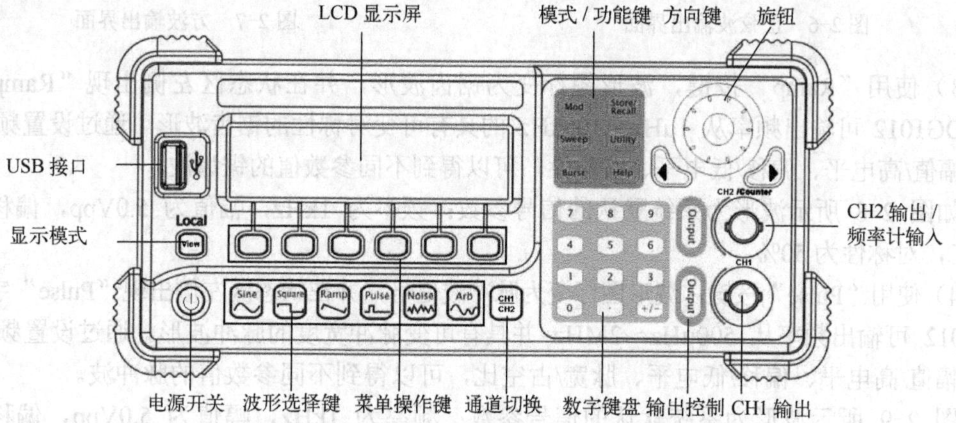

图 2-4　函数信号发生器 DG1012 前面板图

DG1012 可以输出两路信号 CH1 和 CH2，通过其旁边的“OUTPUT”按键打开或关闭。当前调节哪一个通道的参数则通过按键“$\frac{\text{CH1}}{\text{CH2}}$”来切换。

显示模式有常规、图形、双通道三种模式，通过“View”切换。一般选用常规模式，在常规显示模式中，显示界面分为参数显示区、操作菜单区、波形图标区、状态区，如图 2-5 所示。

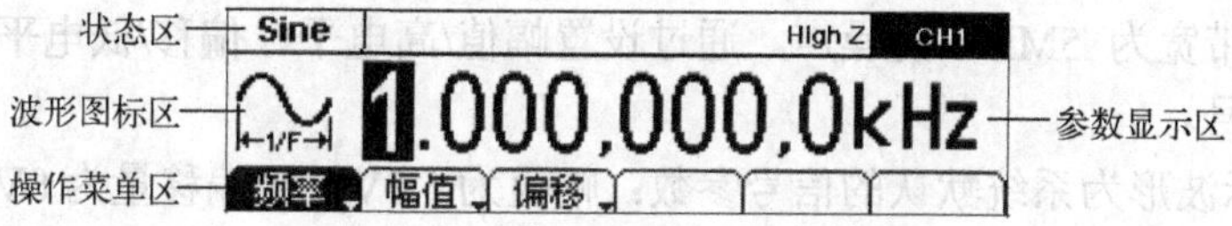

图 2-5　常规显示模式界面说明图

DG1012 可以输出 6 种基本波形，通过波形选择按钮来设置。

1）使用“Sine”按键，波形图标变为正弦信号，并在状态区左侧出现“Sine”字样。DG1012 可输出频率从 1μHz～15MHz 的正弦波形。通过设置频率/周期、幅值/高电平、偏移/低电平，可以得到不同参数值的正弦波。

如图 2-6 所示波形为系统默认的信号参数：频率为 1kHz，幅值为 5.0Vpp，偏移量为 0VDC。

2）使用“Square”按键，波形图标变为方波信号，并在状态区左侧出现“Square”字样。DG1012 可输出频率从 1μHz～4MHz 的方波波形。通过设置频率/周期、幅值/高电平、偏移/低电平，可以得到不同参数值的方波。

如图 2-7 所示波形为系统默认的信号参数：频率为 1kHz，幅值为 5.0Vpp，偏移量为

0VDC，占空比为 50%。

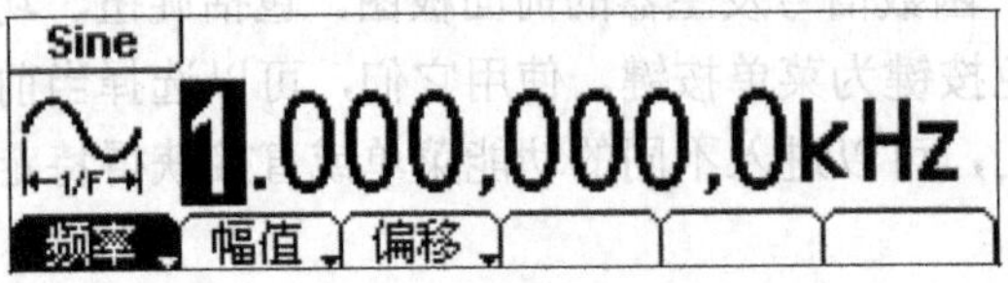

图 2-6　正弦波输出界面

图 2-7　方波输出界面

3）使用“Ramp”按键，波形图标变为锯齿波形，并在状态区左侧出现“Ramp”字样。DG1012 可输出频率从 1μHz～100kHz 的具有可变对称性的锯齿波形。通过设置频率/周期、幅值/高电平、偏移/低电平、对称性，可以得到不同参数值的锯齿波。

如图 2-8 所示波形为系统默认的信号参数：频率为 1kHz，幅值为 5.0Vpp，偏移量为 0VDC，对称性为 50%。

4）使用“Pulse”按键，波形图标变为脉冲波信号，并在状态区左侧出现“Pulse”字样。DG1012 可输出频率从 500μHz～2MHz 并具有可变脉冲宽度的脉冲波形。通过设置频率/周期、幅值/高电平、偏移/低电平、脉宽/占空比，可以得到不同参数值的脉冲波。

图 2-9 所示波形为系统默认的信号参数：频率为 1kHz，幅值为 5.0Vpp，偏移量为 0VDC，脉宽为 500μs，占空比为 50%。

图 2-8　三角波输出界面

图 2-9　脉冲波输出界面

5）使用“Noise”按键，波形图标变为噪声信号，并在状态区左侧出现“Noise”字样。DG1012 可输出带宽为 5MHz 的噪声。通过设置幅值/高电平、偏移/低电平，可以得到不同参数值的噪声信号。

图 2-10 所示波形为系统默认的信号参数：幅值为 5.0Vpp，偏移量为 0VDC。

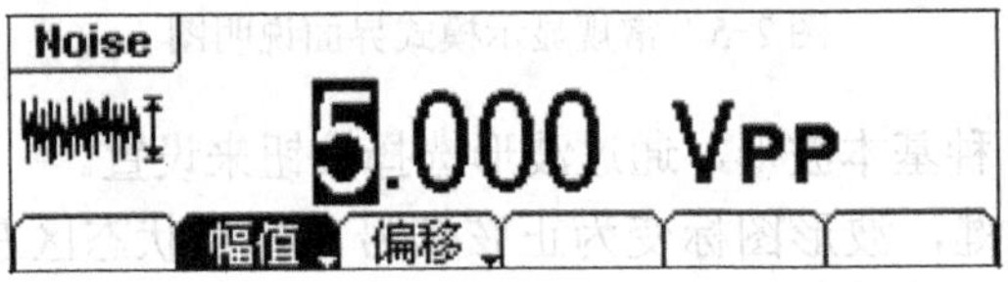

图 2-10　噪声波输出界面

4．示波器 RIGOL DS1052 简介

如图 2-11 所示为北京普源 RIGOL DS1052 数字示波器的前面板图。该示波器为双通道数字示波器，带宽为 50MHz。

示波器由液晶显示屏、输入输出接口和操作控制开关组成。示波器配上两根探头即可探测两路模拟信号 CH1 和 CH2，两路信号可以单独观察，也可以一起观察，通过菜单操作既可以控制波形在屏幕上的显示效果，也可以通过测量菜单，直接读出相关数据。示波器显示屏界面如图 2-12 所示。示波器的菜单功能比较多，我们在学习中需重点掌握单通道/双通道显示控制调节、耦合方式设置、触发系统设置和测量读数。

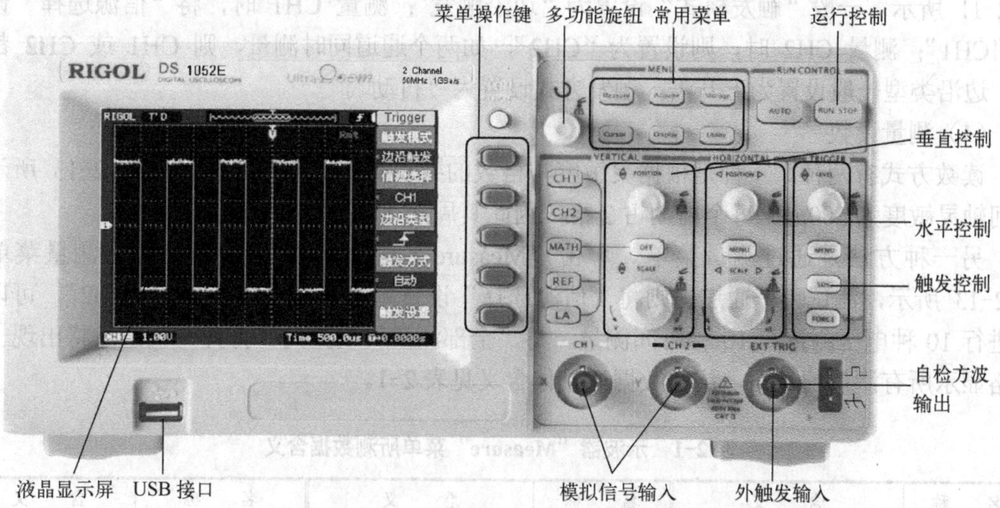

图 2-11　示波器 DS1052 前面板图

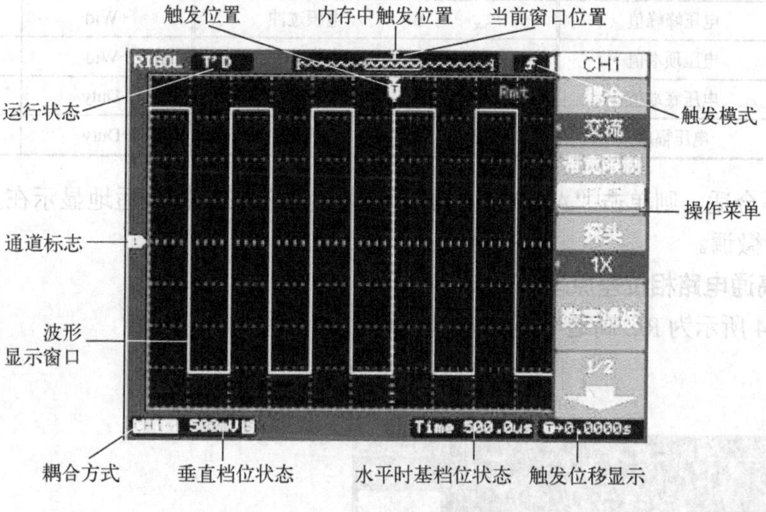

图 2-12　示波器显示屏界面

（1）单通道/双通道显示控制

需要单独观察 CH1 波形时，则把“CH1”按钮按亮，关闭“CH2”按钮；需要单独观察 CH2 波形，则把“CH2”按钮按亮，关闭“CH1”按钮；需要两个通道同时观察，则同时按亮“CH1”和“CH2”按钮。通过垂直系统和水平系统，调节波形到屏幕中适当位置。

（2）耦合方式设置

单击“CH1”（或“CH2”），在出现的菜单中，将“耦合”项设置为交流或直流，如图 2-12 所示。在电子技术实验中，若无特殊说明，测量正弦波一般采用交流耦合方式，测量方波或矩形波一般采用直流耦合方式。

（3）触发系统设置

单击“TRIGGER（触发）”区域的“MENU（菜单）”按钮，即弹出触发系统菜单如图 2-11 所示。一般“触发模式”设置为“边沿触发”；测量 CH1 时，将“信源选择”设置为“CH1”；测量 CH2 时，则设置为“CH2”，如两个通道同时测量，则 CH1 或 CH2 都可以；边沿类型一般设置为上升沿；触发方式设置为“自动”。

（4）测量读数

读数方式有两种。一种是根据灵敏度与格数的乘积得到周期和幅值。如图 2-13 所示，时间轴灵敏度为 500μs，每个周期占 2 格，因此其周期为 500μs×2=1ms。

另一种方法是通过测量菜单。单击“Measure（测量）”按钮，即可打开测量菜单如图 2-13 所示，测试哪个通道，则将“信源选择”设置为该通道“CH1”或“CH2”，可以分别进行 10 种电压测量和 10 种时间测量。将“全部测量”设置为“打开”状态，将出现一个表格显示所有测量的数据，这些数据的具体含义见表 2-1。

表 2-1　示波器“Measure”菜单所测数据含义

名　称	含　义	名　称	含　义	名　称	含　义
V_{max}	电压最大值	V_{avg}	电压平均值	Rise	上升时间
V_{min}	电压最小值	V_{rms}	电压均方根值	Fall	下降时间
V_{pp}	电压峰峰值	V_{ovr}	电压过冲	+Wid	正脉宽
V_{top}	电压顶端值	V_{pre}	电压预冲	−Wid	负脉宽
V_{bas}	电压底端值	Prd	周期	+Duty	正占空比
V_{amp}	电压幅度	Freq	频率	−Duty	负占空比

如显示不合适，则单击“AUTO”按钮，能快速使波形比例合适地显示在显示屏上，再根据需要进行微调。

5. RC 高通电路相位差原理

如图 2-14 所示为 RC 高通电路。利用复变量 s，由图可得

$$A_{VL}(s)=\frac{U_o(s)}{U_i(s)}=\frac{R}{R+1/sC}=\frac{s}{s+1/RC}$$

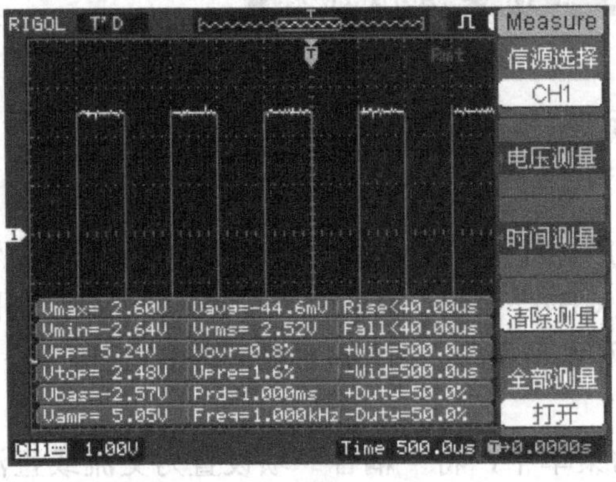

图 2-13　测量菜单界面

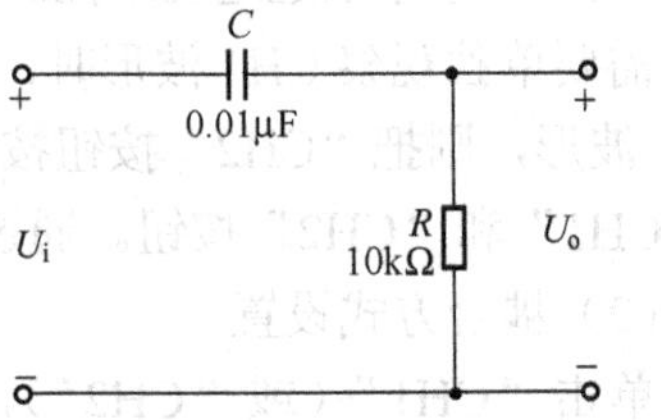

图 2-14　高通电路相位差原理图

按照实际频率，$s=j\omega$，并令

$$f_L = \frac{1}{2\pi RC}$$

可得低频区的电压增益

$$\dot{A}_{VL} = \frac{\dot{U}_o}{\dot{U}_i} = \frac{1}{1 - j(f_L / f)}$$

由上式可得低频区电压增益的幅值 A_{VL} 和相角 θ_L

$$A_{VL} = \frac{1}{\sqrt{1 + (f_L / f)^2}}$$

$$\theta_L = \arctan(f_L / f) = \arctan\frac{1}{2\pi fRC}$$

在实际的电路测量中，可以利用示波器直接测出其相位差，根据两波形在水平方向差距格数 X 及信号周期的格数 X_T，可求得两波形相位差，如图 2-15 所示。

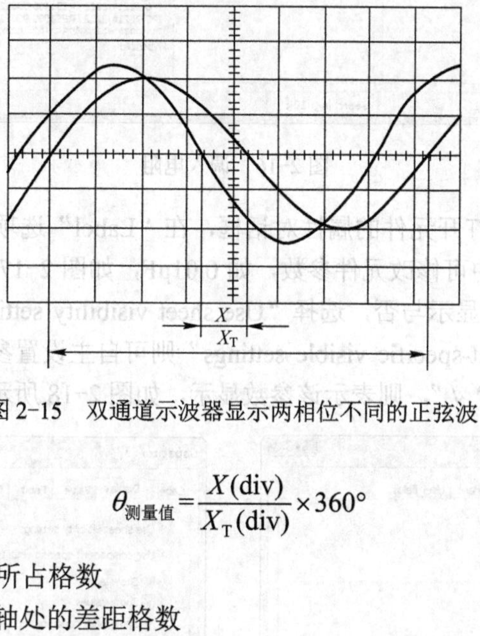

图 2-15　双通道示波器显示两相位不同的正弦波

$$\theta_{测量值} = \frac{X(\text{div})}{X_T(\text{div})} \times 360°$$

式中，X_T ——信号一周期所占格数

X ——两波形在 X 轴处的差距格数

因为在示波器上的时间差值与其格数总是成比例的，因此也可以直接读出其时间差值 t 和周期 T，同样的方法计算出相位差

$$\theta_{测量值} = \frac{t}{T} \times 360°$$

四、计算机仿真实验内容

1）创建 RC 高通电路相位差电路。执行菜单“Place→Component”命令或从元器件工具条的基本元件库“BASIC ”中选择电阻“RESISTOR”，并在“Component”栏中输入电阻值“10k”，如图 2-16 所示。单击“OK”按钮，即可把电阻放入仿真平台。用同样的方法调出电容“CAPACITOR”，将电容值设置为 0.01μf。

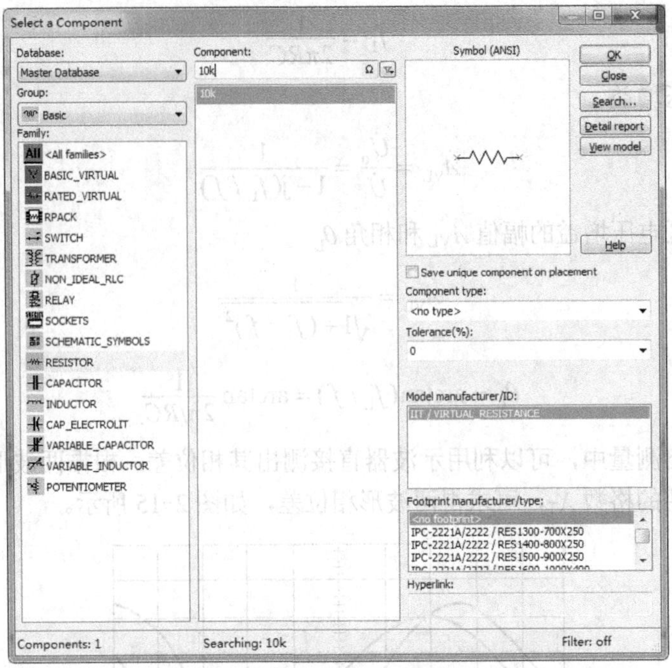

图 2-16　调入电阻

2）双击元件，即可打开元件的属性对话框，在“Label”选项卡中可修改元件的标号如C1，在“Value”选项卡中可修改元件参数，如 0.01μF，如图 2-17 所示。在“Display”选项卡中则可修改元件的参数显示与否，选择“Use sheet visibility settings”则运用图纸的默认设置，选择“Use component-specific visible settings”则可自主设置参数的显示与否，在下边的“Show ×××”前面打“√”，则表示该参数显示，如图 2-18 所示。

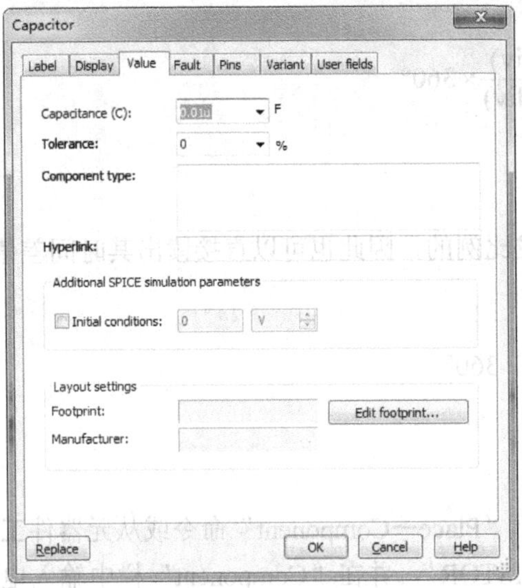

图 2-17　元件属性设置

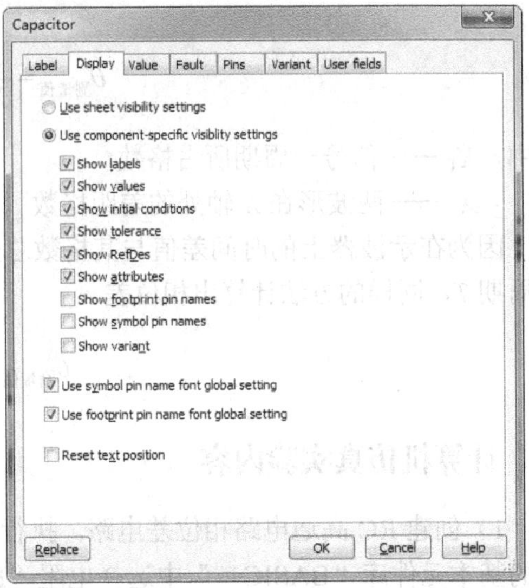

图 2-18　参数显示设置

3）在仪器仪表栏调出函数信号发生器“Function Generator”对话框，双击函数信号发生器，选择正弦波，设置其频率为 1kHz，幅度设置为 V_P=0.5V，如图 2-19 所示。

4）在仪器仪表栏中调出双通道示波器“Oscilloscope”，按图 2-20 所示连线。用通道 A 测试函数信号发生器的信号，用通道 B 测试经电容移相过后的信号，把鼠标定位到通道 A 的连线，单击右键，选择“Segment Color（线段颜色）”，把 A 通道连线改成绿色，用同样的方法把 B 通道的连线改成蓝色，如图 2-21 所示。

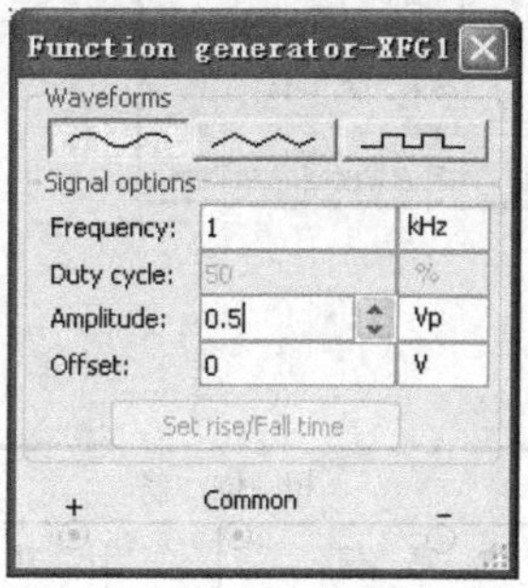

图 2-19 函数信号发生器参数设置

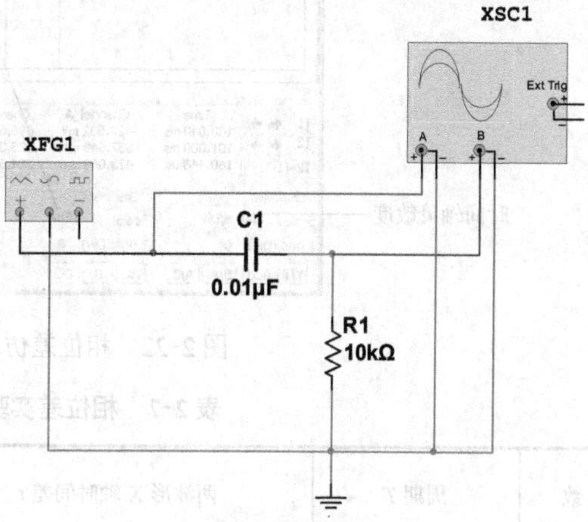

图 2-20 相位差测试仿真电路图

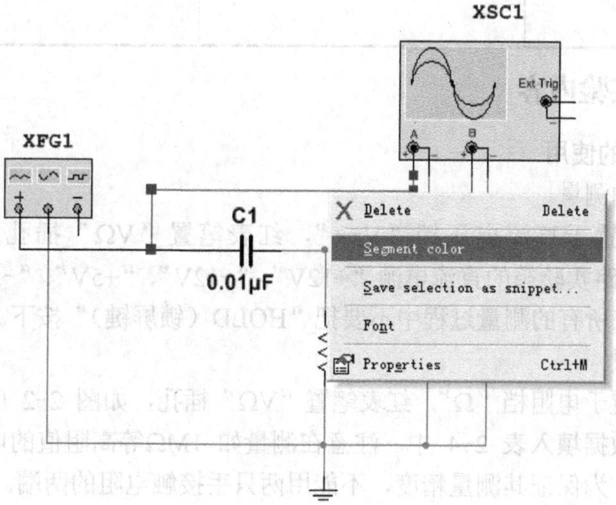

图 2-21 修改导线颜色

5）执行菜单“Simulate→Run”命令或单击仿真运行开关按钮，仿真运行。双击虚拟示波器图标，时间轴灵敏度设置为 200μs/Div，通道 A 的幅值灵敏度设置为 1V/Div，通道 B 的幅值灵敏度设置为 200mV/Div，可以观察到如图 2-22 所示的波形。

6）移动游标 1 和游标 2 处于两个信号的电压过零点，从数据框中读出时间差，再移动游标，测出周期，填入表 2-2 中。

7）改变参数为 C_1=0.1μF，R_1=5kΩ，f=500Hz，再测一次相位差，并填入表 2-2 中。

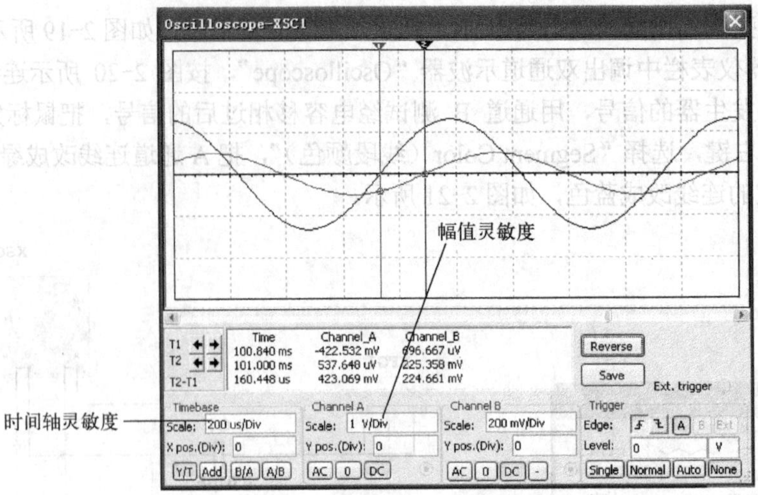

图 2-22　相位差仿真波形图

表 2-2　相位差实验记录表

参　数	周期 T	两波形 X 轴时间差 t	相 位 差	
			仿 真 值	计 算 值
C_1=0.01μF R_1=10kΩ f=1kHz				
C_1=0.1μF R_1=5kΩ f=500Hz				

五、实验室操作实验内容

1．数字万用表的使用

（1）直流电压的测量

将数字万用表置于直流电压档“V—”，红表笔置“VΩ”插孔，将黑表笔插入地“⊥”，测量模拟电路实验箱的直流电源“+12V”、“-12V”、“+5V”、“-5V”，将测试数据填入表 2-3 中。注意在所有的测量过程中不要把“HOLD（锁屏键）”按下。

（2）电阻的测量

将数字万用表置于电阻档“Ω”，红表笔置“VΩ”插孔，如图 2-2 所示。测试指定电阻的电阻值，将测试数据填入表 2-4 中。注意在测量如 1MΩ等高阻值的电阻时，因为电阻值与人体电阻值相当，为保证其测量精度，不能用两只手接触电阻的两端。

表 2-3　直流电压测试记录表

标准值	+12V	-12V	+5V	-5V
测量值				

表 2-4　电阻测试记录表

标准值	120Ω	240Ω	1kΩ	9.1kΩ	1MΩ
测量值					

（3）电流的测量

将数字万用表置于直流电流档“A—”，红表笔置“μAmA”插孔，将电源+5V、1kΩ电阻、万用表、地串联起来，如图 2-23 所示，测试电阻上的电流，将测试数据填入表 2-5 中。

表 2-5 电流测试记录表

电阻值/Ω	510	1k	2k	10k
电流理论值/mA				
电流测量值/mA				

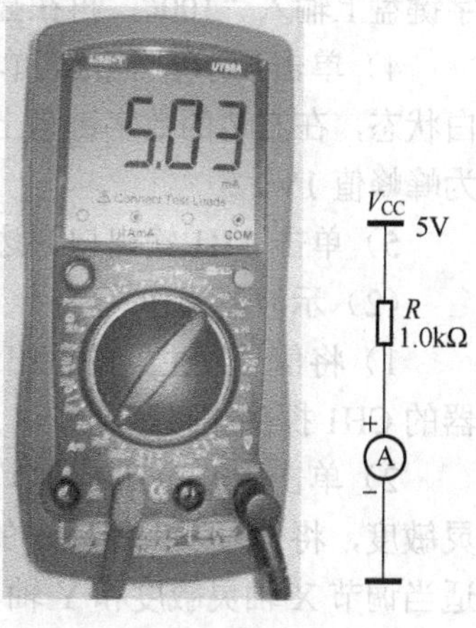

图 2-23 万用表测量直流电流

2．示波器自检

1）连线。将 CH1 的探头接至示波器“校正信号”金属环，单击“AUTO”按钮，打开“CH1”，关闭“CH2”，即可在示波器屏幕上观察到方波。

2）触发设置。如波形不稳定，单击“MENU”按钮，在出现的菜单中点“信源选择”，再单击该按钮，使光标定位到“CH1”，如图 2-11 所示。调节“LEVEL（触发电平）”旋钮，移动触发电平线至波形区域，即可稳定波形。

3）耦合方式设置。打开“CH1”，在出现的菜单（图 2-12）中，单击“耦合方式”旁的按钮，将出现“交流”、“直流”、“接地”三种耦合方式的选择，再单击该按钮，使光标定位到“直流”。

4）灵敏度设置。旋转时间轴灵敏度旋钮，和幅值灵敏度旋钮，使屏幕上出现 2～5 个周期的完整波形。

5）基准线调节。调节幅值位置调节旋钮，使得扫描线基准定位到 Y 轴的中心（即 Y=0 的位置）。

6）数值读取。屏幕的下方有时间轴灵敏度 Time 500.0us，表示屏幕上横向一大格的时间，可以通过观察一个周期的格数，再和时间轴灵敏度相乘，即可得到波形周期。幅值灵敏度 CH1∿ 500mV，表示纵向一大格的电压，同样用格数和幅值灵敏度相乘可得到电压值。

7）自动读数。单击“Measure（测量）”按钮，在弹出的测量菜单中，单击“信源选择”按钮，将信源选择切换成“CH1”，单击“全部测量”按钮，使其变成“打开”状态，将幅度（峰峰值）、频率、上升沿时间、下降沿时间等数据记录到表 2-6 中。

在测上升沿时间和下降沿时间的时候，如果表格里的 Rise（或 Fall）为“<16μs”这种状态，说明还未测准确，需要减小时间轴灵敏度，拉开波形，在 X 轴方向移动波形，并能在屏幕范围内观察到电压最大值和最小值，直到“<”变成“=”为止，记录下上升沿和下降沿时间。

表 2-6 示波器自检测试数据记录表

	标 准 值	实 测 值
电压峰峰值 Up-p/V	3	
频率 f/kHz	1	
上升沿时间/μs	≈2	
下降沿时间/μs	≈2	

注意：不同型号示波器标准值有所不同，请按所使用示波器将标准值填入表 2-6 中。

3．信号发生器、示波器的使用

（1）信号发生器设置

1）单击活动通道切换开关“$\frac{\text{CH1}}{\text{CH2}}$”按钮，将“CH1”设置成活动通道。

2）单击按钮，将波形设置为正弦波。

3）单击显示屏上的菜单中的“频率”按钮，将“频率”设置为反白状态，在右边的数字键盘上输入“100”，再在显示屏上选择单位“Hz”，即把频率设置为100Hz。

4）单击显示屏上的菜单中的“幅值”按钮，将显示屏上的菜单中的“幅值”设置为反白状态，在右边的数字键盘上输入“1”，再在显示屏上选择单位“Vpp”，即把输出信号设置为峰峰值1V。

5）单击CH1输出口旁边的“Output”按钮，将其点亮，使能通过CH1通道输出。

（2）示波器操作

1）将信号发生器的输出线的黑色夹子与示波器CH1的黑色夹子相接，红色夹子与示波器的CH1探头相接。

2）单击示波器“AUTO”按钮，示波器将自动按照信号的特点设置X轴灵敏度和Y轴灵敏度，将信号发生器输出的正弦波比较合适地显示在示波器屏幕上。如不太合适，可以再适当调节X轴灵敏度和Y轴灵敏度，移动基准线到Y=0的位置。

3）单击示波器“CH2”按钮，将CH2通道显示关闭。

4）单击“MENU”按钮，将触发通道选择为“CH1”，再调触发电平线，将其调到波形中，使波形显示稳定。

5）单击“CH1”按钮，在屏幕上出现的菜单中选择“耦合”，将其设置为“交流”耦合方式。

6）单击“Measure”按钮，打开测量菜单，将“信源选择”设置成“CH1”，单击“全部测量”按钮，即可打开测量表格。将相关的读数填到表2-7中。

7）改变频率、幅值，再次测量，将测量的数据记录于表2-7中。

表2-7 函数信号发生器输出参数记录表

信号发生器输出频率f	信号发生器输出幅值Vpp	示波器测量值			
		峰峰值	有效值	周期	频率
100Hz	1V				
1kHz	2V				
5kHz	500mV				

4．测量两波形间相位差

按图2-24连接实验电路，从信号发生器输出幅值（峰峰值）为2V，频率为1kHz的正弦波u_i，经RC移相网络获得频率相同但相位不同的两路信号u_i和u_R，分别加到示波器的CH1和CH2输入端。

记录两波形相位差于表2-8中。

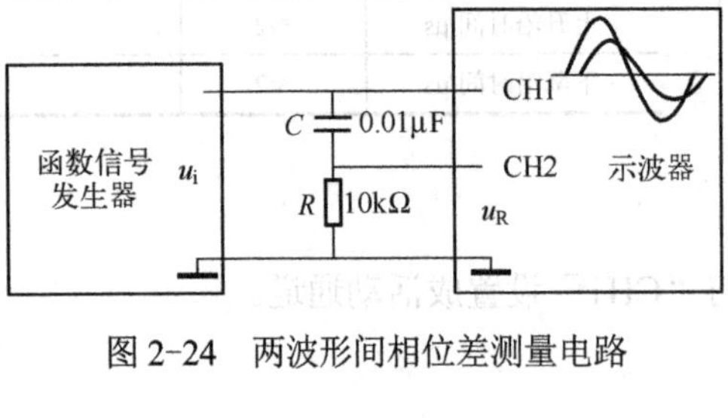

图2-24 两波形间相位差测量电路

表2-8 相位差实验记录表

参数	周期T	两波形X轴时间差t	相位差	
			实测值	计算值
C=0.01μF R=10kΩ f=1kHz				
C=0.1μF R=5.1kΩ f=500Hz				

六、思考题

1．用万用表测量电流，红色表笔应插在哪个插孔？接入电路时采用串联还是并联方式？

2．用万用表测量直流电压时，如拨盘开关指到“200m”的位置，显示屏显示为 4.8，则正确读数为多少？

3．函数信号发生器有哪几种输出波形？它的输出端红色和黑色夹子能否短接？

4．用示波器测量直流电压和交流电压，在操作方法上有什么不同？

实验 2.2　单管放大电路

一、实验目的

1．学会利用 Multisim 12 测量和调试放大电路的静态工作点。

2．学会利用 Multisim 12 测量放大电路的电压放大倍数、输入电阻和输出电阻。

3．改变静态工作点，观察对放大电路的参数及波形失真的影响。

4．改变输入信号大小，观察对放大电路参数及波形失真的影响。

5．掌握对放大电路幅频特性测量的方法。

二、实验设备及材料

1．装有 Multisim 12 的计算机。

2．函数信号发生器。

3．双通道示波器。

4．数字万用表。

5．模拟电路实验箱。

三、实验原理

1．实验电路

实验电路如图 2-25 所示，为电阻分压式单管放大电路，该电路具有稳定的静态工作点，是交流放大电路中最常用的一种基本电路。当在放大器的输入端加入输入信号后，在放大器的输出端便可得到一个与输入信号相位相反、幅值被放大了的输出信号，从而实现了电压放大。

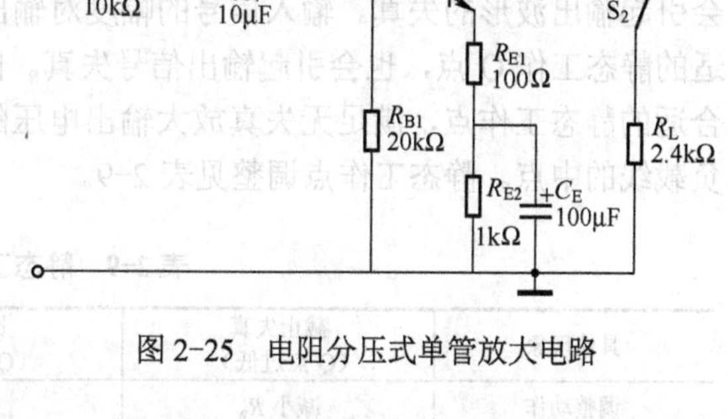

图 2-25　电阻分压式单管放大电路

（1）静态分析

静态分析在直流通路中完成，在图 2-25 电路中，当流过偏置电阻 R_{B1} 和 R_{B2} 的电流远大于晶体管的基极电流 I_B 时（一般 5～10 倍），则它的静态工作点估算式为

$$U_B \approx \frac{R_{B1}}{R_{B1}+R_{B2}}U_{CC}$$

$$I_E \approx I_C \approx \frac{U_B - U_{BE}}{R_E}$$

$$U_{CE} = V_{CC} - I_C(R_C + R_E)$$

（2）动态分析

动态分析在交流通路中完成，主要是计算电压放大倍数、输入电阻、输出电阻等指标。

1）电压放大倍数

$$A_u = \frac{u_o}{u_i} = -\beta \frac{R_C // R_L}{r_{be}}$$

一般用公式估算 r_{be} $$r_{be} = r'_{bb} + (1+\beta)\frac{26\text{mV}}{I_{EQ}\text{mA}}$$

上式中，I_{EQ} 的单位为 mA。

对于低频小功率晶体管 $$r'_{bb} \approx 200\Omega$$

2）输入电阻

$$R_i = R_{B1} // R_{B2} // [r_{be} + (1+\beta)R_{E1}]$$

3）输出电阻 $$R_o \approx R_C$$

2．静态工作点测量与调试

（1）静态工作点测量

测量放大电路的静态工作点，应在输入交流信号为零（$u_i = 0$ 或 $i_i = 0$）的情况下进行，即将输入端与地短接，选用量程合适的直流毫安表、直流电压表或万用表，分别测试晶体管的集电极电流 I_C 以及各电极对地的电位 U_B、U_C 和 U_E。

实际操作中，直接测量 I_C 需要断开集电极，为避免麻烦，可以选用电压测量的方法计算出电流，即先测量 U_E，再利用公式 $I_C \approx I_E = \frac{U_E}{R_E}$，算出 I_C；为了减小误差，提高测量精度，应选用内阻较高的直流电压表。

（2）静态工作点调试

为了得到不失真的电压放大输出信号，需设置合适的静态工作 Q 点，Q 点过高或过低都会引起输出波形的失真。输入信号的幅度对输出信号也有影响，若输入信号过大，即使有合适的静态工作 Q 点，也会引起输出信号失真。因此需要在输入信号合适的幅度范围内，选择合适的静态工作点，满足无失真放大输出电压的要求。此时，静态工作点最好尽量靠近交流负载线的中点。静态工作点调整见表 2-9。

表 2-9　静态工作点调整表

具体现象	截止失真（Q 点过低）	饱和失真（Q 点过高）	双向失真	不失真
调整动作	减小 R_W	增大 R_W	减小输入信号	增大输入信号

3．放大电路动态指标测试

（1）电压放大倍数测量

电压放大倍数是反映电路对信号放大能力的一个参数，低频放大器的电压放大倍数是指输入、输出电压有效值（或峰值）之比。即：

$$A_u = \frac{U_o}{U_i}$$

放大倍数必须在波形无失真的情况下测量，通常有两种测量方法：

1）直接用交流毫伏表测得输入、输出电压的有效值，然后求它们的比值即为电压放大倍数，此方法一般适用于正弦信号时的测量。

2）也可用示波器测出 u_o 和 u_i 的峰值，求比值即为电压放大倍数，此法不但适用于正弦信号，也适用于非正弦信号。

（2）输入电阻测量

输入电阻是指从放大器输入端看进去的等效电阻，它表明放大器对信号源的影响程度。输入电阻的定义为：输入信号的电压与电流之比。

工程上常采用如图 2-26 所示的串接电阻法来测量放大电路的输入电阻，在被测放大器的输入端与信号源之间串入一已知电阻 R，在放大器正常工作的情况下，即输出波形不失真的情况下，用示波器（或交流毫伏表）测出 U_s 和 U_i，则根据输入电阻的定义可得

$$R_i = \frac{U_i}{I_i} = \frac{U_i}{\dfrac{U_s - U_i}{R}} = \frac{U_i}{U_s - U_i} R$$

（3）输出电阻的测量

放大电路的输出端可以等效为一个理想的电压源和输出电阻 R_o 的串联。输出电阻 R_o 的大小决定了它带负载的能力。

电路输出电阻的测试原理如图 2-27 所示，在不接负载时测量输出开路电压为 U_o，然后接上负载 R_L，再测量负载上电压为 U_L，则有：

$U_L = \dfrac{R_L}{R_o + R_L} U_o$，可推出 $R_o = \dfrac{U_o - U_L}{U_L} R_L = \left(\dfrac{U_o}{U_L} - 1\right) R_L$。

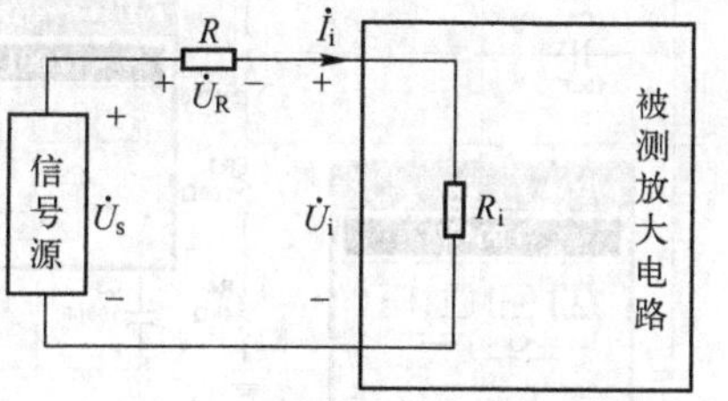

图 2-26　输入电阻测量示意图

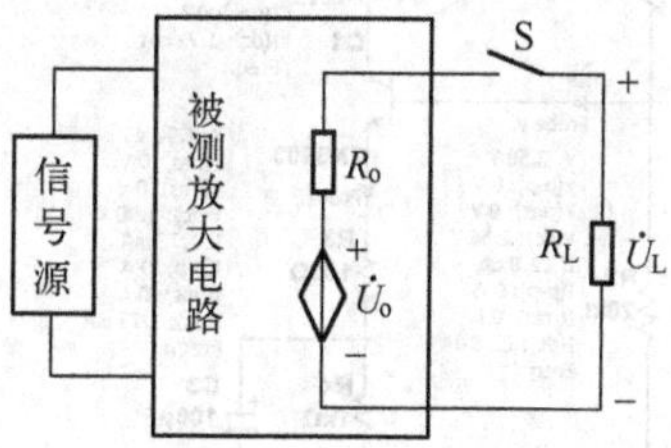

图 2-27　输出电阻测量示意图

（4）幅频特性曲线的测量

放大电路的幅频特性是指放大电路的电压放大倍数 A_u 的幅度与输入信号频率 f 之间的关系曲线，主要是对交流电路进行频率响应分析。一般规定，A_u 的幅度下降到中频值的 70.7% 即 0.707A_u，用分贝表示时下降了 3dB，所对应的频率分别称为下限截止频率 f_L 和上限截止频率 f_H，通频带 BW=f_H−f_L，如图 2-28 所示。

放大电路的幅频特性就是测量不同频率信号的电压放大倍数 A_u。一般采用逐点测量法测量，在高频段和低频段多测几个点，中频段可以少测几个点，用对数坐标值画出特性曲线。

测量过程中要保证改变频率时，输入信号幅度不变，且输出波形不得失真。

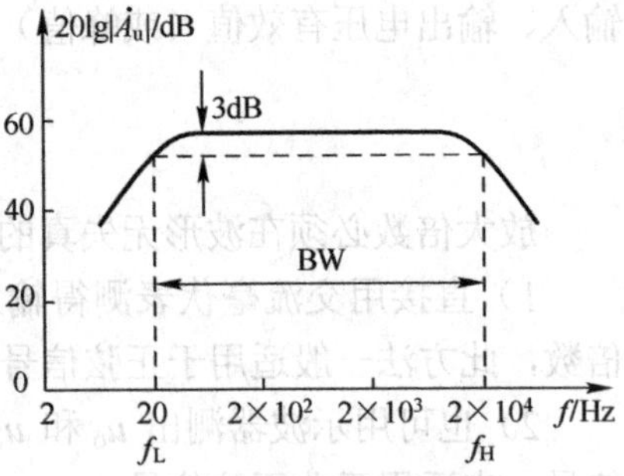

图 2-28　幅频特性曲线

4．Multisim 12 软件的使用

（1）静态工作点测量

静态工作点可以直接在直流电路中测量得到，即令交流信号为零的直接测量法。该方法利用电压表、电流表、万用表或测量探针测出相关电路的电压和电流，从而判断静态工作点。具体操作如下。

1）探针测量法

在整个电路仿真过程中，测量探针（Measurement Probe）既可以在直流通路中对电压电流进行静态测试，也可以在交直流通路中，对电路的某个点的电位或某条支路的电流以及频率特性进行动态测试，使用方式灵活方便。在虚拟仪器栏中选择“测量探针（Measurement Probe）”，其使用方法有动态测试和放置测试两种。动态测试是在仿真过程中，将测量探针指向电路任意节点时，会自动显示该点的电信号信息（电压和频率）；放置测试是在仿真前或仿真过程中，将多个测量探针放置在测试位置上，在仿真时，会自动显示该节点的电信号特性（电压、电流和频率）。在 Multisim 中一般采用放置测试的方法，测试结果如图 2-29 所示。

2）万用表测量法

在虚拟仪器栏中选择“Multimeter”，将万用表接入电路，如图 2-30 所示。在仿真运行时，万用表显示的直流数值即为放大电路的静态工作点。

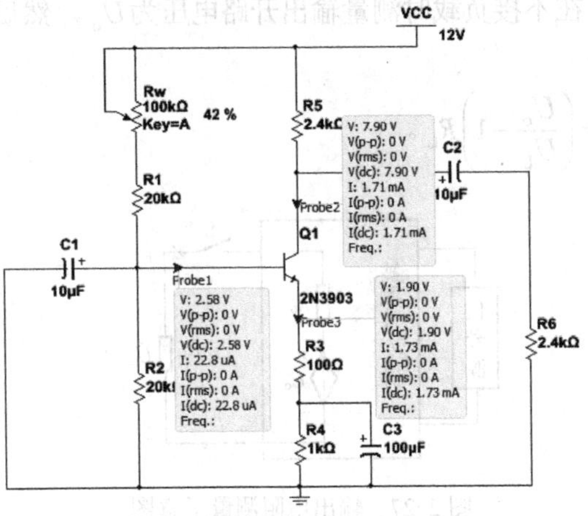

图 2-29　测量探针测量静态工作点示意图

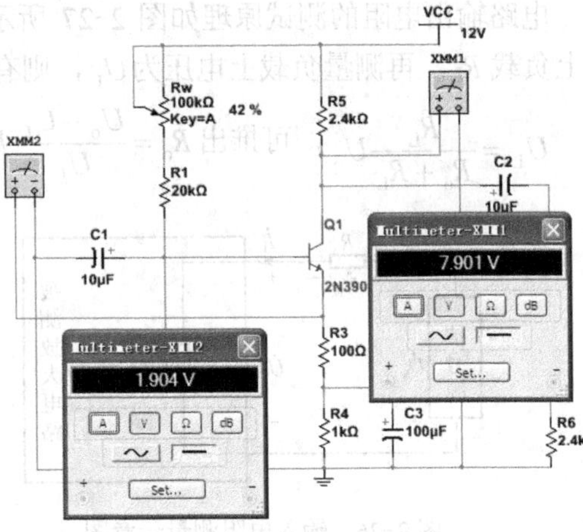

图 2-30　使用万用表测量静态工作点示意图

3）电压表、电流表测量法

电压表和电流表存放在指示元器件库（Indicators）中，在使用中数量没有限制。在“Indicators”→“VOLTMETER”或“Indicators”→“AMMETER”的四个选项中选择具有合适的引出线方向的模型，注意极性；或单击“旋转”按钮，可以改变引出线的方向。将电压表并联，并将电流表串联接入电路，仿真运行，此时电压表、电流表显示的数值即为放大电路的静态工作点，如图 2-31 所示。

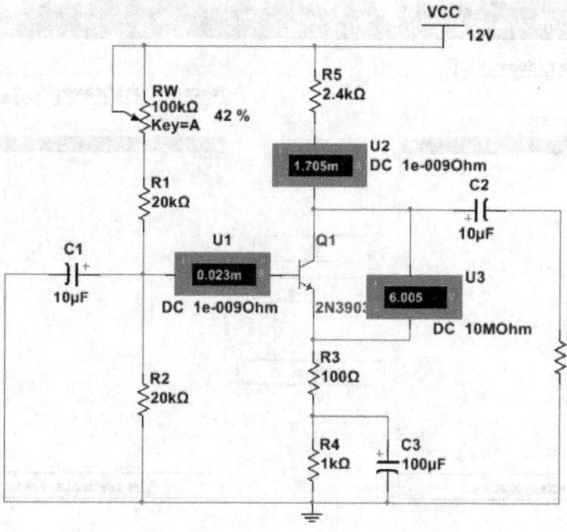

图 2-31　使用电压表、电流表测量静态工作点示意图

（2）直流工作点分析

直流工作点分析（DC Operating Point Analysis）主要用来计算电路的静态工作点。当放大电路参数确定后，放大电路的静态工作点随着电位器 R_W 阻值的改变在负载线上移动。当电路输出电压值为最大不失真输出时，放大电路的静态工作点为最佳静态工作点。接通+12V 直流电源，在输入端加入 f=1kHz 正弦信号 u_i，用示波器监测视输出波形，反复调整 R_W 及信号源的输出幅度，使示波器观察到一个最大不失真波形。

在输出波形不失真的情况下，采用直流分析法，对静态工作点进行分析。直流分析法的假设条件是：电路中的交流源被置零，电容开路，电感短路。操作方法为：选择“Options”→“Sheet Properties”→“Show all”命令使仿真图显示节点编号如图 2-32 所示，然后选择“Simulate”→“Analyses”→“DC operating Point Analysis”命令，弹出如图 2-33 所示对话框，单击“Output”按钮，选择用来仿真的变量，单击“Simulate”按钮，得到如图 2-34 所示的结果。

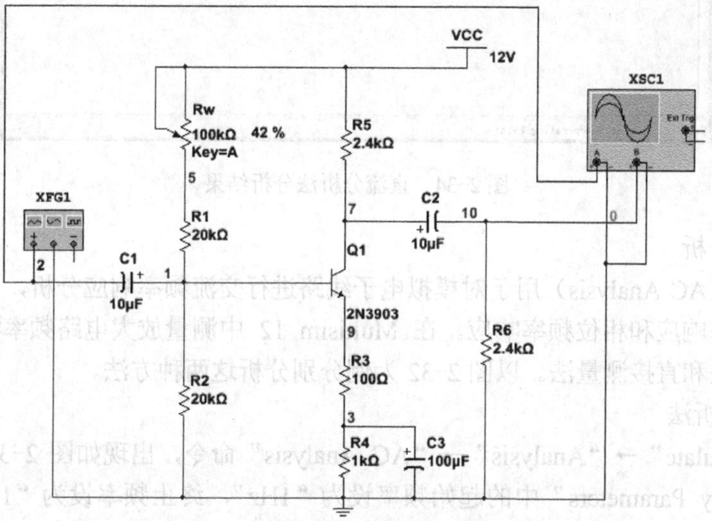

图 2-32　直流工作点分析电路图

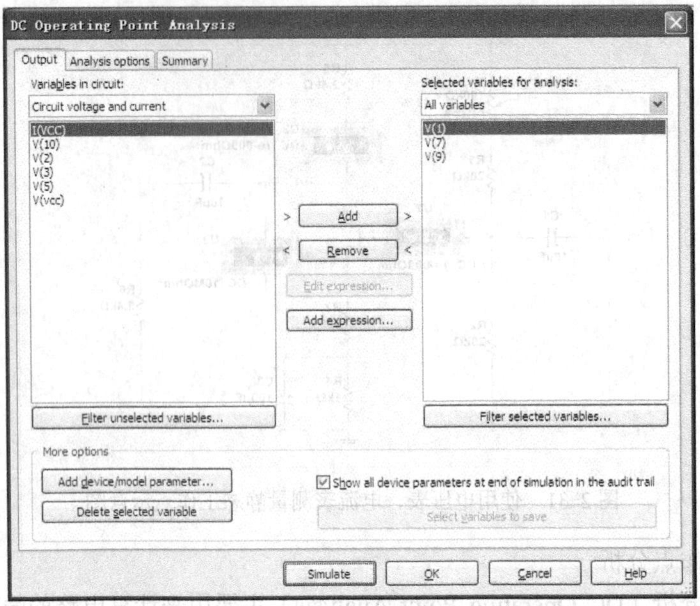

图 2-33　DC operating Point Analyses 对话框

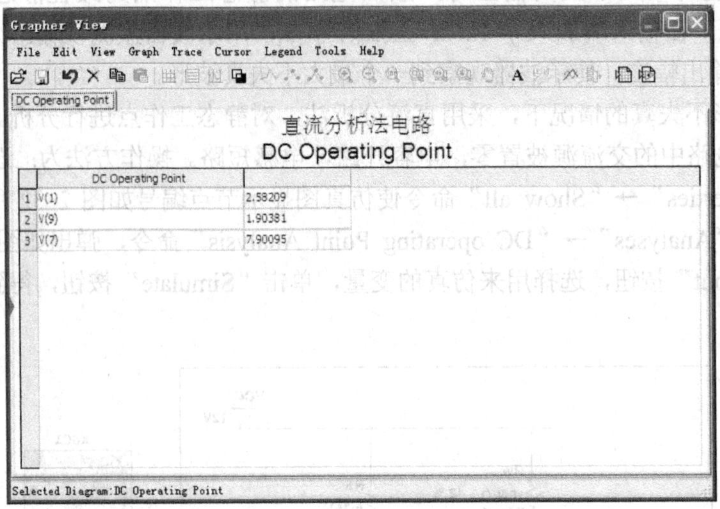

图 2-34　直流分析法分析结果

（3）交流分析

交流分析（AC Analysis）用于对模拟电子线路进行交流频率响应分析，即获得模拟电子线路的幅度频率响应和相位频率响应。在 Multisim 12 中测量放大电路频率特性的方法有两种：扫描分析法和直接测量法。以图 2-32 为例分别分析这两种方法。

1）扫描分析法

选择“Simulate”→“Analysis”→“AC Analysis”命令，出现如图 2-35 所示对话框。其中“Frequency Parameters”中的起始频率设为“1Hz”，终止频率设为“10GHz”；扫描方式设为“10”倍频，每 10 倍频中计算的频率点数设为“10”；纵坐标设为对数。

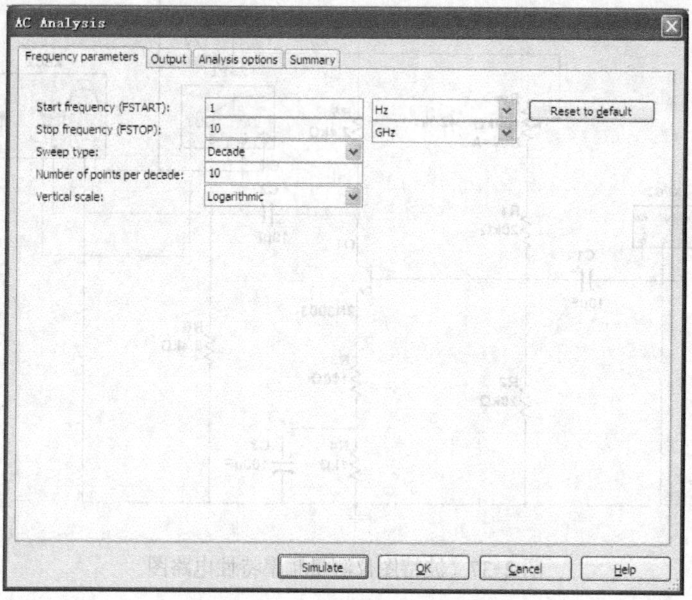

图 2-35　AC Analysis 对话框

选择图 2-35 对话框中的“Output”选项卡，选择输出节点 10 作为分析对象，可得图 2-36 所示放大电路的幅频特性和相频特性。

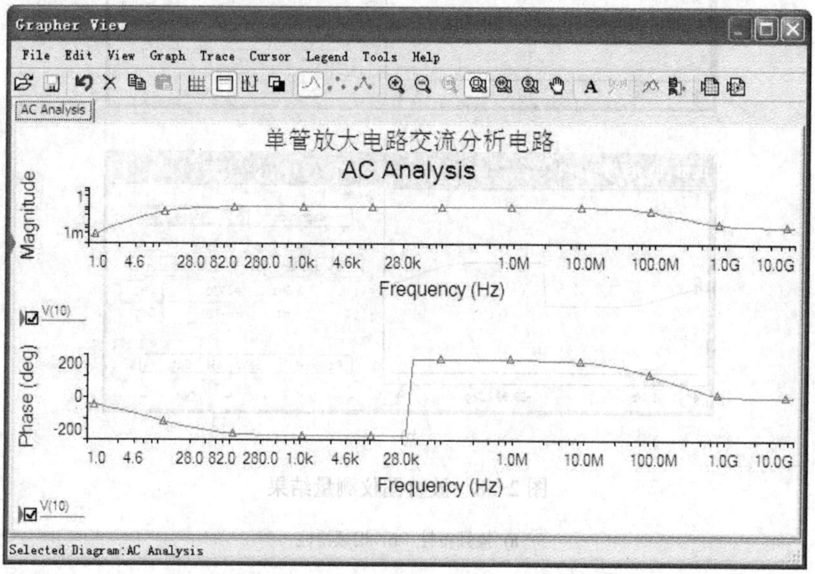

图 2-36　AC Analysis 仿真结果

2）直接测量法

用波特图仪可直接测量得到电路的交流频率特性。将波特图仪连入电路的输入端与被测节点，如图 2-37 所示，输入端连入 IN，被测节点连入 OUT，仿真运行，可直接观察放大电路的幅频特性和相频特性，如图 2-38 所示。

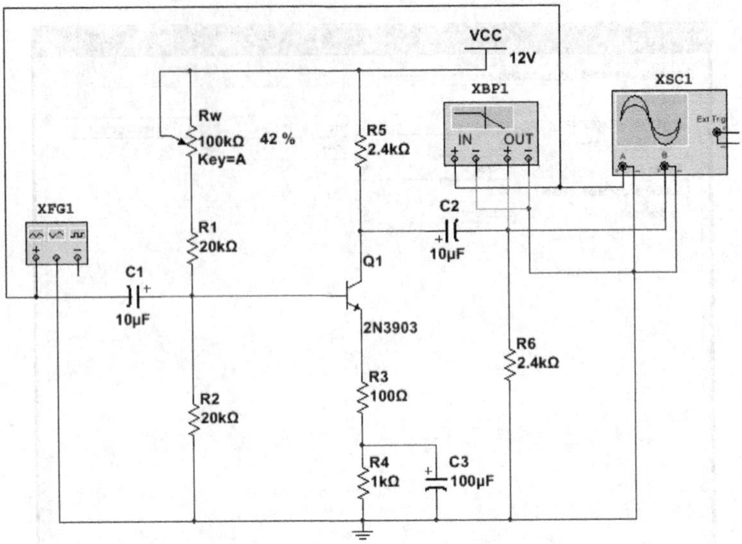

图 2-37　波特图仪测量频率特性电路图

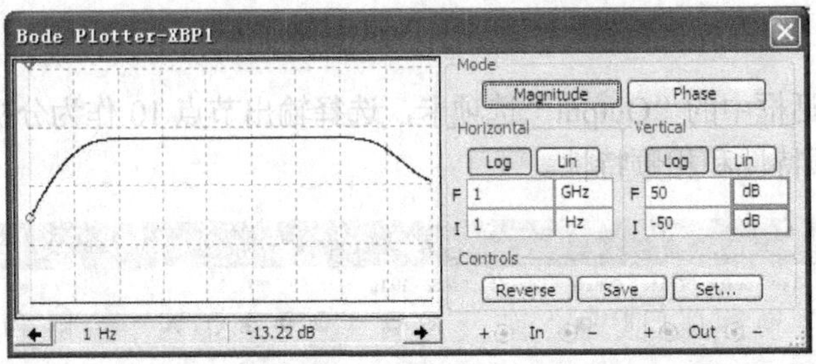

a)

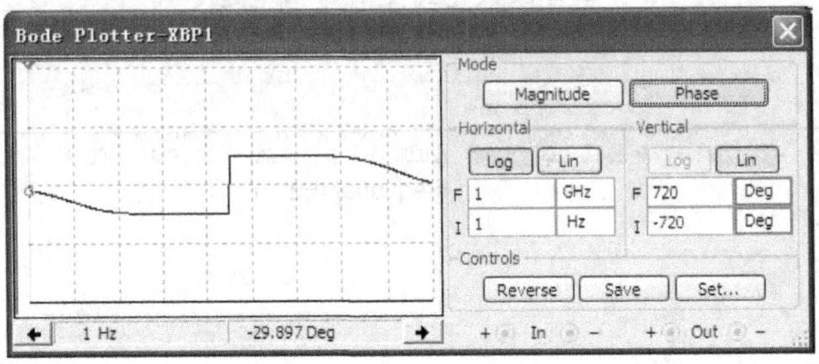

b)

图 2-38　波特图仪测量结果

a) 幅频特性　b) 相频特性

四、计算机仿真实验内容

1. 绘制单管放大电路仿真电路图

1）打开 Multisim 12 软件，绘制如图 2-39 所示的单管放大电路图。具体步骤为：单击 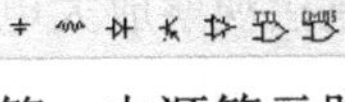分类图标，打开“Select a Component”窗口，选择需要的电阻、电容、晶体管、电源等元器件，放置到仿真工作区。

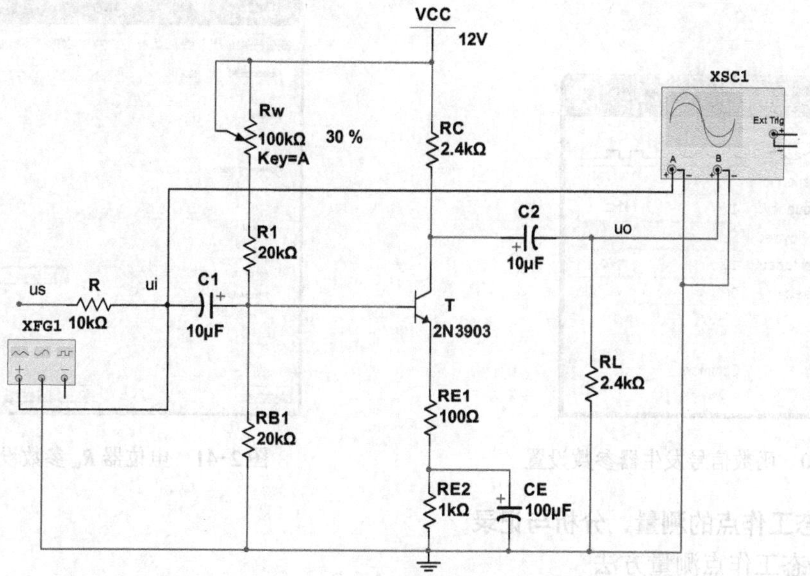

图 2-39　电阻分压式单管放大电路仿真电路图

- 电阻：（Group）Basic→（Family）RESISTOR。
- 极性电容：（Group）Basic→（Family）CAP_ELECTROLIT。
- 电位器：（Group）Basic→（Family）POTENTIONMETER。
- 晶体管：（Group）Transistors→（Family）BJT_NPN→（Component）2N3903。
- 电源 V_{CC}：（Group）Sourses→（Family）POWER_SOURSES→（Component）VCC。
- 地 GND：（Group）Sourses→（Family）POWER_SOURSES→（Component）GROUND。

2）找到主页面竖排虚拟仪器图标 ，单击选择需要的虚拟仪器，如信号发生器（Function Generator）、双通道示波器（Double Channel Oscilloscope）等。调整各元器件位置绘制电路。

3）选择菜单“Place”→“Junction”命令，在输入电阻 R 右端放置节点；选择“Place”→“Text”命令，文本输入“us”、“ui”和“uo”，便于分辨和观察信号。

4）双击函数信号发生器 XFG1 图标，出现如图 2-40 所示属性对话框，改变对话框上的相关设置，可以改变输出电压信号的波形类型、大小、占空比或偏置电压等。本例选择正弦信号，设置频率为 1kHz，峰值为 10mV。

5）用双通道示波器（XSC1）同时观察输入输出信号波形。注意：仿真时为了区分输入输出信号，可将示波器 A、B 输入连线设置成不同的颜色，双击连线即可设置颜色。

6）电位器 R_W 参数设置。双击电位器 R_W 出现如图 2-41 所示对话框，选择“Label”选项卡，可以改变电阻的名称；选择“Value”选项卡，可以改变电位器的阻值、快捷键以及增量百分比。电位器的调节可以通过旁边的“Key=键值”中的“键值”调节，如“Key=A”，表示如果按〈A〉键百分比将增加，如果按〈Shift+A〉组合键百分比将减小；增大和减小的梯度由对话框中的“Increment”文本框中的值决定，系统默认值为“5%”，本例设置增大和减小的梯度均为阻值的“1%”。

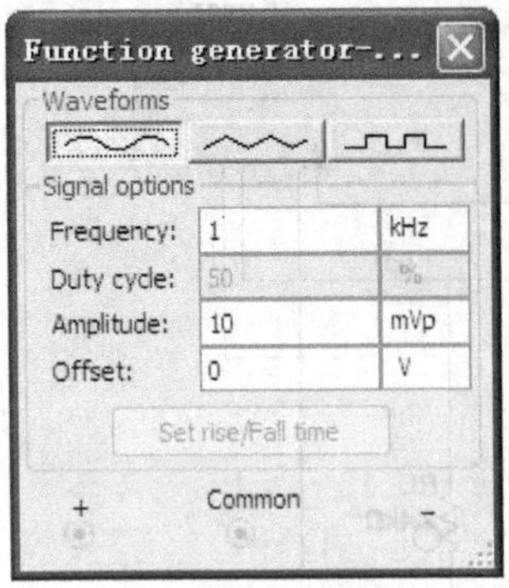

图 2-40　函数信号发生器参数设置

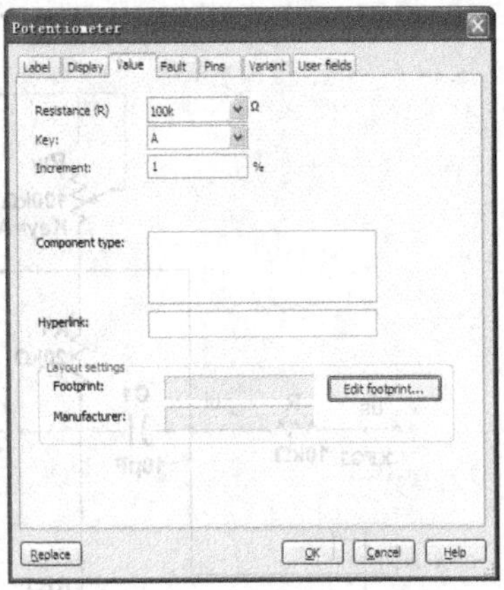

图 2-41　电位器 R_W 参数设置

2．静态工作点的测量、分析与记录

（1）静态工作点测量方法

静态工作点测量见实验 2.2 中的介绍。

（2）静态分析

静态分析在直流通路中完成，在图 2－25 电路中，当流过偏置电阻 R_{B1} 和 R_{B2} 的电流远大于晶体管的基极电流 I_B 时（一般 5~10 倍），则它的静态工作点估算式为

$$U_B \approx \frac{R_{B1}}{R_{B1}+R_{B2}}U_{CC}$$

$$I_E \approx I_C \approx \frac{U_B - U_{BE}}{R_E}$$

$$I_C = \beta I_B$$

$$U_{CE} = U_{CC} - I_C(R_C + R_E)$$

（3）R_W 对静态工作点的影响

将放大器的输入端与地短接，调整 R_W，对直流通路进行仿真，测量并记录静态工作点；把 R_W 的取值代入工作原理中的静态分析部分的公式，理论计算静态工作点（β 取 75），记录数据到表 2-10 中并与仿真结果比较。

表 2-10　静态工作点仿真记录表

R_W		R_{B2} (R_1+R_W)	U_{EQ}		U_{CEQ}		I_{BQ}		I_{CQ}		直流放大倍数
百分比	取值	取值	理论计算	仿真测量	理论计算	仿真测量	理论计算	仿真测量	理论计算	仿真测量	仿真测量
5%											
20%											
40%											
50%											
60%											
80%											
100%											

（4）采用动态调试方法调整静态工作点

1）将输入信号加在 u_i 处，如图 2-39 所示，双击函数信号发生器 XFG1 图标，设置输入正弦信号频率为 1kHz，峰值为 10mV。

2）单击仿真开关 ▷ 按钮，仿真运行。双击示波器 XSC1 图标，在“Timebase”选项组的“Scale”栏里调整时间灵敏度（水平扫描时每一格代表的时间），在 Channel A、Channel B 选项组的 Scale 文本框里调整 A、B 通道输入信号的电压灵敏度（每格表示的电压值），如图 2-42 所示，观察输入、输出的信号波形。

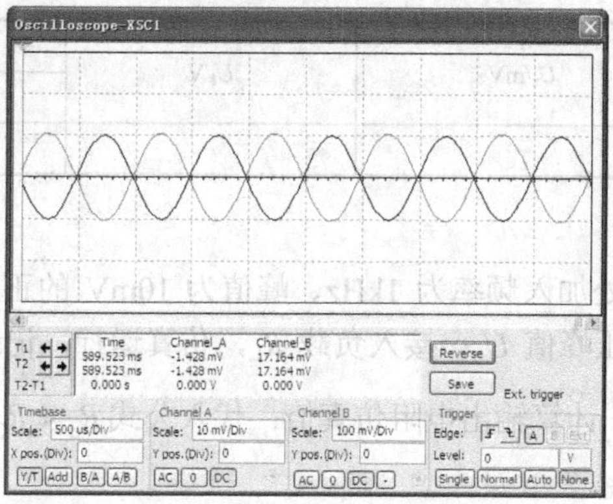

图 2-42　输入输出信号波形

3）为了观察到最大不失真波形，先将输入信号增大，本例设置输入信号峰值为 1V，观察输出信号波形。若出现双向失真，则适当减小 u_i 幅度；若出现单边失真，则调整 R_W，使输出最大且不失真，找到最佳静态工作点。记录此时的最大不失真输入峰值

输入峰值 U_i=____________，输出峰值 U_o=____________。

4）置 u_i=0，测量并记录数据到表 2-11 中。

表 2-11　最佳静态工作点仿真记录

R_W		R_{B2} (R_1+R_W)	U_{EQ}		U_{CEQ}		I_{BQ}		I_{CQ}	
百分比	取值	取值	理论计算	仿真测量	理论计算	仿真测量	理论计算	仿真测量	理论计算	仿真测量

3．测量电压放大倍数

1）在图 2-39 的输入端 u_i 处加入频率为 1kHz、峰值为 10mV 的正弦信号，R_C、R_L 分别按表 2-12 取值，用示波器观察 u_i、u_o，在输出波形不失真的条件下测出 u_i、u_o 的峰值，记录数据到表 2-12 中。

表 2-12　电压放大倍数测量记录表

R_C/kΩ	R_L/kΩ	U_i/V	U_o/V	A_u	一组波形	
2.4	∞				u_i	
2.4	2.4					
1.2	2.4				u_o	

2）观察 u_i、u_o 的相位关系，记录 u_i、u_o 波形到表 2-12 中。

4. 测量输入电阻

在图 2-39 输入端 u_s 处加入频率为 1kHz、峰值为 100mV 的正弦信号，用示波器观察 u_i、u_o，在输出电压不失真的情况下测出 u_s 和 u_i 的峰值。代入公式 $R_i=\dfrac{U_i}{U_s-U_i}R$，计算输入电阻仿真值；代入公式 $R_i=R_{B1}//R_{B2}//[r_{be}+(1+\beta)R_{E1}]$，计算输入电阻理论值，记录数据到表 2-13 中。

表 2-13　输入电阻仿真测量记录表

R/kΩ	U_s/mV	U_i/V	R_i/kΩ	
			仿真测量	理论计算
10				

5. 测量输出电阻

在图 2-39 输入端 u_i 处加入频率为 1kHz、峰值为 10mV 的正弦信号，不接负载 R_L，仿真运行，记录空载输出电压峰值 U_o；接入负载 R_L，仿真运行，记录带载输出电压峰值 U_L。代入公式 $R_o=\left(\dfrac{U_o}{U_L}-1\right)R_L$，计算输出电阻仿真值；代入公式 $R_o\approx R_C$，计算输出电阻理论值，记录到表 2-14 中。

表 2-14　输出电阻仿真测量记录表

R_L/kΩ	U_o/V	U_L/V	R_o/kΩ	
			仿真测量	理论计算
1.2				
2.4				

6. 测量放大电路幅频特性

在图 2-39 输入端 u_i 加入频率为 1kHz、峰值为 10mV 的正弦信号，保持输入信号的幅度不变，利用扫描分析法或直接测量法，测量放大电路的幅频特性曲线。根据曲线确定 f_L、f_o、f_H，计算通频带 BW，记录数据到表 2-15 中。

表 2-15　幅频特性记录表

	f_L	f_o	f_H	BW
f/kHz				
U_o/V				/
$A_u=U_o/U_i$				/

五、实验室操作实验内容

实验电路如图 2-25 所示，实验操作电路板如图 2-43 所示，单管放大电路只用第一级电路完成。将各仪器按照实验电路在实验箱和实验电路板上连接好，为防止干扰，各仪器的公共端必须连接在一起。

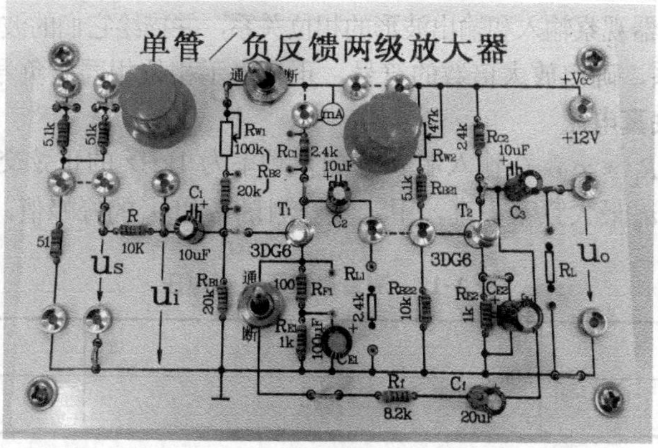

图 2-43　实验操作电路板

1．测量调试静态工作点

实验中测量调试静态工作点，应在直流通路上完成，即输入交流信号应该为零。

1）将放大器的输入端与地短接，图 2-43 中电位器 R_{W1}（对应图 2-25 中 R_W）上端开关拨到"通"，R_{C1} 上方毫安表短接，连接+12V 电源。

2）将电位器 R_{W1} 值调至最大，检查电路，无误则接通电源。

3）将万用表调至直流电压档，测量电位 U_E，调节电位器 R_{W1}，使 $U_E \approx 2V$，测量此时 U_B、U_C，记录数据到表 2-16 中。

4）断开电源，将电位器 R_{W1} 上端开关拨到"断"档位，用万用表的欧姆档，量程选择 2MΩ测量 R_{B2} 的阻值。将测量结果记入表 2-16 中。

5）根据实验结果，带入公式 $I_C \approx I_E = \dfrac{U_E}{R_E}$ 或 $I_C = \dfrac{U_{CC}-U_C}{R_C}$，计算 I_C，记入表 2-16 中。

表 2-16　静态工作点实验记录表

测量值				计算值		
U_B/V	U_E/V	U_C/V	R_{B2}/kΩ	U_{BE}/V	U_{CE}/V	I_C/mA

2．测量电压放大倍数

断开输入端与地的短接线，在输入端 u_i 处加入频率为 1kHz，峰峰值为 100mV 的正弦交流信号，用双通道示波器观察输入输出电压波形。

1）在波形不失真的条件下，用双通道示波器观察输入输出波形，分别读取以下三种情况下的输入 u_i 和输出 u_o 的峰峰值，记录数据到表 2-17 中。

表 2-17　基本放大电路实验记录表

R_C/kΩ	R_L/kΩ	U_i/mV	U_o/V	A_u	一组波形
2.4	∞				u_i
2.4	2.4				
1.2	∞				u_o

2）用双通道示波器观察输入和输出波形的相位关系，并描绘它们的波形，记入表2-17中。

3）根据相位关系，确定放大倍数的符号，正号表示相位相同，负号表示相位相反。

3．测量最大不失真电压

置$R_C = 2.4\text{k}\Omega$，$R_L = \infty$，在输入端u_i处加入频率为1kHz的正弦交流信号，调节输入信号幅度，使输出电压u_o最大且不失真，用示波器测量u_i和u_o的峰峰值，记入表2-18中。

表2-18　测量最大不失真电压

U_i/mV	U_o/V	A_u

4．测量输入电阻

置$R_C = 2.4\text{k}\Omega$，$R_L = \infty$，在u_s处加入频率为1kHz、峰峰值为1V的正弦交流信号，用示波器同时观察u_s和u_i，在输出波形不失真的情况下，测出u_s和u_i的峰峰值并代入公式$R_i = \dfrac{U_i}{U_s - U_i}R$，计算输入电阻值，与理论计算值比较，记录数据到表2-19中。

表2-19　输入电阻实验测量记录表

R/kΩ	U_s/mV	U_i/V	R_i/kΩ	
			实验测量	理论计算
10				

5．测量输出电阻

1）置$R_C = 2.4\text{k}\Omega$，$R_L = \infty$，在输入端u_i处加入频率为1kHz、峰峰值为100mV的正弦交流信号，用示波器观察输出电压波形，在输出波形不失真的情况下，测出u_o的峰峰值，记录数据到表2-20。

2）置$R_C = 2.4\text{k}\Omega$，$R_L = 1.2\text{k}\Omega$，即接入负载R_L，用示波器观察输出电压波形，在输出波形不失真的情况下，测出U_L的峰峰值；代入公式$R_o = \left(\dfrac{U_o}{U_L} - 1\right)R_L$，计算输出电阻值，与理论计算输出电阻，记录数据到表2-20中。

表2-20　输出电阻实验测量记录表

R_C/kΩ	测量输出电压空载		测量带负载输出电压		R_o/kΩ	
	R_L/kΩ	U_o/V	R_L/kΩ	U_L/V	仿真测量	理论计算
2.4	∞		1.2			
2.4	∞		2.4			

3）置$R_C = 2.4\text{k}\Omega$，$R_L = 2.4\text{k}\Omega$，即改变负载R_L取值，重复实验步骤2，记录数据到表2-20中，观察负载改变对输出电阻有无影响。

6. 测量幅频特性曲线

1）置 $R_C = 2.4\text{k}\Omega$，$R_L = \infty$，在 u_i 处加入频率为 1kHz、峰峰值为 100mV 的正弦交流信号，在输出波形不失真的条件下，同时观察示波器输入、输出波形，测量输出电压峰峰值，计算中频段 A_u 值，记录数据到表 2-21 中。

表 2-21 幅频特性记录表

	f_L	f_o	f_H	BW
f/kHz		1		
U_o/V				/
A_u=U_o/U_i				/

2）保持输入信号幅度不变，改变信号源频率（增大或减小），当测得输出电压幅度为中频段输出电压幅度的 0.707 倍时，此时信号源所对应的频率即为上限截止频率 f_H 和下限截止频率 f_L。

3）计算不同频率对应的放大倍数 A_u，通频带 BW。

4）应用三点法绘制电路的幅频特性曲线。

六、思考题

1. R_{B2} 包含电位器 R_W，在实验中如何测量？

2. 饱和失真和截止失真是怎样产生的？如果输出波形既出现饱和失真又出现截止失真是否说明静态工作点设置不合理？

3. 改变静态工作点对放大器的输入电阻 R_i 是否有影响？改变负载电阻 R_L 对输出电阻 R_O 是否有影响，对电压放大倍数有无影响？

4. 通过调试，你觉得哪个器件的数值对放大倍数 A_u 影响最大？为什么？

5. 为什么信号频率一般选 1kHz，而不选 100kHz 或更高？

实验 2.3 射极跟随器

一、实验目的

1. 掌握射极跟随器的特性及测试方法。

2. 进一步学习放大器静态工作点、电压放大倍数、输入电阻、输出电阻的仿真和测试方法。

3. 进一步熟悉 Multisim 12 虚拟仪表的使用方法。

二、实验设备及材料

1. 装有 Multisim 12 的计算机。

2. 函数信号发生器。

3. 双通道示波器。

4．数字万用表。

5．模拟电路实验箱。

三、实验原理

射极跟随器实验电路如图 2-44 所示，输出取自发射极，故称为射极输出器。它是一个电压串联负反馈放大电路，具有输入电阻高，输出电阻低，电压放大倍数接近于 1，输出电压在较大范围内跟随输入电压作线性变化以及输入输出信号同相等特点。

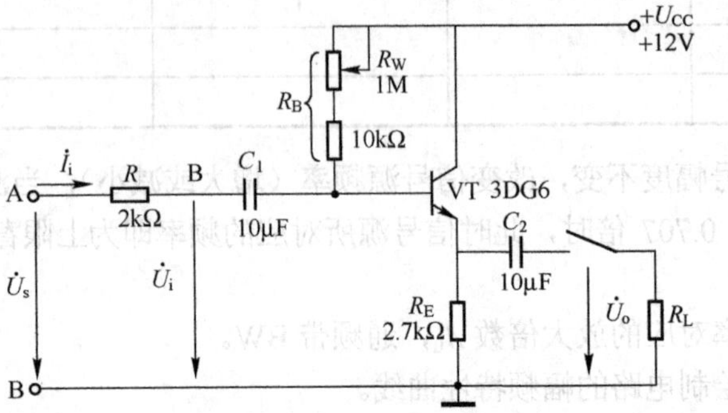

图 2-44　射极跟随器实验电路

1．静态分析

由图 2-44 可知，由于电阻 R_E 对静态工作点的自动调节（负反馈）作用，该电路的 Q 点基本稳定。由直流通路可得静态工作点计算式为

$$U_{CEQ}=U_{CC}-I_{EQ}R_E$$

$$I_{BQ}=\frac{U_{CC}-U_{BEQ}}{R_B+(1+\beta)R_E}$$

$$I_{EQ}\approx I_{CQ}=\beta I_{BQ}$$

2．输入电阻

图 2-44 电路的输入电阻为

$$R_i=r_{be}+(1+\beta)R_E$$

如考虑偏置电阻 R_B 和负载电阻 R_L 的影响，则 $R_i=R_B//[r_{be}+(1+\beta)(R_E//R_L)]$。

由上式可知射极跟随器的输入电阻 R_i 比共射极单管放大器的输入电阻 $R_i=R_B\,//\,r_{be}$ 要高得多，但由于偏置电阻 R_B 的分流作用，输入电阻难以进一步提高。

输入电阻的测试方法同单管放大电路，需要测得 A、B 两点的对地电位并代入公式 $R_i=\dfrac{U_i}{U_s-U_i}R$，即可计算出 R_i。

3．输出电阻

图 2-44 电路的输出电阻为

$$R_o=\frac{r_{be}}{\beta}//R_E\approx\frac{r_{be}}{\beta}$$

如考虑信号源内阻 R_S，则 $R_o=\dfrac{r_{be}+(R_S//R_B)}{\beta}//R_B\approx\dfrac{r_{be}+(R_S//R_B)}{\beta}$。

由上式可知射极跟随器的输出电阻 R_o 比共射极单管放大器的输出电阻 $R_o \approx R_C$ 低很多。晶体管的 β 愈高，输出电阻愈小。

输出电阻 R_o 的测试方法地同单管放大电路，即先测出空载输出电压 U_o，再测接入负载 R_L 后的输出电压 U_L，根据 $U_L = \dfrac{R_L}{R_o + R_L} U_o$，即可求出 R_o 为：$R_o = \left(\dfrac{U_o}{U_L} - 1\right) R_L$。

4．电压放大倍数

图 2-44 电路，电压放大倍数为：$$A_u = \frac{(1+\beta)(R_E /\!/ R_L)}{r_{be} + (1+\beta)(R_E /\!/ R_L)} \leqslant 1$$

上式说明射极跟随器的电压放大倍数小于且近似等于 1，为正值。这是深度电压负反馈的结果。但它的射极电流仍比基极电流大（1+β）倍，所以它具有一定的电流和功率放大作用。

四、计算机仿真实验内容

1．绘制射极跟随器仿真电路

1）打开 Multisim 12 软件，画出电路，如图 2-45 所示。具体步骤为：单击“”分类图标，打开“Select a Component”窗口，选择需要的电阻、电容、晶体管、电源等元器件，放置到仿真工作区。各元器件所在位置如下：

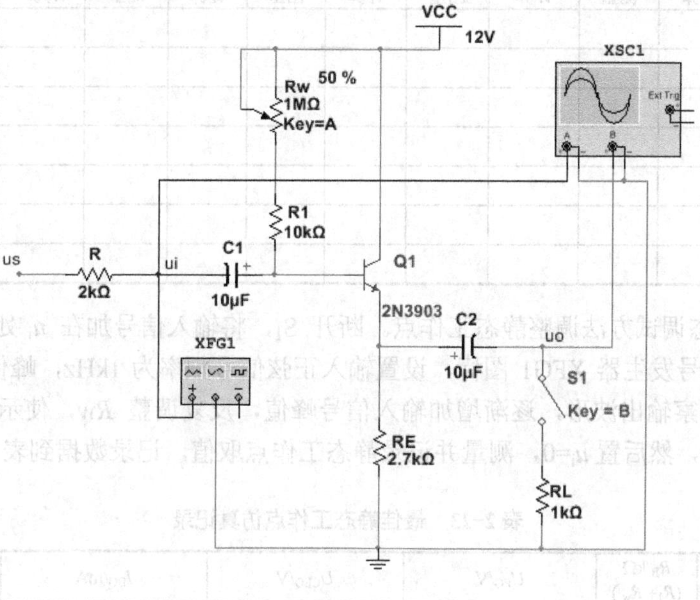

图 2-45　射极跟随器仿真电路

- 电阻：（Group）Basic→（Family）RESISTOR。
- 极性电容：（Group）Basic→（Family）CAP_ELECTROLIT。
- 电位器：（Group）Basic→（Family）POTENTIONMETER。
- 晶体管：（Group）Transistors→（Family）BJT_NPN→（Component）2N3903。
- 单刀单掷开关：（Group）Basic→（Family）SWITCH→（Component）SPST。
- 电源 V_{CC}：（Group）Sourses→（Family）POWER_SOURSES→（Component）VCC。

● 地 GND：（Group）Sourses→（Family）POWER_SOURSES→（Component）GROUND。

2）找到主页面竖排虚拟仪器图标 ，单击需要的虚拟仪器，信号发生器（Function Generator）、双通道示波器（Double Channel Oscilloscope）等。调整各元器件位置绘制电路。

3）单击“Place”→“Junction”在输入电阻 R 左端放置节点；单击“Place”→“Text”输入 us、Ui 和 Uo，便于分辨和观察信号。

4）双击电位器 R_W，将弹出的对话框“Value”中的“Increment”栏改为 0.1%；双击开关 S_1，将 Key 栏改为 B。

2．静态工作点分析与测量

1）将放大器的输入端与地端短路，滑动 R_W 对直流通路进行仿真，测量并记录静态工作点，测量方法参考实验 2.2 实验原理中的三种方法；把 R_W 代入公式，理论计算静态工作点（β 取 75），记录数据到表 2-22 中，并与仿真结果比较。

表 2-22　静态工作点仿真记录

R_W/kΩ		U_{BQ}/V		U_{EQ}/V		U_{CEQ}/V		I_{BQ}/mA		I_{CQ}/mA		直流放大倍数
百分比	取值	理论计算	仿真测量	理论计算	仿真测量	理论计算	仿真测量	理论计算	仿真测量	理论计算	仿真测量	仿真测量
5%												
20%												
40%												
50%												
60%												
80%												
100%												

2）采用动态调试方法调整静态工作点。断开 S_1，将输入信号加在 u_i 处，如图 2-45 所示，双击函数信号发生器 XFG1 图标，设置输入正弦信号频率为 1kHz，峰值为 1V。仿真运行，用示波器观察输出波形，逐渐增加输入信号峰值，反复调整 Rw，使示波器观察到一个最大不失真波形，然后置 u_i=0，测量并记录静态工作点取值，记录数据到表 2-23 中。

表 2-23　最佳静态工作点仿真记录

Rw/kΩ		R_B/kΩ（R_1+ R_W）	U_{EQ}/V		U_{CEQ}/V		I_{BQ}/mA		I_{CQ}/mA	
百分比	取值	取值	理论计算	仿真测量	理论计算	仿真测量	理论计算	仿真测量	理论计算	仿真测量

3．电压放大倍数的测量

1）在图 2-45 输入端 u_i 处加入频率为 1kHz、峰值为 1V 的正弦信号，闭合 S_1，R_L 按表 2-24 内取值，用示波器观察 u_i、u_o，在输出波形不失真的条件下测出 u_i、u_o 的峰值，记录数据到表 2-24 中。

表 2-24　电压放大倍数记录表

R_L/kΩ	U_i/V	U_o/V	A_u
∞			
1			
2			

2）观察输入输出波形相位关系，比较与单管放大电路的区别。

4．测量输入电阻

在图 2-45 输入端 u_s 处加入频率为 1kHz、峰值为 1V 的正弦信号，闭合 S_1，用示波器观察 u_i、u_o 波形，在输出电压不失真的情况下测出 u_s 和 u_i 的峰值。代入公式 $R_i=\dfrac{U_i}{U_s-U_i}R$，计算输入电阻仿真值；代入公式 $R_i=R_B//\left[r_{be}+(1+\beta)(R_E//R_L)\right]$，计算输入电阻理论值，记录数据到表 2-25 中。

表 2-25　输入输出电阻测量记录表

R_S/kΩ	R_L/kΩ	U_s/V	U_i/V	R_i/kΩ	
				仿真测量	理论计算
2	1				

5．测量输出电阻

在图 2-45 输入端 u_i 处加入频率为 1kHz、峰值为 1V 的正弦信号，断开 S_1，不接负载 R_L，仿真运行，记录空载输出电压峰值 U_o；闭合 S_1，接入负载 R_L，仿真运行，记录带载输出电压峰值 U_L。带入公式 $R_o=\left(\dfrac{U_o}{U_L}-1\right)R_L$，计算测量输出电阻值，与理论计算数值比较，记录数据到表 2-26 中。

表 2-26　输出电阻测量记录表

R_L/kΩ	U_o/V	U_L/V	R_o/kΩ	
			仿真测量	理论计算
1				
2				

6．测试跟随特性

在图 2-45 输入端 u_i 处加入频率为 1kHz、峰值为 1V 的正弦信号，闭合 S_1，逐渐增大输入信号 u_i 的幅度，用示波器观察输出波形 u_o 直至输出波形达到最大不失真，测量对应的 u_L 峰值，记入表 2-27 中。

表 2-27　仿真跟随特性记录表

U_i/V									
U_L/V									

7．测试幅频特性曲线

在图 2-45 输入端 u_i 处加入频率为 1kHz、峰值为 1V 的正弦信号，闭合 S_1，保持输入信号的幅度不变，改变信号源频率，利用扫描分析法或直接测量法，测量放大电路的幅频特性和相频特性曲线。根据曲线确定 f_L、f_o 、f_H 的取值，计算通频带 BW，记录到表 2-28 中。

表 2-28　幅频特性记录表

	f_L	f_o	f_H	BW
f/kHz				
U_o/V				/
$A_u=U_o/U_i$				/

五、实验室操作实验内容

实验电路板如图 2-44 所示，实验操作电路板如图 2-46 所示。将各仪器按照实验电路在实验箱和实验电路板上连接好，为防止干扰，各仪器的公共端必须连接在一起。

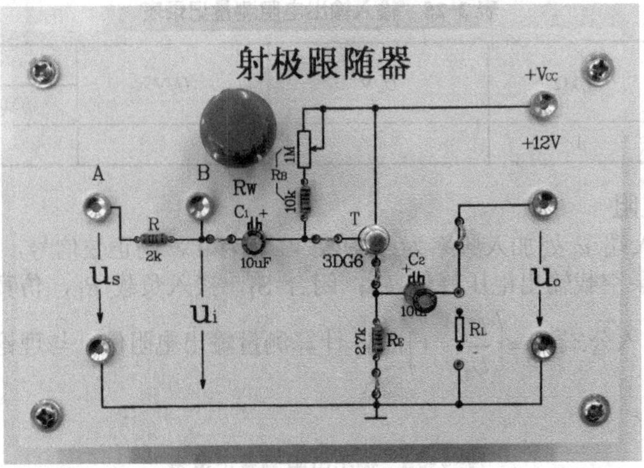

图 2-46　实验操作电路板

1．调试静态工作点

通电前，接好电源与地。检查电路无误，接通电源。在输入端 B 点加入 f=1kHz 的正弦信号 u_i，采用动态调试法调整静态工作点，使示波器观察到一个最大不失真输出波形，然后置 u_i=0，测量静态参数，记录数据到表 2-29 中。

表 2-29　静态工作点记录表

U_B/V	U_E/V	U_C/V	I_E/mA

2．测量电压放大倍数

在输出端接入负载 R_L=1kΩ，输入端 B 点加入 f=1kHz，峰峰值为 2V 的正弦信号 u_i，调节输入信号幅度，用示波器观察输入波形 u_i 和输出波形 u_o，在输出最大不失真情况下，测出

u_i和u_o的峰峰值。记录数据到表2-30中。

表2-30 输入、输出电压值记录表

U_i/V	U_L/V	A_u

3. 测量输出电阻R_o

在输入端B点加入f=1kHz，峰峰值为2V的正弦信号u_i，输出端断开负载电阻，用示波器观察和测量空载输出电压u_o的峰峰值；输出端接入负载R_L=1kΩ，用示波器观察和测量有负载时输出电压u_L的峰峰值，代入公式计算输出电阻，记录数据到表2-31中。

表2-31 测量输出电阻记录表

U_o/V	U_L/V	R_o/kΩ

4. 测量输入电阻R_i

在A点加入f=1kHz，峰峰值为2V的正弦信号U_s，输出端断开负载R_L=1kΩ，用示波器观察A、B两点对地的信号U_S和U_i，测量峰峰值，代入公式计算输入电阻，记录数据到表2-32中。

表2-32 测量输入电阻记录表

U_s/V	U_i/V	R_i/kΩ

5. 测试跟随特性

输出端接入负载电阻R_L=1kΩ，在B点加入f=1kHz正弦信号u_i，逐渐增大信号u_i的幅度，用示波器观察输出波形直至输出波形达到最大不失真，逐点测出u_i和u_L的峰峰值，记入表2-33中。

表2-33 跟随特性记录表

U_i/V							
U_L/V							

6. 测试幅频特性曲线

1）置$R_L=\infty$，在U_i处加入频率为1kHz、峰峰值为2V的正弦交流信号，在输出波形不失真的条件下，同时观察示波器输入、输出波形，测量输出电压峰峰值，计算中频段A_u值，记录数据到表2-34中。

表2-34 幅频特性记录表

	f_L/kHz	f_o/kHz	f_H/kHz	BW
f/kHz		1		
U_o/V				/
$A_u=U_o/U_i$				/

2）保持输入信号幅度不变，改变信号源频率（增大或减小），当测得输出电压幅度为中频段输出电压幅度的 0.707 倍时，此时信号源所对应的频率即为上限截止频率 f_H 和下限截止频率 f_L。

3）计算不同频率对应的放大倍数 A_u，通频带 BW。

4）应用三点法绘制电路的幅频特性曲线。

六、思考题

1．射极跟随器具有电压放大功能吗？输出信号与输入信号反相吗？

2．根据射极跟随器的特点，说明它在多级放大电路中有什么作用？

3．射极跟随器引入了什么反馈？反馈的作用是什么？

实验 2.4　负反馈放大器

一、实验目的

1．掌握应用 Multisim 12 软件对负反馈放大电路进行开环和闭环仿真分析。

2．理解放大电路引入负反馈的原因及方法。

3．研究负反馈对放大电路各项性能指标的影响。

4．学习引入负反馈的两级放大电路各项指标参数的测量方法。

二、实验设备及材料

1．装有 Multisim 12 的计算机。

2．函数信号发生器。

3．双通道示波器。

4．数字万用表。

5．模拟电路实验箱。

6．负反馈实验操作电路板。

三、实验原理

1．负反馈的类型

在实用放大电路中，几乎都要引入各类反馈，以改善放大电路某些方面的性能。因此为了改善放大电路的性能，几乎所有的实用放大器都带有负反馈。这里要强调一下：只有交流负反馈才有能力改善放大电路的放大性能，直流负反馈有且仅有一个作用——稳定静态工作点。负反馈的电路形式很多，按照输出端反馈信号的取样方式和反馈信号与输入信号在输入端的比较求和方式，可以把负反馈分为四类：电压串联负反馈、电压并联负反馈、电流串联负反馈及电流并联负反馈，如图 2-47 所示。由于输入、输出信号不同，因此开环电压放大倍数 A、反馈系数 F 和闭环增益 A_f 会因反馈组态不同而有不同的下标，对应不同的量纲，但是 AF 乘积的量纲总为 1。

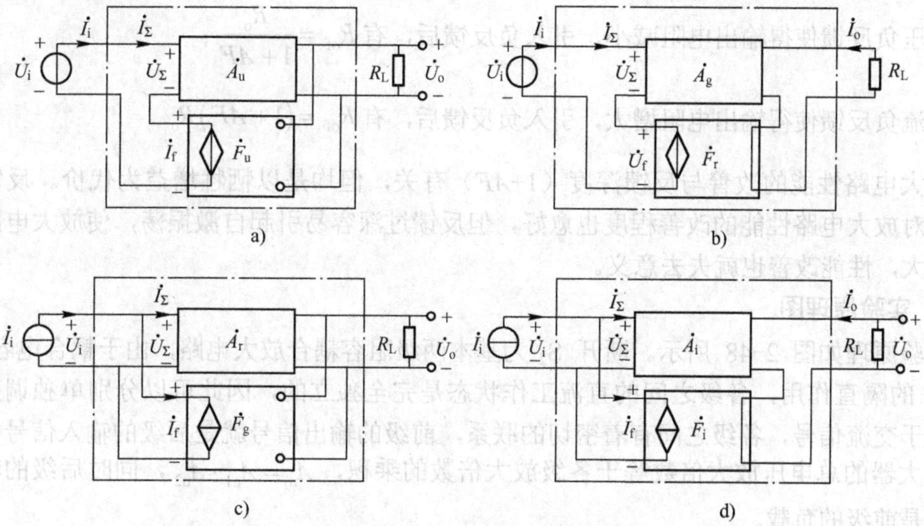

图 2-47　四种类型负反馈框图

a) 电压串联负反馈　b) 电流串联负反馈　c) 电压并联负反馈　d) 电流并联负反馈

2．负反馈对放大电路的影响

引入负反馈放大电路的缺点是使放大倍数下降，即有 $A_{\mathrm{f}}=\dfrac{A}{1+AF}$，其中$(1+AF)$称为反馈深度。$(1+AF)>>1$，即深度负反馈时，有 $A_{\mathrm{f}}\approx\dfrac{1}{F}$。优点是会使放大电路的许多性能得到改善，具体有以下几方面：

1）提高了增益的稳定性。

增益的稳定性常用有无反馈时增益的相对变化量之比来衡量。有

$$\frac{\mathrm{d}A_{\mathrm{f}}}{A_{\mathrm{f}}}=\frac{1}{1+AF}\frac{\mathrm{d}A}{A}$$

上式表明，引入反馈后，增益的相对变化量为开环增益的$\dfrac{1}{1+AF}$，$(1+AF)$越大，闭环稳定性愈好。

2）减小了波形的非线性失真。

3）抑制了反馈环内噪声。

4）拓展了通频带。

对于多级阻容耦合放大电路，反馈为纯电阻网络，有

$$f_{\mathrm{Lf}}=\frac{f_{\mathrm{L}}}{1+AF}\text{，}\ f_{\mathrm{Hf}}=(1+AF)f_{\mathrm{H}}\text{，}\ f_{\mathrm{BWf}}=(1+AF)f_{\mathrm{BW}}\text{；}$$

5）改变了输入输出阻抗以满足系统匹配的不同需要。

串联负反馈使得输入电阻增加，引入负反馈后，有 $R_{\mathrm{if}}=(1+AF)R_{\mathrm{i}}$；

并联负反馈使得输入电阻减小，引入负反馈后，有 $R_{\mathrm{if}}=\dfrac{R_{\mathrm{i}}}{1+AF}$；

电压负反馈使得输出电阻减小，引入负反馈后，有 $R_{of}=\dfrac{R_o}{1+AF}$；

电流负反馈使得输出电阻增大，引入负反馈后，有 $R_{of}=(1+AF)R_o$。

放大电路性能的改善与反馈深度（1+AF）有关，但均是以牺牲增益为代价。反馈深度愈大，对放大电路性能的改善程度也愈好，但反馈过深容易引起自激振荡，使放大电路无法进行放大，性能改善也就失去意义。

3．实验原理图

实验原理如图 2-48 所示。断开 S_2 为基本两级阻容耦合放大电路，由于耦合电容 C_1、C_2、C_3 的隔直作用，各级之间的直流工作状态是完全独立的，因此可以分别单独调整。但是，对于交流信号，各级之间有着密切的联系，前级的输出信号就是后级的输入信号，因此两级放大器的总电压放大倍数等于各级放大倍数的乘积，$A_u=A_{u1}\cdot A_{u2}$，同时后级的输入阻抗也就是前级的负载。

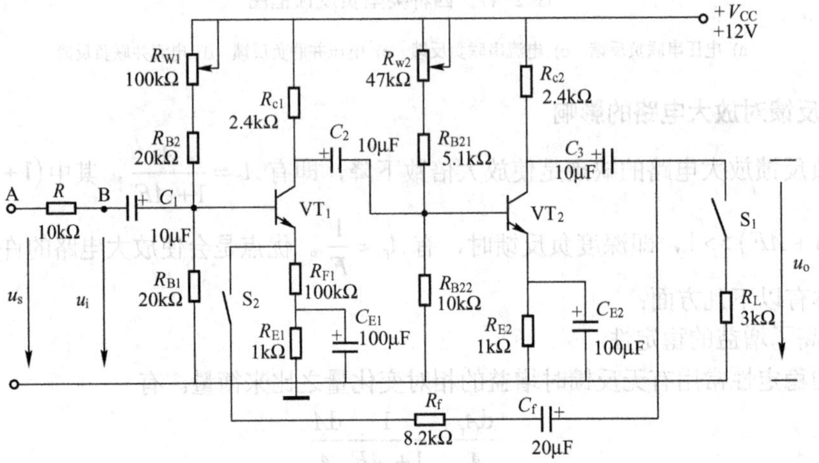

图 2-48　电压串联负反馈放大电路

闭合图 2-48 中的 S_2 就构成了负反馈放大电路，在电路中通过 R_f、C_f 把输出电压 U_o 引回到输入端，加在晶体管 VT$_1$ 的发射极，在发射极 R_{e1} 上形成反馈电压 U_f，根据反馈的判别法可知，它属于电压串联负反馈。主要性能指标如下：

1）闭环电压放大倍数：$A_{uf}=\dfrac{A_u}{1+A_uF_u}$，其中 $A_u=\dfrac{U_o}{U_i}$ 为开环电压放大倍数；

2）反馈系数：$F_u=\dfrac{R_{F1}}{R_f+R_{F1}}$；

3）输入电阻：$R_{if}=(1+A_uF_u)R_i$；

4）输出电阻：$R_{of}=\dfrac{R_o}{1+A_{uo}F_u}$，其中 A_{uo} 为负载开路时的电压放大倍数；

5）通频带：　$f_{BWf}=(1+A_uF_u)f_{BW}$

本次实验以电压串联负反馈为例，分析验证负反馈对放大器各项性能指标的影响。

四、计算机仿真实验内容

1. 绘制负反馈放大器仿真电路

1）打开 Multisim 12 软件，画出如图 2-49 所示电路。具体步骤为：单击“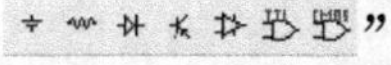”分类图标，打开“Select a Component”窗口，选择需要的电阻、电容、晶体管、电源等元器件，放置到仿真工作区。各元件所在位置如下：

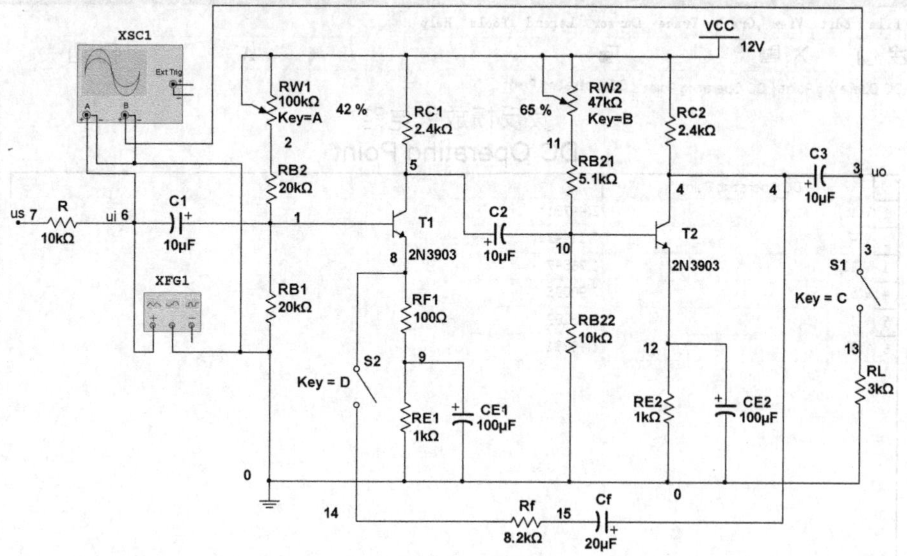

图 2-49　负反馈放大电路

- 电阻：（Group）Basic→（Family）RESISTOR。
- 极性电容：（Group）Basic→（Family）CAP_ELECTROLIT。
- 电位器：（Group）Basic→（Family）POTENTIONMETER。
- 晶体管：（Group）Transistors→（Family）BJT_NPN→（Component）2N3903。
- 单刀单掷开关：（Group）Basic→（Family）SWITCH→（Component）SPST。
- 电源 V_{CC}:（Group）Sourses→（Family）POWER_SOURSES→（Component）VCC。
- 地 GND:（Group）Sourses→（Family）POWER_SOURSES→（Component）GROUND。

2）找到主页面竖排虚拟仪器图标 ，单击选择需要的虚拟仪器，信号发生器（Function Generator）、双通道示波器（Double Channel Oscilloscope）等。调整各元器件位置绘制电路。

3）双击电位器 R_{W1}，将弹出的对话框“Value”中的“Increment”文本框中改为“1%”；双击电位器 R_{W2}，将弹出的对话框“Value”中的“Key”文本框中改成“B”，“Increment”文本框中改为“1%”；将开关 S_1 的“Key”文本框中改为“C”，开关 S_2 的“Key”文本框中改为“D”。

4）选择“Options”→“Sheet Properties”→“Show all”命令使仿真图显示节点编号，方便对电路进行测量与分析。

5）选择“Place”→“Junction”命令放置节点 7；选择“Place”→“Text”命令在文本框中输入“us”、“ui”和“uo”，便于分辨和观察信号。

2．静态工作点调试与测量

图 2-49 是带有负反馈的两级阻容耦合放大电路，调节 R_{W1} 和 R_{W2} 可分别调节各级静态工作点。当调整 R_{W1} 为“42%”，R_{W2} 为“65%”时，选择菜单命令“Simulate”→“Analyses”→“DC Operating Point”，选择节点 1、4、5、8、10、12 为输出分析点，分析结果如图 2-50 所示。

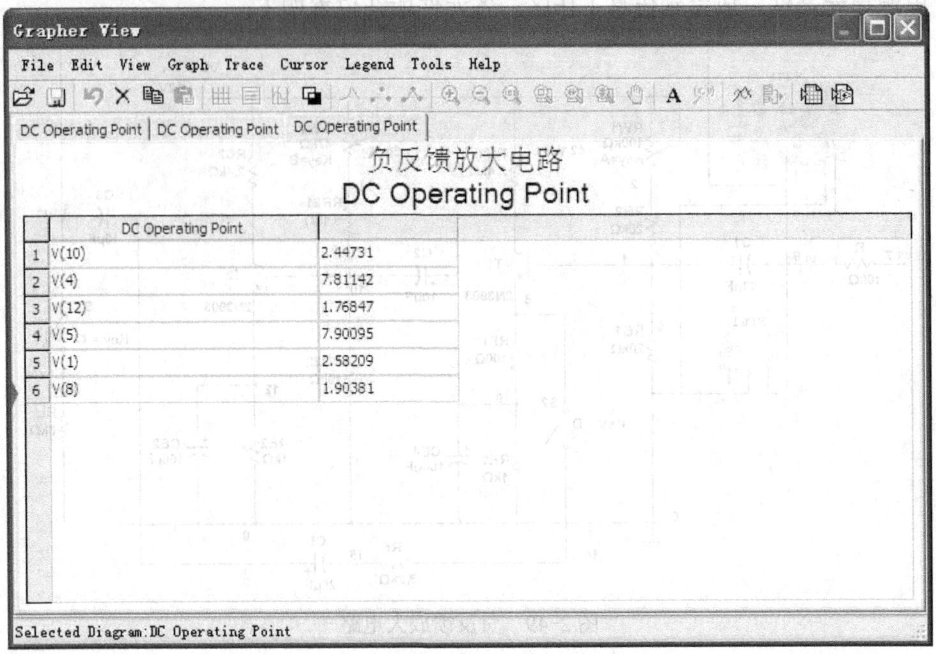

图 2-50 负反馈电路 DC Operating Point 窗口

由以上结果发现：$U_{CE1}=V_5-V_8=(7.90095-1.90381)\text{V}=5.99714\text{V}$

$U_{CE2}=V_4-V_{12}=(7.81142-1.76847)\text{V}=6.04295\text{V}$

可见静态工作点合适，两级放大电路均处于放大状态。记录数据到表 2-35 中。

表 2-35 静态工作点记录表

	U_{BQ}/V	U_{CQ}/V	U_{EQ}/V	I_{BQ}/mA	I_{CQ}/mA
第一级					
第二级					

3．负反馈放大电路开环、闭环放大倍数的测试

（1）开环电路测试

断开 S_1 和 S_2，即不接入 R_L、R_f 和 C_f，使电路工作在无负反馈（开环）、无负载（开路）的状态下。将输入信号加在 u_i 处，即不加信号源内阻 R（10kΩ电阻），双击函数信号发生器 XFG1 图标，设置输入正弦信号频率为 1kHz，峰值为 1mV。仿真运行，观察示波器输入输出波形如图 2-51 所示。记录数据到表 2-36 中，并计算负载开路情况下的开环放大倍数 A_u。

闭合 S_1，接上负载 R_L，仿真运行并记录数据到表 2-36 中。

表 2-36　放大倍数数据记录表

	R_L/kΩ	U_i/mV	U_o/U_L/mV	A_u/A_{uf}
开环（无反馈）	∞	1		
	3	1		
闭环（有反馈）	∞	1		
	3	1		

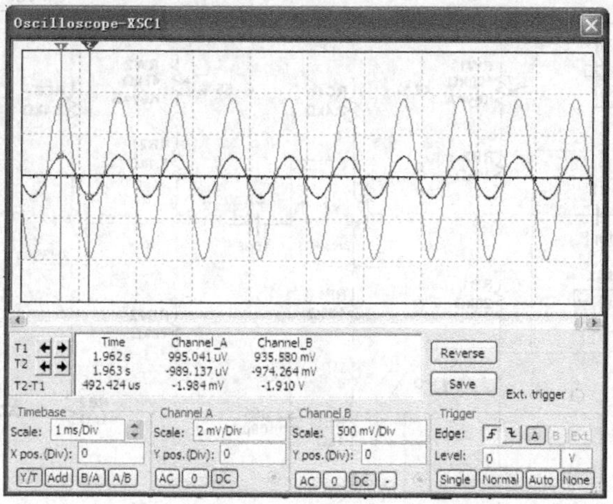

图 2-51　电路无反馈、无负载条件下的仿真结果

（2）闭环电路测试

闭合 S_2，接入 R_f 和 C_f，使电路工作在有负反馈（闭环）的状态下。重做（1）中实验内容，分别仿真有负载和无负载时的闭环电路，观察示波器输入输出信号波形，记录数据到表 2-36 中，并计算出闭环放大倍数 A_{uf}。

记录电路有反馈、无负载的示波器仿真输入输出波形，如图 2-52 所示，与图 2-51 比较，观察引入负反馈后，输出波形的变化，验证引入负反馈后，放大倍数的变化。将表 2-36 记录的数据代入公式 $A_{uf}=\dfrac{A_u}{1+A_uF_u}$，计算反馈深度 $1+A_uF_u=$ ________。

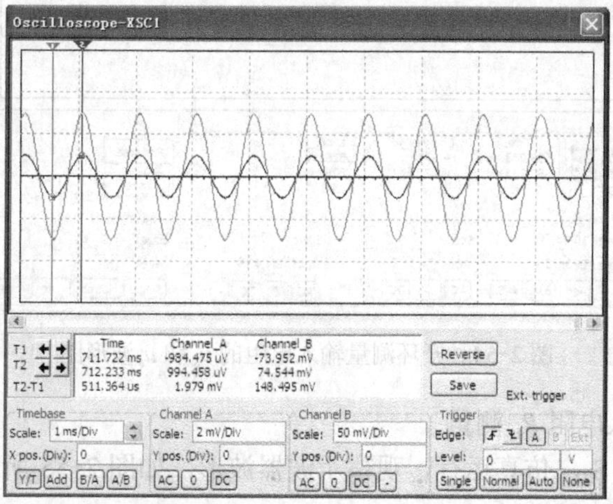

图 2-52　电路有反馈、无负载条件下的仿真结果

4．负反馈放大电路输入、输出电阻的测试

（1）开环电路输入电阻 R_i 测量

断开 S_1 和 S_2，即不接入 R_L、R_f 和 C_f，使电路工作在无负反馈（开环）、无负载（开路）的状态下。将输入信号加在 u_s 处，接入信号源内阻 10kΩ电阻，双击函数信号发生器 XFG1 图标，设置输入正弦信号频率为 1kHz，峰值为 10mV。仿真电路如图 2-53 所示。

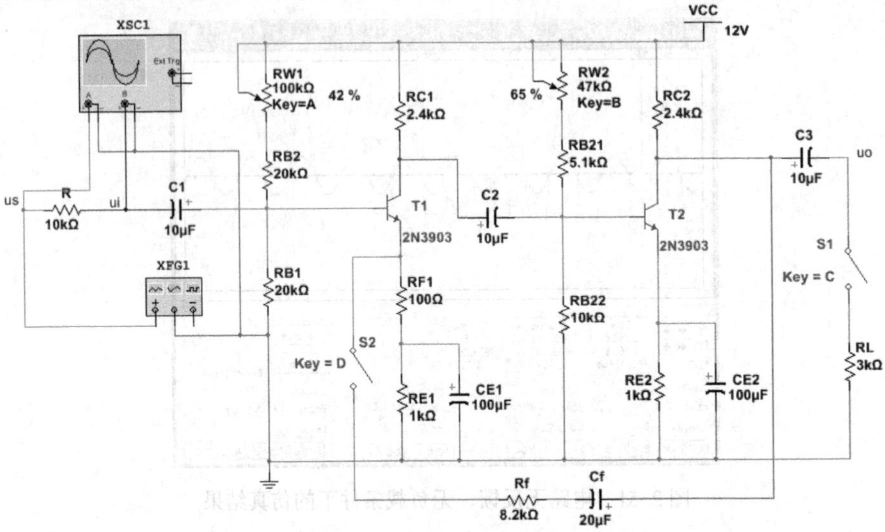

图 2-53　开环测量输入电阻仿真电路

仿真运行，观察示波器波形，如图 2-54 所示。读取 u_s、u_i 峰值，记录数据到表 2-37 中。

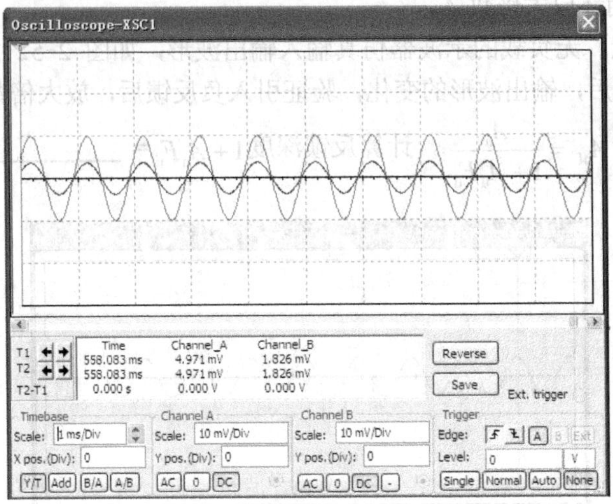

图 2-54　开环测量输入电阻的 u_s 和 u_i 波形图

（2）闭环电路输入电阻 R_{if} 测量

闭合图 2-53 开关 S_2，仿真运行，观察示波器波形，如图 2-55 所示。读取 u_s、u_i 峰值，记录数据到表 2-37 中。

将表 2-37 记录的数据代入公式 $R_{if}=\left(1+A_uF_u\right)R_i$，计算反馈深度 $1+A_uF_u=$ ________。

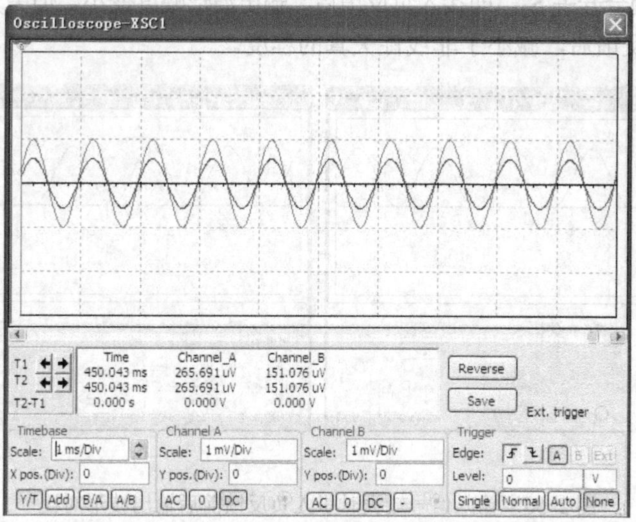

图 2-55　闭环测量输入电阻的 u_s 和 u_i 波形图

表 2-37　测量输入电阻记录表格

	R_S/kΩ	Us/mV	U_i/mV	输入电阻/kΩ	反馈深度=R_{if}/ R_i
开环（无反馈）	10			R_i=	
闭环（有反馈）	10			R_{if}=	

（3）开环电路输出电阻 R_o 测量

如图 2-49 所示，断开 S_1 和 S_2，不接入 R_L、R_f 和 C_f，使电路工作在无负反馈（开环）、无负载（开路）的状态下。将信号加在 u_i 处，不加入信号源内阻（10kΩ电阻），双击函数信号发生器 XFG1 图标，设置输入正弦信号频率为 1kHz，峰值为 1mV。

1）S_1 打开，不接入负载，仿真运行，读取输出电压 u_o 的峰值，记录数据到表格 2-38 中。

2）S_1 闭合，接入负载，仿真运行，读取输出电压 u_L 的峰值，记录数据到表格 2-38 中。

（4）闭环电路输出电阻测量

如图 2-49 所示，闭合 S_2，重复实验步骤 3，读取输出电压 u_o、u_L 的峰值，记录数据到表 2-38 中。

将表 2-38 记录的数据代入公式 $R_{of}=\dfrac{R_o}{1+A_{uo}F_u}$，计算反馈深度 $1+A_{uo}F_u=$ ________。

表 2-38　测量输出电阻记录表

	U_o/V	U_L/V	R_o/kΩ	两次输出电阻比值	反馈深度
开环（无反馈）					
闭环（有反馈）					

5．负反馈对放大电路输出波形非线性失真的影响

如图 2-49 所示，将输入信号加在 u_i 处，不加入信号源内阻（10kΩ电阻），断开 S_1、

S_2，加入输入正弦信号频率为 1kHz，峰值为 10mV。仿真发现输出波形幅度大但严重失真，如图 2-56a 所示；闭合开关 S_2，即接入负反馈后，输出波形幅度变小，但失真消失，如图 2-56b 所示。验证引入负反馈后，减小了非线性失真的程度。

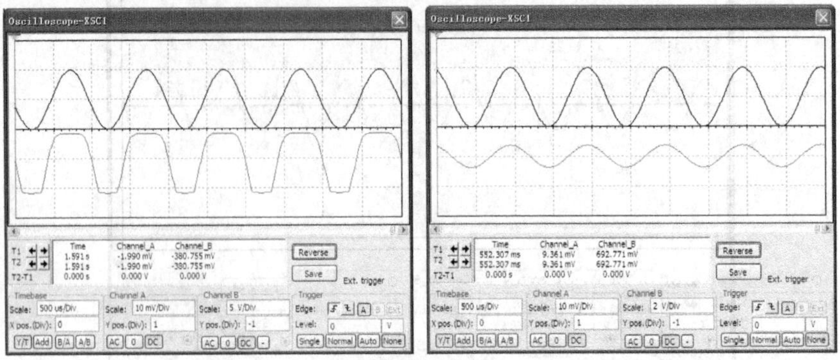

a)　　　　　　　　b)

图 2-56　输入信号较大时引入负反馈前后输出波形对比

6．负反馈对放大电路通频带的影响

（1）开环电路频率特性测量

如图 2-49 所示，不加入信号源内阻，闭合 S_1，即接入负载，断开 S_2，即不接入 R_f 和 C_f，删除虚拟示波器，接入波特图仪（即扫描仪，第 6 个图标），设置输入正弦信号频率为 1kHz，峰值为 1mV。仿真运行，双击波特图仪，出现如图 2-57 所示对话框，设置波特仪对话框右边的参数，可得开环带载的放大电路频率特性曲线。

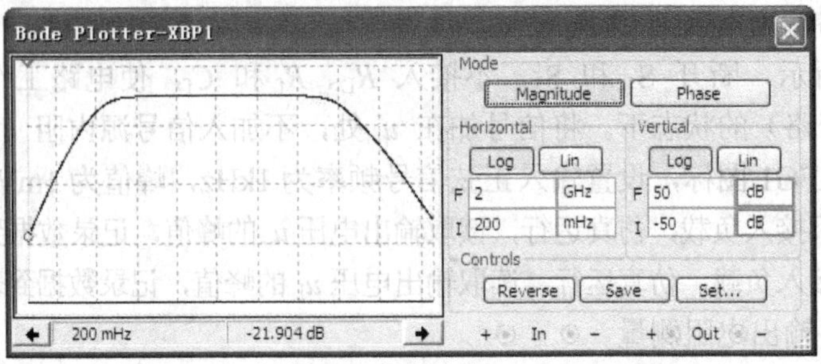

a)

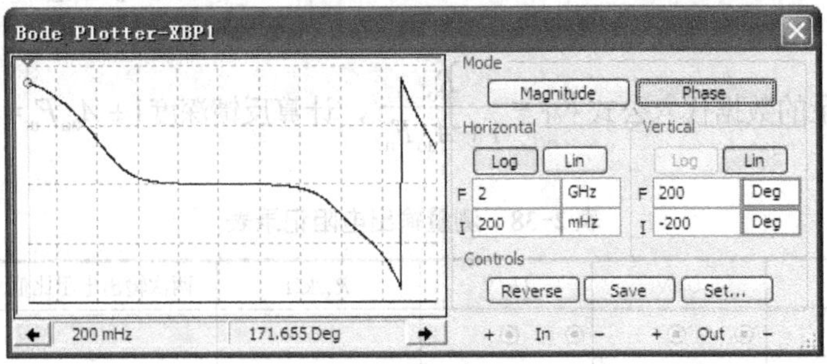

b)

图 2-57　无反馈时的频率特性曲线

a) 开环幅频特性曲线　b) 相频特性曲线

对于幅频特性曲线，拉动屏幕上的游标，将其置于曲线的水平段，这时屏幕下方显示该点的频率和增益大小。通过游标读出放大电路开环中频段的频率范围和增益大小。增益下降3dB对应的频率即为上、下限截止频率，将数据记录到表2-39中，并计算通频带。

（2）闭环电路频率特性测量

闭合 S_2，重复实验步骤1，记录数据到表2-39中，计算通频带，比较引入负反馈后，通频带的变化。

将表2-39记录的数据代入公式 $f_{BWf}=(1+A_uF_u)f_{BW}$，计算反馈深度 $1+A_uF_u=$________。

表2-39　频率特性记录表

	f_L/Hz	f_H/kHz	通频带BW	反馈深度
开环（无反馈）				
闭环（有反馈）				

（3）上述分析是借助波特图仪的直接测量法，也可以采用直接分析法，借助AC Analysis直接对频率特性进行分析。

五、实验室操作实验内容

实验电路原理如图2-48所示，实验操作电路板如图2-58所示。将各仪器按照实验电路在实验箱和实验电路板上连接好，为防止干扰，各仪器的公共端必须连接在一起。

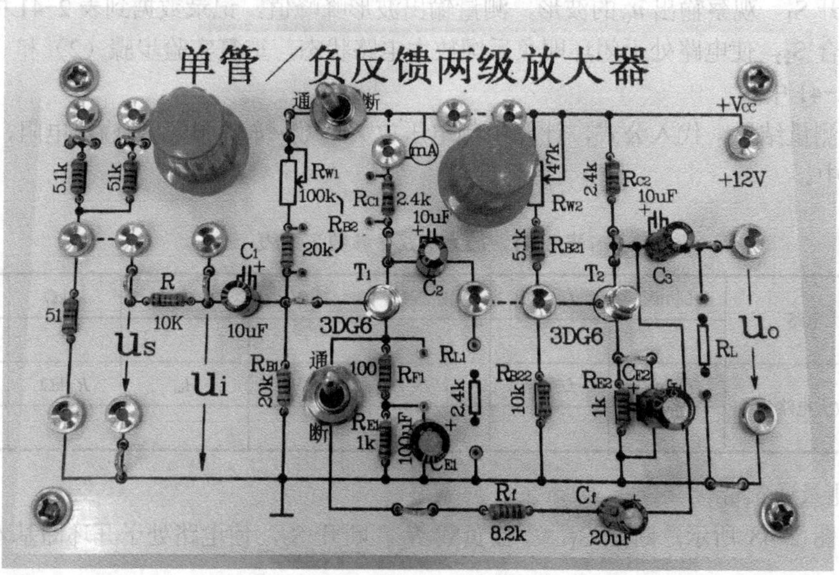

图2-58　实验操作电路板

1．测量静态工作点

1）按图2-48在实验电路板上接线，把实验板的电源和地与实验箱对应相接，第一级是单管放大电路，将滑动变阻器 R_{W1} 上端的开关拨到"通"档位，R_{C1} 上方的毫安表短接，R_{B1} 右边引入反馈的开关拨到"断"。将滑动变阻器 R_{W1} 和 R_{W2} 阻值调至最大，检查电路无误则打开电源。

2）第一级静态工作点按“单管放大电路”动态调试法进行调节。

3）把第一级与第二级之间的虚线短接，在 u_i 处加入 f=1kHz，峰峰值为 15mV 的正弦交流信号，用示波器观察输出 u_o 的波形。若出现双向失真，则适当减小 u_i 幅度；若出现单边失真，则调整 R_{W2}，使输出最大不失真。

4）置 u_i=0，用数字万用表测量第一级、第二级的静态工作点，计算 I_C，记入表 2-40 中。

表 2-40　静态工作点记录表

	U_B/V	U_E/V	U_C/V	I_C/mA
第一级				
第二级				

2．测量基本放大电路与负反馈放大电路的各项性能指标

（1）测量中频电压放大倍数、输入电阻和输出电阻

1）如图 2-48 所示，断开 S_2，使电路处于开环即基本放大电路状态。

2）闭合 S_1，接入负载 R_L，在输入端 U_s 处加入 f=1kHz，峰峰值为 50mV 的正弦交流信号，用示波器观察 u_i 和 u_L 波形，调整滑动变阻器 R_{W1} 和 R_{W2}，使得输出波形 u_o 不失真。测量输入、输出波形峰峰值，观察输入、输出波形相位关系，记录数据到表 2-41 中。

3）断开 S_1，观察输出 u_o 的波形，测量输出波形峰峰值，记录数据到表 2-41 中。

4）闭合 S_2，使电路处于闭环即负反馈放大电路状态，重复实验步骤（2）和（3），记录数据到表 2-41 中。

5）将测量结果，代入公式，计算中频电压放大倍数，输入电阻和输出电阻，记录数据到表 2-41 中。

表 2-41　放大电路各参数记录表

基本放大电路	U_s/mV	U_i/mV	U_L/V	U_o/V	A_u	R_i/kΩ	R_o/kΩ
负反馈放大电路	U_s/mV	U_i/mV	U_L/V	U_o/V	A_{uf}	R_{if}/kΩ	R_{of}/kΩ

（2）测量通频带

1）如图 2-48 所示，断开 S_1，不接负载 R_L。断开 S_2，使电路处于开环即基本放大电路状态。

2）在输入端 u_i 处加入 f=1kHz，峰峰值为 10mV 的正弦交流信号，用示波器观察输出峰峰值 U_o 的值。

3）分别增加和减小输入信号频率，使输出电压下降到 0.707 倍时，所对应的频率即为基本放大器的上、下限频率 f_H 和 f_L，计算通频带 BW，记录数据到表 2-42 中。

4）闭合 S_2，使电路处于闭环即负反馈放大电路状态，重复实验步骤（2）和（3），记录数据到表 2-42 中。

表 2-42　频率测试记录表

	f_L/Hz	f_o/kHz	f_H/kHz	BW/kHz
基本放大电路		1		
负反馈放大电路		1		

3. 观察负反馈对非线性失真的改善

1）实验电路接成基本放大电路，在输入端 U_i 加入 f=1kHz 的正弦信号，断开 S_1，不接入负载 R_L，用示波器观察输出波形，逐渐增大输入信号的幅度，使输出波形开始出现失真，记下此时的输出波形和最大不失真输出电压的峰峰值。闭合 S_1，观测带有负载的基本放大电路的最大不失真输出电压峰峰值，记录数据到表 2-43 中。

2）再将实验电路接成负反馈放大电路的形式，重复 1 中的实验步骤，记下负载开路和接入负载两种情况下的输出波形和最大不失真输出电压的峰峰值。

表 2-43　最大不失真电压测量记录表

	U_i/mV	U_o/mV	U_L/mV
基本放大电路			
负反馈放大电路			

六、思考题

1. 估算放大电路的静态工作点（取 $\beta_1=\beta_2=75$）。
2. 如果为深度负反馈，理论计算 A_{uf}，比较与测量结果是否一致，为什么？
3. 若输入信号存在失真，能否用负反馈来改善？

实验 2.5　差动放大电路

一、实验目的

1. 掌握应用 Multisim 12 软件对典型差动电路和恒流源差动放大电路进行仿真分析。
2. 掌握典型差动电路和恒流源差动放大电路静态工作点的设置及调试方法。
3. 掌握典型差动电路和恒流源差动放大电路差模、共模放大倍数的测试方法。
4. 掌握典型差动电路和恒流源差动放大电路共模抑制比的计算方法。
5. 比较典型差动电路和恒流源差动放大电路性能的差异。
6. 加深对差动放大电路性能及特点的理解。

二、实验设备及材料

1. 装有 Multisim 12 的计算机。
2. 函数信号发生器。
3. 双通道示波器。

4．数字万用表。
5．模拟电路实验箱。
6．差动放大电路实验操作电路板。

三、实验原理

普通的晶体管放大电路放大交流信号时，可以采用阻容耦合方式实现多级放大。但是若要放大的信号是变化十分缓慢的信号时，则只能采用直接耦合方式实现多级放大。直接耦合方式带来最大的问题就是零点漂移，即当没有输入信号时，由于温度变化或者电源电压不稳定，使得输出端电压偏离零点，从而存在输出。采用差动放大电路可以较好地解决这个问题。

图 2-59 所示为差动放大电路的基本结构。它由两个元件参数相同的基本共射极放大电路组成，有两个输入信号端 A、B，分别对应两个集电极输出端 u_{c1} 和 u_{c2}。当 A、B 端加数值相等、极性相反的两个信号时，称作差模输入信号；当 A、B 端加数值相等、极性相同的两个信号时，称作共模输入信号。

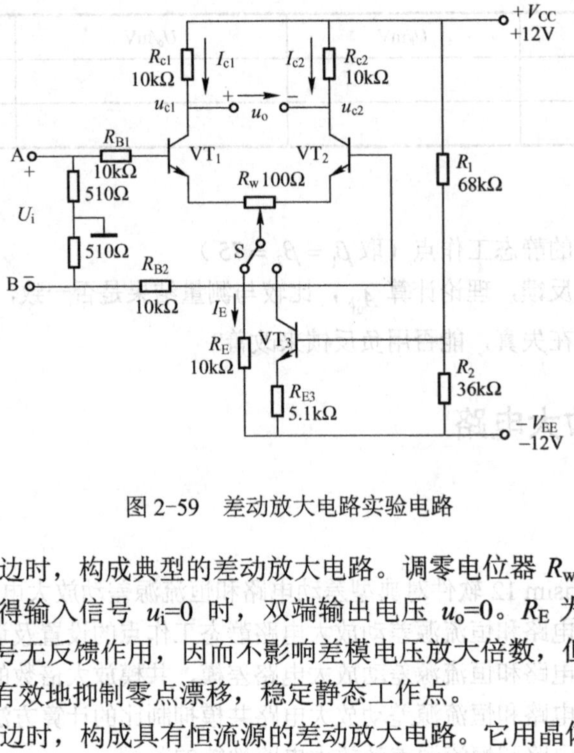

图 2-59　差动放大电路实验电路

当开关 S 拨向左边时，构成典型的差动放大电路。调零电位器 R_W 用来调节 T_1、T_2 晶体管的静态工作点，使得输入信号 u_i=0 时，双端输出电压 u_o=0。R_E 为两管共用的发射极电阻，它对差模输入信号无反馈作用，因而不影响差模电压放大倍数，但对共模输入信号有较强的反馈作用，故可有效地抑制零点漂移，稳定静态工作点。

当开关 S 拨向右边时，构成具有恒流源的差动放大电路。它用晶体管恒流源代替发射极电阻 R_E，可以进一步提高差动放大电路抑制共模输入信号的能力。

1．输入输出信号的连接方式

单端输入：在一个输入端与地之间加有输入信号，另一个输入端接地。

双端输入：在两个输入端与地之间都加有输入信号。

单端输出：在 VT_1 或 VT_2 管集电极与地之间的输出。

双端输出：在 VT_1 和 VT_2 管集电极之间的输出。

差动放大器共有四种输入输出信号的连接方式：单端输入—单端输出、单端输入—双端输出、双端输入—单端输出、双端输入—双端输出。

2．静态工作点的估算

典型电路

$$I_E \approx \frac{|U_{EE}|-U_{BE}}{R_E}\text{（认为}U_{B1}=U_{B2}\approx 0\text{）}$$

$$I_{C1}=I_{C2}=\frac{1}{2}I_E$$

带恒流源电路

$$I_{C3}\approx I_{E3}\approx \frac{\frac{R_2}{R_1+R_2}(V_{CC}+|U_{EE}|)-U_{BE}}{R_{E3}}$$

$$I_{C1}=I_{C2}=\frac{1}{2}I_{C3}$$

3．差模电压放大倍数和共模电压放大倍数

（1）差模电压放大倍数

当差动放大器的射极电阻 R_E 足够大，或采用恒流源电路时，差模电压放大倍数 A_d 由输出端方式决定，而与输入方式无关。

双端输出：$R_E=\infty$，R_w 在中心位置时，

$$A_d=\frac{u_o}{u_i}=-\frac{\beta R_C}{R_B+r_{be}+\frac{1}{2}(1+\beta)R_w}$$

单端输出：

$$A_{d1}=\frac{u_{c1}}{u_i}=\frac{1}{2}A_d=\frac{-\beta R_C}{2\left(R_B+r_{be}+\frac{1}{2}(1+\beta)R_w\right)}$$

$$A_{d2}=\frac{u_{c2}}{u_i}=-\frac{1}{2}A_d=\frac{\beta R_C}{2\left(R_B+r_{be}+\frac{1}{2}(1+\beta)R_w\right)}$$

（2）共模电压放大倍数

单端输出：

$$A_{c1}=A_{c2}=\frac{u_{c1}}{u_i}=\frac{u_{c2}}{u_i}=\frac{-\beta R_C}{R_B+r_{be}+(1+\beta)\left(\frac{1}{2}R_p+2R_E\right)}\approx -\frac{R_C}{2R_E}$$

双端输出：$A_c=\frac{u_o}{u_i}=\frac{u_{c1}-u_{c2}}{u_i}=0$（实际上由于元件不可能完全对称，因此 A_c 也不会绝对等于零。）

由于差动放大器的差模电压放大倍数很大，共模放大倍数很小，因此可以认为放大器只放大输入信号中的差模分量。

（3）共模抑制比

差动放大器的共模抑制比为差模电压放大倍数与共模放大倍数之比。对于图 2-59 所示电路

单端输出

$$K_{CMRR}=\left|\frac{A_{d1}}{A_{c1}}\right|=\left|\frac{A_{d2}}{A_{c2}}\right|$$

双端输出
$$K_{\mathrm{CMRR}}=\left|\frac{A_{\mathrm{d}}}{A_{\mathrm{c}}}\right|=\infty$$

工程上共模抑制比一般采用分贝（dB）表示，即

$$\mathrm{CMRR}=20\mathrm{Log}\left|\frac{A_{\mathrm{d}}}{A_{\mathrm{c}}}\right|$$

四、计算机仿真实验内容

1. 绘制仿真电路

1）打开 Multisim 12 软件，画出如图 2-60 所示电路。具体步骤为：单击“”分类图标，打开“Select a Component”窗口，选择需要的电阻、电容、晶体管、电源等元器件，放置到仿真工作区。各元件所在位置如下。

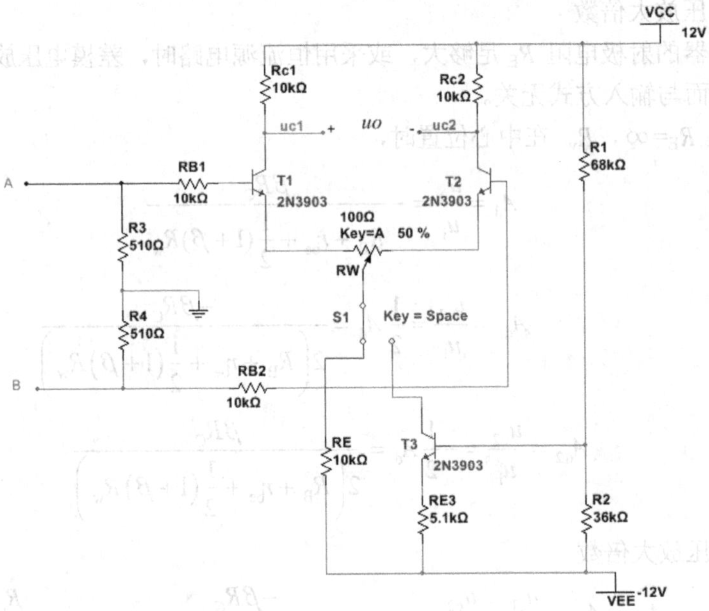

图 2-60 差动放大电路仿真电路

- 电阻：（Group）Basic→（Family）RESISTOR。
- 电位器：（Group）Basic→（Family）POTENTIONMETER。
- 晶体管：（Group）Transistors→（Family）BJT_NPN→（Component）2N3903。
- 单刀双掷开关：（Group）Basic→（Family）SWITCH→（Component）SPDT。
- 电源 Vcc:（Group）Sourses→（Family）POWER_SOURSES→（Component）VCC。
- 电源 Vee:（Group）Sourses→（Family）POWER_SOURSES→（Component）VEE。
- 地 GND:（Group）Sourses→（Family）POWER_SOURSES→（Component）GROUND。

2）找到主页面竖排虚拟仪器图标，单击选择需要的虚拟仪器，信号发生器（Function Generator）、双通道示波器（Double Channel Oscilloscope）等，调整各元器件位置绘制电路。

3）选择“Place”→“Junction”命令放置节点，选择“Place”→“Text”命令在各节点旁文本输入“A”、“B”、“*u*c1”、“*u*c2”和“*u*o”，便于分辨和观察信号。

2. 静态工作点分析与测量

（1）调节典型差动放大电路零点

不加交流信号，将 A、B 端接地，开关 S_1 拨向左边，构成典型差动放大电路。用两个万用表分别测量两个输出端“*u*c1”和“*u*c2”的电压，如图 2-61 所示。仿真运行，调节晶体管发射极滑动变阻器 R_w，使两个万用表读数相同，即调整电路使左右完全对称，则调零工作完毕。

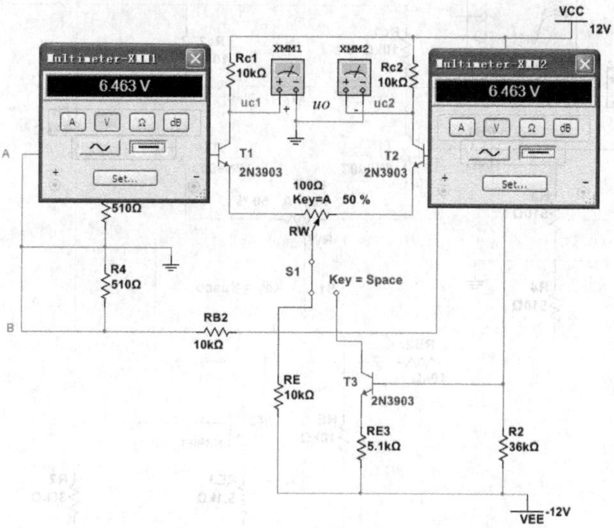

图 2-61 典型差动放大电路调零电路

（2）典型差动放大电路静态工作点测量

零点调整好以后，测量电路中各处的静态工作点，可以用万用表、电压表和电流表等工具，或用直流分析法、测量探针测量法等方法来测量，记录数据到表 2-44 中。将电路参数代入公式，理论计算出各管静态工作点值，记录数据到表 2-44 中并与仿真结果比较。

表 2-44 静态工作点数据记录

电路类型	T1						T2						T3					
	U_{C1Q}/V		U_{E1Q}/V		I_{C1Q}/mA		U_{C2Q}/V		U_{E2Q}/V		I_{C2Q}/V		U_{C3Q}/V		U_{E3Q}/V		I_{C3Q}/mA	
	理论值	仿真值	理论值	仿真值	理论值	仿真值	理论值	仿真值	理论值	仿真值	理论值	仿真值	理论值	仿真值	理论值	仿真值	理论值	仿真值
典型差动																		
恒流源差动																		

（3）恒流源差动放大电路静态工作点分析与测量

将开关 S1 拨向右边，构成恒流源差动放大电路，重复上述实验步骤 1 和 2，记录数据到表 2-44 中，并比较两次测量数据。将电路参数代入公式，计算出各管静态工作点值，记录数据到表 2-44 中并与仿真结果比较。

3．测量差模电压放大倍数

1）双端输入、双端输出。在图 2-60 所示电路中接入函数信号发生器与示波器。函数信号发生器 XFG1 的“+”端接放大电路输入 A 端，“-”端接放大电路输入 B 端，“COM”端接地，设置输入信号频率为 100Hz，峰值为 100mV。示波器选择四踪示波器，分别接输入端 A 和 B，输出端“uc1”和“uc2”。两个输出端之间开路，可看做 R_L 阻值为无穷大，电路可认为双端输入、双端输出的模式，如图 2-62 所示。仿真运行，观察示波器输出波形，如图 2-63 所示。

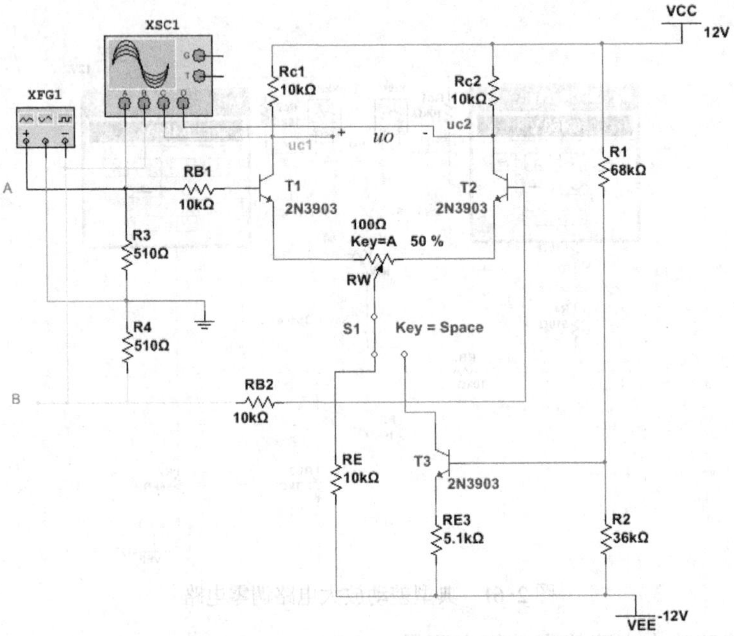

图 2-62 测量差模电压放大倍数仿真电路

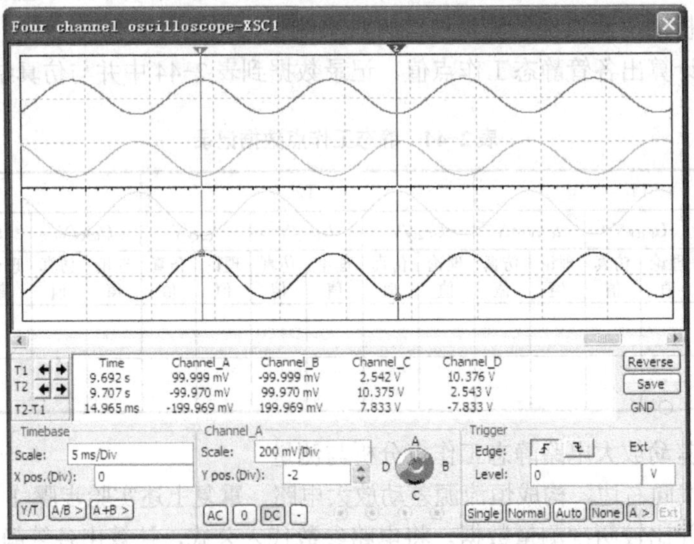

图 2-63 双端输入、双端输出时四踪示波器显示波形

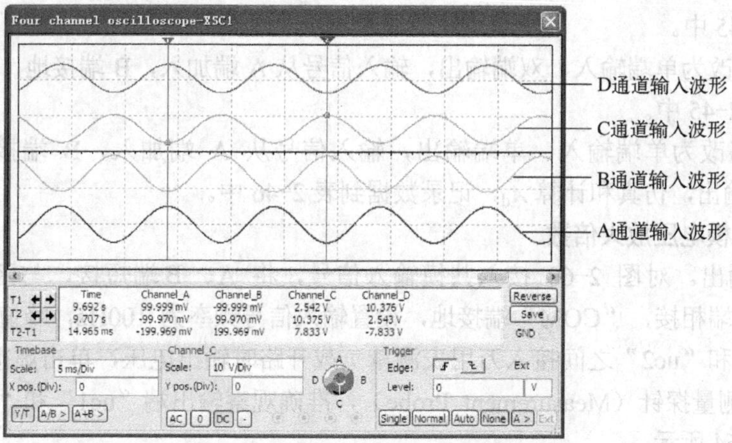

图 2-63　双端输入、双端输出时四踪示波器显示波形（续）

由上图可见，自下而上，显示 A、B、C、D 四个通道的波形，观察图形，读出游标处显示的峰峰值，记录数据到表 2-45 中，代入公式 $A_d = \dfrac{|U_{c1} - U_{c2}|}{|U_{iA} - U_{iB}|}$ 计算差模电压放大倍数。在输出端“uc1”和“uc2”之间接入阻值10kΩ 负载，仿真运行，记录数据到表 2-45 中，比较电路开路与带载差模电压放大倍数的变化。

表 2-45　测量差模电压放大倍数数据记录表

电路类型		R_L	$U_{idp-p}=(U_{iAp-p}-U_{iBp-p})$/mV	U_{c1p-p}/V	U_{c2p-p}/V	A_d
双端输入、双端输出	典型差动放大电路	$R_L=\infty$				
		10kΩ				
	恒流源差动放大电路	$R_L=\infty$				
		10kΩ				
双端输入、单端输出	典型差动放大电路	$R_L=\infty$			/	
		10kΩ				
	恒流源差动放大电路	$R_L=\infty$			/	
		10kΩ				
单端输入、双端输出	典型差动放大电路	$R_L=\infty$				
		10kΩ				
	恒流源差动放大电路	$R_L=\infty$				
		10kΩ				
单端输入、单端输出	典型差动放大电路	$R_L=\infty$			/	
		10kΩ				
	恒流源差动放大电路	$R_L=\infty$			/	
		10kΩ				

开关 S1 拨向右边，构成恒流源差动放大电路，重复上面实验步骤，记录数据到表 2-45 中，并比较两次测量与计算数据。

2）将电路改为双端输入、单端输出，信号只从“uc1”端对地输出，仿真和计算 A_d，记录数据到表 2-45 中。

3）将电路改为单端输入、双端输出，输入信号从 A 端加入，B 端接地，仿真和计算 A_d，记录数据到表 2-45 中。

4）将电路改为单端输入、单端输出，输入信号从 A 端加入，B 端接地，信号只从“uc1”端对地输出，仿真和计算 A_d，记录数据到表 2-46 中。

4．测量共模电压放大倍数

1）双端输出。对图 2-60 接入共模输入信号，将 A、B 端短接，与函数信号发生器 XFG1 的“+”端相接，“COM”端接地，设置输入信号频率为 100Hz，峰值为 200mV。在输出端“uc1”和“uc2”之间接入万用表测量负载开路时输出电压，单击虚拟仪器图标下方 1.4v 图标，放置测量探针（Measurement Probe），准确观察输出端“uc1”和“uc2”的电信号特性，如图 2-64 所示。

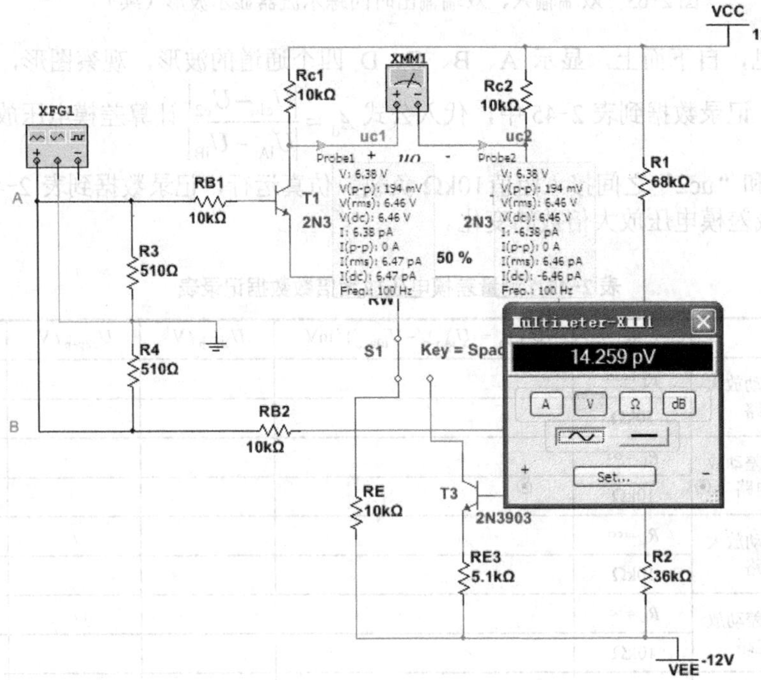

图 2-64　测量双端输出共模电压放大倍数仿真电路

双端输出在理想状态下共模电压放大倍数为 0。实际上由于元器件不可能完全对称，所以共模电压放大倍数也不会是 0。仿真运行，读取万用表读数，发现负载开路时的输出电压值一直变化，但均为 pV 数量级，数值非常小可近似为 0；读取测量探针数据，记录数据到表 2-45 中。

2）单端输出。如图 2-65 所示，输入信号频率为 100Hz，峰值为 200mV，输出信号从“uc1”端对地输出。仿真运行，观察示波器输出波形，如图 2-66 所示，读游标处显示峰峰值，记录数据到表 2-46 中。将实验数据代入公式 $A_{c1} \approx -\dfrac{R_C}{2R_E}$，计算共模输入、单端输出时，共模电压放大倍数的理论值，记录数据到表 2-46 中并与仿真结果比较。

表 2-46　测量共模电压放大倍数数据记录表

电路类型		U_{icp-p} / mV	U_{c1p-p} / mV	U_{c2p-p} / mV	A_c 仿真计算值	A_c 理论计算值
典型差动放大电路	双端输出					
	单端输出					
恒流源差动放大电路	双端输出					
	单端输出					

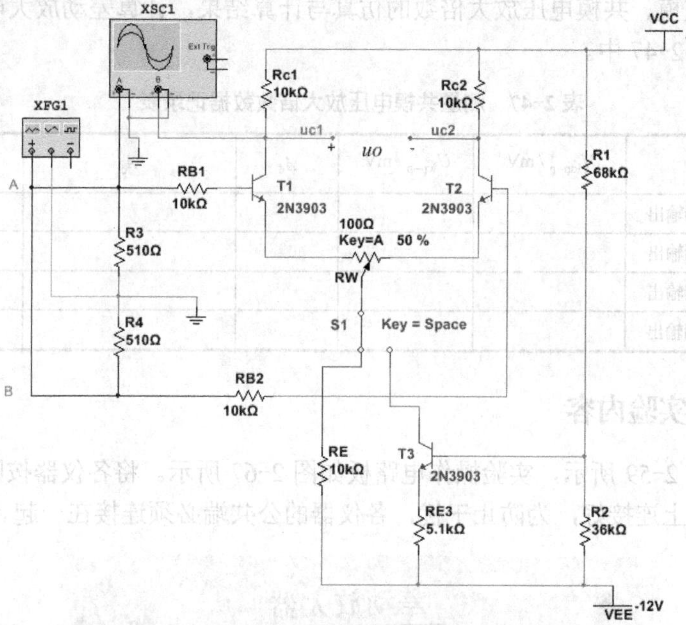

图 2-65　测量单端输出共模电压放大倍数仿真电路

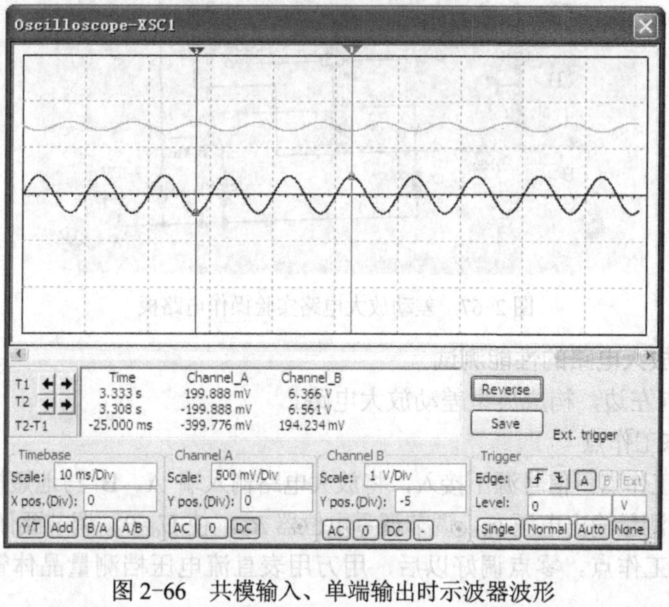

图 2-66　共模输入、单端输出时示波器波形

3）开关 S_1 拨向右边，构成恒流源差动放大电路，重复上面实验步骤 1 和 2，计算共模电压放大倍数，记录数据到表 2-46 中，并与典型差动放大电路结果比较。

5．共模抑制比

差动放大器的共模抑制比为差模电压放大倍数与共模放大倍数之比。根据表 2-45 的差模电压放大倍数数据，可验证本实验中介绍的原理：当差动放大器的射极电阻 R_E 足够大，或采用恒流源电路时，差模电压放大倍数 A_d 由输出端方式决定，而与输入方式无关。同理由表 2-46 可知，共模电压放大倍数 A_c 也是由输出端方式决定，输入方式仅有一种。根据表 2-45 和表 2-46 差模、共模电压放大倍数的仿真与计算结果，计算差动放大电路的共模抑制比，记录数据到表 2-47 中。

表 2-47　测量共模电压放大倍数数据记录表

电路类型		U_{idp-p} / mV	U_{icp-p} / mV	A_d	A_c	$K_{CMRR}=\frac{A_d}{A_c}$
典型差动放大电路	双端输出					
	单端输出					
恒流源差动放大电路	双端输出					
	单端输出					

五、实验室操作实验内容

实验电路如图 2-59 所示，实验操作电路板如图 2-67 所示。将各仪器按照实验电路在实验箱和实验电路板上连接好，为防止干扰，各仪器的公共端必须连接在一起。

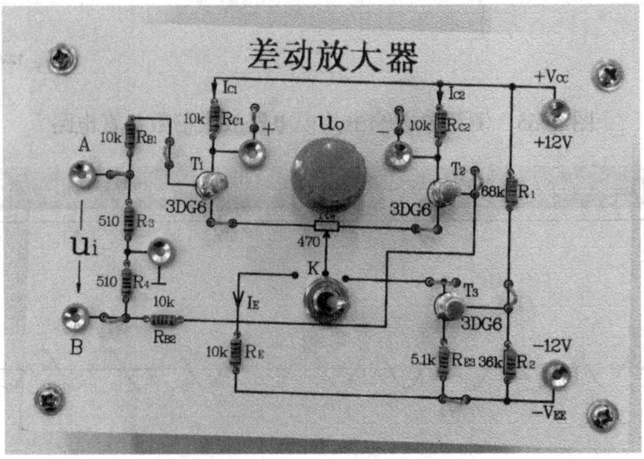

图 2-67　差动放大电路实验操作电路板

1．典型差动放大电路的性能测试

将开关 K 拨向左边，构成典型差动放大电路。

（1）测量静态工作点

1）调节静态工作点。信号源不接入，将放大电路输入端 A、B 与地短接，接通±12V 直流电源，用万用表测量输出电压 u_o，调节调零电位器 R_W，使 U_o=0。调节要仔细，力求准确。

2）测量静态工作点。零点调好以后，用万用表直流电压档测量晶体管各电极电位及射

极电阻 R_E 两端电压，记录数据到表 2-48 中。

表 2-48　典型差动放大电路静态工作点记录表

测量值	U_{B1Q}/V	U_{C1Q}/V	U_{E1Q}/V	U_{B2Q}/V	U_{C2Q}/V	U_{E2Q}/V	U_{REQ}/V
计算值	I_C/mA		I_B/mA		U_{CE}/V		

（2）测量双端输入时差模电压放大倍数

1）断开 A、B 输入端与地的短接线；在实验箱上调整两个直流可调信号源，使一个约为 100mV，另一个约为-100mV。

2）将两个直流可调信号源分别接 A 点和 B 点，构成双端输入模式。在输入端加入直流差模输入信号，用万用表电压档分别测量 A、B 点输入电压，再次调整使 A 点电压为 100mV，B 点电压为-100mV。

3）用万用表直流电压档分别测量单端输出、双端输出电压值，计算差模电压放大倍数，记录数据到表 2-49 中。

（3）测量双端输入时共模电压放大倍数

1）将输入端 A 点和 B 点短接，再与直流信号源相连，调整使直流信号为 200mV。

2）用万用表直流电压档分别测量单端输出、双端输出电压值，计算共模电压放大倍数和共模抑制比 K_{CMRR}，记录数据到表 2-47 中。

表 2-49　双端输入差动放大电路动态性能记录表

	典型差动放大电路		恒流源差动放大电路	
	差模双端输入	共模输入	差模双端输入	共模输入
U_{iA} / mV	+100 mV	200 mV	+100 mV	200 mV
U_{iB} / mV	−100 mV	200 mV	−100 mV	200 mV
U_{C1} / V				
U_{C2} / V				
$\Delta U_{C1}=U_{C1}-U_{C1Q}$ / V				
$\Delta U_{C2}=U_{C2}-U_{C2Q}$ / V				
$\Delta U_o=\Delta U_{C1}-\Delta U_{C2}$ / V				
$A_{d1}=\dfrac{\Delta U_{C1}}{\Delta U_i}=\dfrac{U_{C1}-U_{C1Q}}{U_{iA}-U_{iB}}$				
$A_{d2}=\dfrac{\Delta U_{C2}}{\Delta U_i}=\dfrac{U_{C2}-U_{C2Q}}{U_{iA}-U_{iB}}$				
$A_{d(双)}=\dfrac{\Delta U_o}{\Delta U_i}$				
$A_{c1}=\dfrac{\Delta U_{C1}}{U_i}=\dfrac{U_{C1}-U_{C1Q}}{U_{iA}}$				
$A_{c2}=\dfrac{\Delta U_{C2}}{U_i}=\dfrac{U_{C2}-U_{C2Q}}{U_{iB}}$				
$A_{c(双)}=\dfrac{\Delta U_o}{U_i}=\dfrac{U_{C1}-U_{C2}}{U_{iA}}$				
K_{CMRR}				

（4）测量单端输入时差模电压放大倍数

1）将输入端 B 接地，信号只从 A 端加入，构成单端输入模式。在实验箱上调整直流信号源，使得一个约为 100mV，另一个约为-100mV。

2）先将 100mV 直流信号源接入 A 端，再次调整使准确输入 100mV，用万用表直流电压档测量单端输出、双端输出电压值，计算差模电压放大倍数，记录数据到表 2-50 中。

3）再将-100mV 接入 A 端，调整使准确输入-100mV，重复测量计算并记录数据到表 2-50 中。

4）再将 $f=1\text{kHz}$，$U_{\text{ip-p}}=100\text{mV}$ 的正弦交流信号接入 A 端，用示波器观察 u_{c1} 和 u_{c2} 波形，若有失真现象，可适当减小输入波形的峰峰值，保证 u_{c1} 和 u_{c2} 均不失真。读取单端输出、双端输出电压峰峰值，计算差模电压放大倍数，记录数据到表 2-50 中。

表 2-50　单端输入差动放大电路差模电压放大倍数的测量

测量计算值 / 输入信号	典型差动放大电路						恒流源差动放大电路					
	U_{C1}/V	U_{C2}/V	ΔU_{o}/V	A_{d1}	A_{d2}	$A_{\text{d（双）}}$	U_{C1}/V	U_{C2}/V	ΔU_{o}/V	A_{d1}	A_{d2}	$A_{\text{d（双）}}$
直流 100mV												
直流-100mV												
正弦交流信号（f=1kHz，$U_{\text{ip-p}}$=100mV）												

2．具有恒流源的差动放大电路性能测试

将图 2-59 电路中开关 S 拨向右边，构成具有恒流源的差动放大电路。

测量静态工作点。重新调零，万用表直流电压档测量晶体管各极电位，并记录数据到表 2-51 中。

表 2-51　具有恒流源的差动放大电路静态工作点记录表

	U_{B1Q}/V	U_{C1Q}/V	U_{E1Q}/V	U_{B2Q}/V	U_{C2Q}/V	U_{E2Q}/V	U_{B3Q}/V	U_{C3Q}/V	U_{E3Q}/V
测量值									

重复典型差动放大电路实验步骤中的（2）～（4）步，将测量与计算结果填入表 2-49 和表 2-50 中。

六、思考题

1．用动态分析法，分析典型差动和恒流源差动放大电路的通频带。

2．差模电压放大倍数和信号的输入方式有关吗？说明理由。

3．差动放大电路与单管放大电路相比较，多用了一倍的元器件，放大倍数有无提高？

4．差动放大电路不仅可以放大交流信号，也可以放大直流信号，对吗？

5．在实验室操作时，可否将双端输入、双端输出的直流差模信号替换为正弦交流差模信号？请验证。

实验 2.6　集成运算放大器应用（Ⅰ）——模拟运算电路

一、实验目的

1．了解集成运算放大器的工作特点、性能参数，掌握理想集成运算放大器的特点。

2．学习应用 Multisim 12 仿真分析集成运算放大器组成比例、求和、微积分电路的特点及性能。

3．了解平衡电阻的取值及作用。

4．进一步熟悉 Multisim 12 软件的仿真使用。

二、实验设备及材料

1．装有 Multisim 12 的计算机。

2．函数信号发生器。

3．双通道示波器。

4．数字万用表。

5．模拟电路实验箱。

6．μA741 芯片。

7．电阻、电容若干。

三、实验原理

集成运算放大器（简称集成运放）是具有高增益、高输入阻抗和低输出阻抗的直接耦合多级放大器，最初用于模拟量运算，故此得名，如今已经发展成为模拟集成电路中应用极为广泛的一种器件。集成运放可按性能指标分为两类：通用型集成运放和专用型集成运放（具有低功耗、低漂移、高精度等优点）。本书主要以 μA741（F007）为例介绍通用型集成运放。

1．集成运放的组成及符号

（1）集成运算放大器

集成运算放大器通常由以下 4 部分组成，其组成框图如图 2-68 所示。

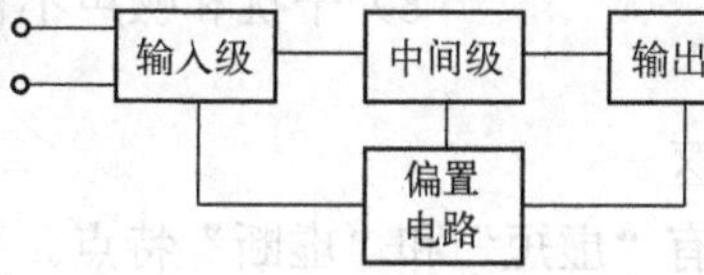

图 2-68　集成运放组成框图

1）输入级。由差动放大器组成，以便获得尽可能低的零点漂移和尽可能高的共模抑制比。同时它也是放大器的第一增益级。

2）中间级。通常用于将双端输出转换为单端输出以及电平位移等职能，同时它又是主要的电压增益级。

3）输出级。通常为互补推挽电路，以提高放大器输出端的带负载能力，并常加有保护电路。

4）偏置电路。一般由各种恒流源电路组成，为多级放大器的各级设置合适的工作点，有时还作为放大器的有源负载。

集成运算放大器的符号如图 2-69 所示。

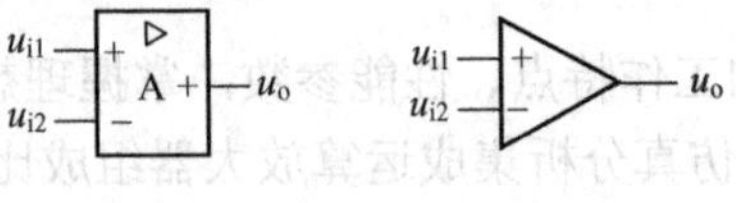

图 2-69　集成放大器符号

a) 国家标准符号　b) 国外常用符号

（2）μA741 简介

本实验采用的集成运算放大器为μA741，它是八脚双列直插式芯片，其引脚排列如图 2-70 所示。1 脚和 5 脚接调零电位器（由于集成运算放大器μA741 的性能比较好，在不要求特别精密的情况下，不接调零电位器，仍可正常完成交流运算放大器的作用），2 脚为反相输入端，3 脚为同相输入端，4 脚接负电源，6 为输出端，7 脚接正电源，8 脚为空脚。

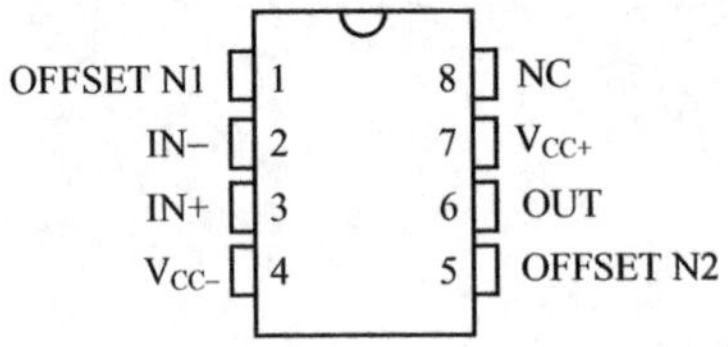

图 2-70　μA741 引脚图

2．理想集成运放的特点

在分析含有集成运放的各种电路时，常常把它看作理想集成运放，进行简化分析运算。理想集成运放具有以下特点：

1）开环电压放大倍数 $A_{od} \to \infty$；　2）差模输入电阻 $R_{id} \to \infty$；

3）输出电阻 $R_o \to 0$；　4）频带无限宽；

5）输入失调电压 $U_{IO} = 0$；　6）输入失调电流 $I_{IO} = 0$；

7）共模抑制比 $CMRR \to \infty$；　8）干扰和噪声不存在。

3．理想集成运放的工作特点

（1）理想集成运放工作在线性区

理想集成运放工作在线性区具有“虚短”和“虚断”特点。

1）理想运放的差模输入电压为零——“虚短”路

由于理想集成运放开环电压放大倍数 $A_{od} \to \infty$，而输出电压是一个有限的数值，由式 $A_{od} = \dfrac{U_o}{U_+ - U_-} \to \infty$，则有 $U_+ - U_- \approx 0$，即集成运放的净输入电压为 0，$U_+ \approx U_-$，称为“虚短”路。若存在 $U_+ \approx U_- = 0$，则通常称为“虚地”。

要满足“虚短”路，运放工作时必须引入负反馈，使得 $U_+ \approx U_-$，所以只有闭环且引入负反馈，才能满足“虚短”路。

2）理想运放输入电流为零——“虚断”路

由于净输入电压为 0，且集成运放的输入电阻为无穷大，所以两个输入端的电流为 0，$i_+ \approx i_- \approx 0$，即集成运放的净输入电流为0，称为“虚断”路。

（2）理想运放工作在非线性区（或饱和区）

理想运放工作在非线性区具有“电压比较”和“虚断”路特点

1）理想运放在非线性区的输出值 U_o 只有两种可能，正向饱和值和负向饱和值，饱和值的大小接近其供电电源 $\pm V_{CC}$。

当$U_+ > U_-$，净输入信号大于零，输出正向饱和值，$u_o = +U_{OM}$；

当$U_+ < U_-$，净输入信号小于零，输出负向饱和值，$u_o = -U_{OM}$。

根据输出电压的正负，可以判断同相输入端和反相输入端输入信号的大小，因此可以用来比较输入端信号的大小，即具有“电压比较”的特点。

2）理想运放输入电流为零——“虚断”路

因为$(U_+ - U_-)$总是有限值，而集成运放的输入电阻为无穷大，所以两个输入端的电流为0，$i_+ \approx i_- \approx 0$，即集成运放的净输入电流为0，称为“虚断”路。

（3）理想运放工作区域总结

运放工作时是闭环且引入负反馈，则此时运放工作在线性区，满足“虚短” 与“虚断”路。运放工作时是开环，或者闭环引入正反馈，则运放工作在非线性区（饱和区），可以比较输入电压的大小，且满足“虚断”路。

4．理想集成运放实现运算电路

（1）反相比例运算电路

如图 2-71 所示，运放为闭环，引入了电压并联负反馈，工作在线性区，满足“虚短”与“虚断”路，同相输入端接地，即满足“虚地”。

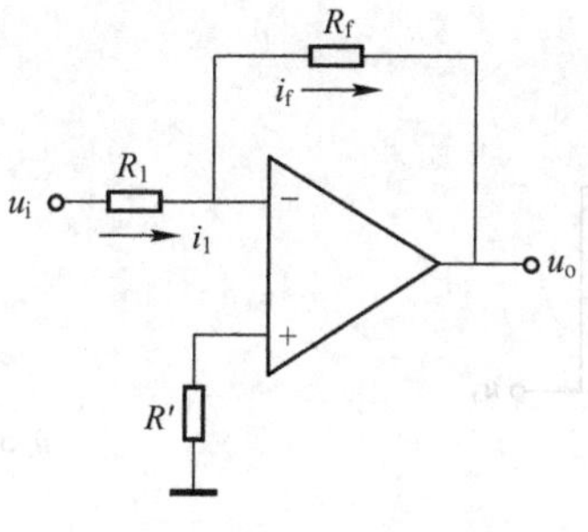

图 2-71　反相比例运算电路

由 $i_i = i_f$，理论分析得出：输出 $u_o = -i_f R_f = -\dfrac{R_f}{R_1} u_i$，输入信号范围为 $-\dfrac{R_1}{R_f} U_{OM} \leqslant u_i \leqslant \dfrac{R_1}{R_f} U_{OM}$。

输出电压与输入电压及电阻的比值有关，负号代表反相，当输入电压增大时，输出电压不会无限制增加，当进入饱和区之后，输出电压值将不再随输入电压增加，而是输出恒定的饱和电压 $\pm U_{OM}$，折算到输入端，可以得到输入信号的大小范围，即 $-\frac{R_1}{R_f}U_{OM} \leqslant u_i \leqslant \frac{R_1}{R_f}U_{OM}$，超出这个范围，运放将进入饱和区工作，输出电压大小不再随着输入电压成比例增加。

电阻 R' 称为平衡电阻。因为集成运放毕竟不是理想的，总存在输入偏置电流 I_{IB}、输入失调电流 I_{IO}、输入失调电压 U_{IO} 及它们的温漂，所以要求从集成运放的两个输入端向外看的等效电阻相等，我们称这为平衡条件。图 2-71 中反相输入端接入电阻 R_1 和 R_f，所以在同相端应接入 R'，且有：

$$R' = R_1 // R_f$$

（2）同相比例运算电路

如图 2-72 所示，运放为闭环，引入了电压串联负反馈，工作在线性区，满足“虚短”与“虚断”路。

理论分析得出：

输出 $$u_o = \left(1 + \frac{R_f}{R_1}\right)u_i$$

输入信号范围 $$-\frac{R_1}{R_1 + R_f}U_{OM} \leqslant u_i \leqslant \frac{R_1}{R_1 + R_f}U_{OM}$$

平衡电阻 $$R' = R_1 // R_f$$

由输出 u_o 的表达式可知，输出电压与输入电压同相，是输入电压的 $\left(1+\frac{R_f}{R_1}\right)$ 倍。当 $R_f=0$ 或 $R_1=\infty$ 时，有 $u_o=u_i$，即输出电压完全跟随输入电压，构成同相电压跟随器，如图 2-73 所示。

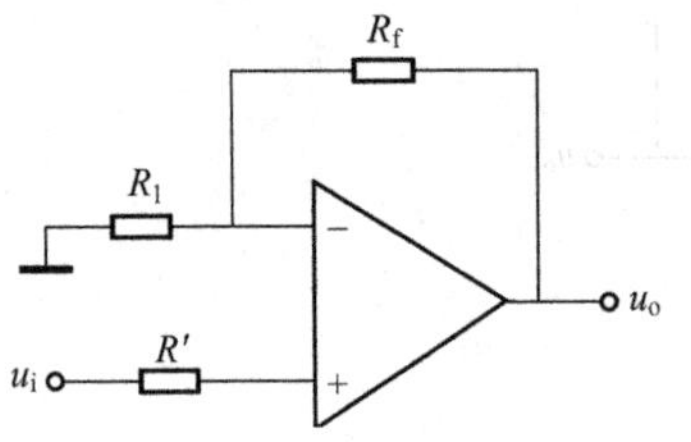

图 2-72　同相比例运算电路

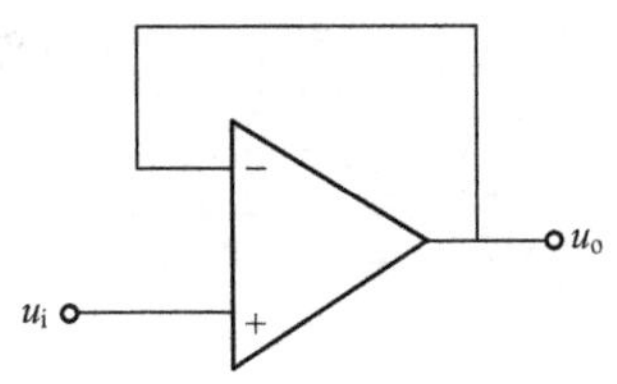

图 2-73　同相电压跟随器

（3）差动比例运算电路

如图 2-74 所示，运放同相输入端和反相输入端同时加入信号，闭环引入负反馈，运放工作在线性区，满足“虚短” 与“虚断”路。也可利用叠加定理来分析，分别计算 u_{i1}、u_{i2} 对输出的贡献 u_{o1} 和 u_{o2}，即反相比例运算电路和同相比例运算电路的叠加。

理论分析得出：

输出 $u_o = u_{o1} + u_{o2} = -\frac{R_{f1}}{R_1}u_{i1} + \left(1+\frac{R_{f1}}{R_1}\right)\frac{R_{f2}}{R_2+R_{f2}}u_{i2}$。

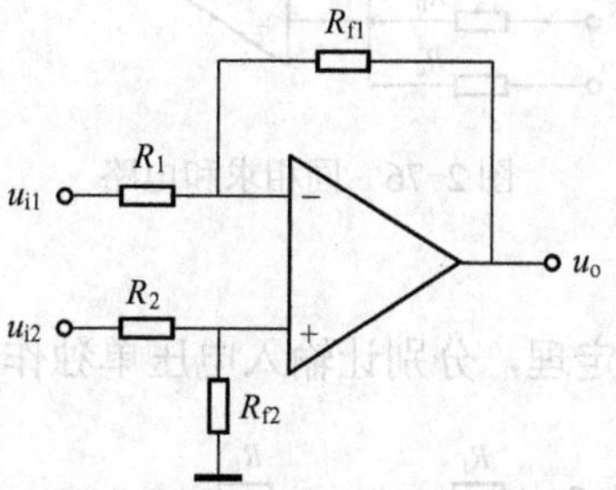

图 2-74　差动比例运算电路

当满足 $R_{f2}/R_2 = R_{f1}/R_1$（通常取 $R_{f2} = R_{f1}$，$R_2 = R_1$）时，有

$$u_o = u_{o1} + u_{o2} = -\frac{R_{f1}}{R_1}(u_{i1} - u_{i2})$$

可以实现输入信号差值的反相比例运算，所以称之为差动比例运算电路。

（4）反相求和电路

如图 2-75 所示，运用叠加定理，理论分析得：

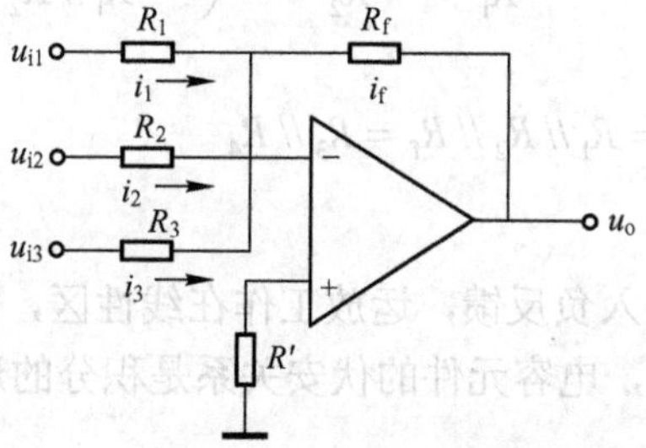

图 2-75　反相求和电路

输出
$$u_o = -\left(\frac{R_f}{R_1}u_{i1} + \frac{R_f}{R_2}u_{i2} + \frac{R_f}{R_3}u_{i3}\right)$$

平衡电阻
$$R' = R_1 // R_2 // R_3 // R_f$$

（5）同相求和电路

如图 2-76 所示，应用叠加定理，理论分析得：

输出
$$u_o = \left(1+\frac{R_f}{R_1}\right)\left(\frac{R_b // R_c}{R_a + R_b // R_c}u_{i1} + \frac{R_a // R_c}{R_b + R_a // R_c}u_{i2} + \frac{R_a // R_b}{R_c + R_a // R_b}u_{i3}\right)$$

平衡电阻
$$R' = R_a // R_b // R_c = R_f // R_1$$

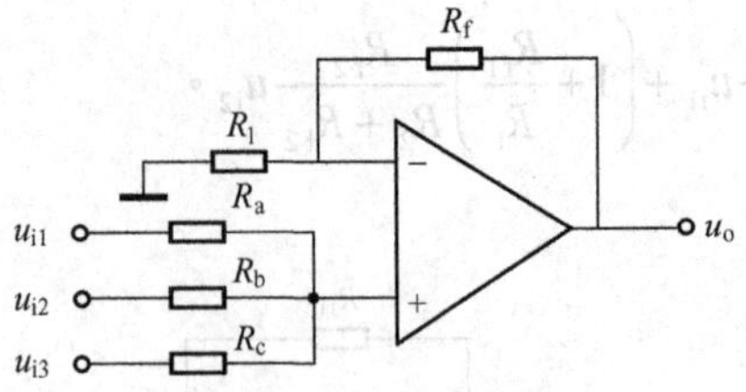

图 2-76　同相求和电路

（6）和差电路

如图 2-77 所示，应用叠加定理，分别让输入电压单独作用，理论分析得：

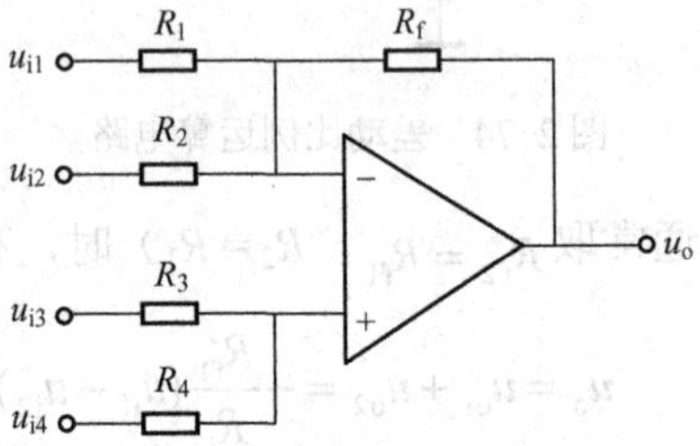

图 2-77　和差电路

输出 $u_o = u_{o1} + u_{o2} + u_{o3} + u_{o4} = -\frac{R_f}{R_1}u_{i1} - \frac{R_f}{R_2}u_{i2} + \left(1 + \frac{R_f}{R_1 // R_2}\right)\left(\frac{R_4}{R_3 + R_4}u_{i3} + \frac{R_3}{R_3 + R_4}u_{i4}\right)$

平衡电阻　　　　$R' = R_1 // R_2 // R_f = R_3 // R_4$

（7）反相积分电路

如图 2-78 所示，闭环引入负反馈，运放工作在线性区，满足“虚短”与“虚断”路。输出通过电容元件反馈到输入，电容元件的伏安关系是积分的形式。

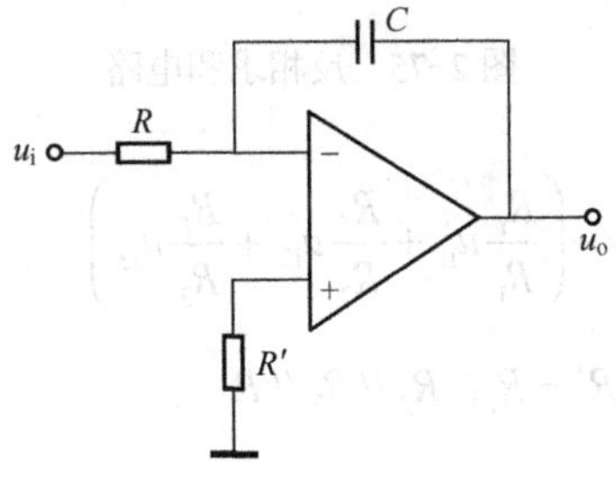

图 2-78　反相积分电路

理论分析得出：

输出 $u_o = -\frac{1}{RC}\int u_i \mathrm{d}t$，说明输出电压与输入电压的积分成正比；　平衡电阻 $R' = R$。

（8）反相微分电路

如图 2-79 所示，闭环引入负反馈，运放工作在线性区，满足“虚短”与“虚断”路。

将积分电路反相输入端电阻与电容的位置互换，就得到微分电路。理论分析得出：

输出 $u_o = -RC\frac{du_i}{dt}$，说明输出电压与输入电压的微分成正比；平衡电阻：$R' = R$。

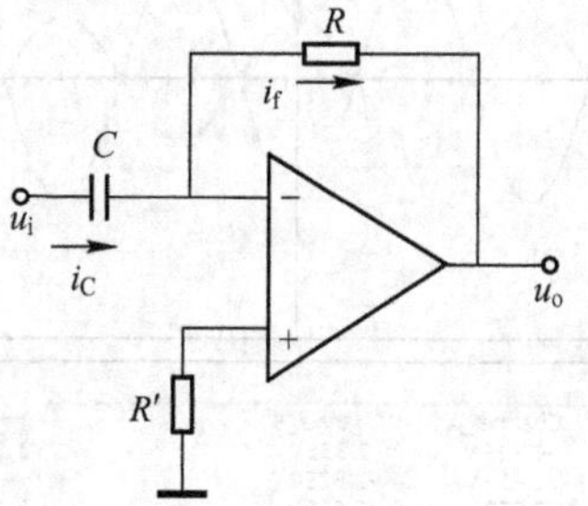

图 2-79 反相微分电路

四、计算机仿真实验内容

1. 反相比例运算电路

1）如图 2-80 所示，在 Multisim 12 平台选择所需元器件及仪器，连接好仿真电路。各元件所在位置如下。

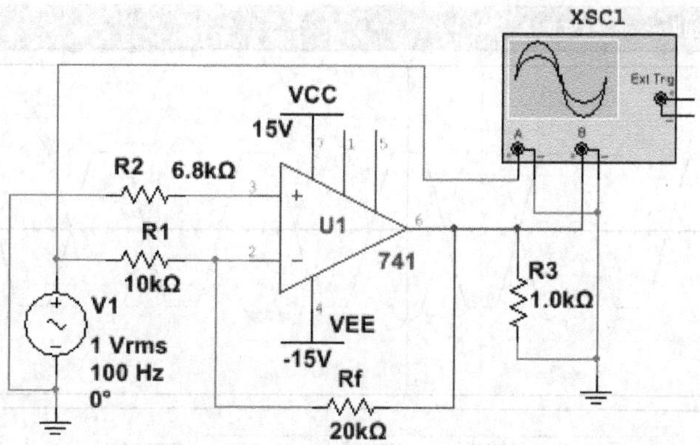

图 2-80 反相比例运算电路

- 运放 741：（Group）Analog→（Family）OPAMP→（Component）741。
- 电阻：（Group）Basic→（Family）RESISTOR。
- 电源 V_{CC}:（Group）Sourses→（Family）POWER_SOURSES→（Component）VCC。
- 电源 V_{EE}:（Group）Sourses→（Family）POWER_SOURSES→（Component）VEE。
- 地 GND:（Group）Sourses→（Family）POWER_SOURSES→（Component）GROUND。
- 交流电压源：（Group）Sourses→（Family）POWER_SOURSES→（Component）AC_POWER。设置电压为 1V，频率为 100Hz。

2）仿真运行，观察示波器波形，如图 2-81 所示，记录仿真数据。

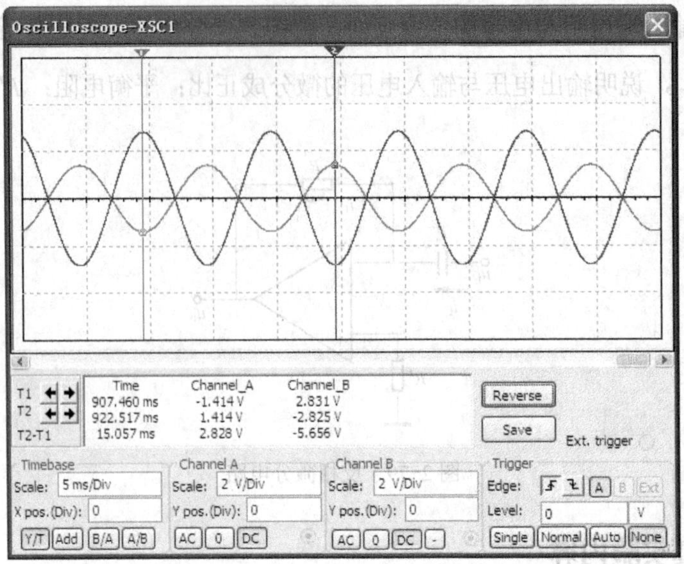

图 2-81　反相比例运算电路输入、输出波形对比

3）双击 AC_POWER 按钮，改变输入信号的有效值，观察输出电压幅度的改变。当输入信号有效值增加为 6V 时，观察输出电压波形，如图 2-82 所示。

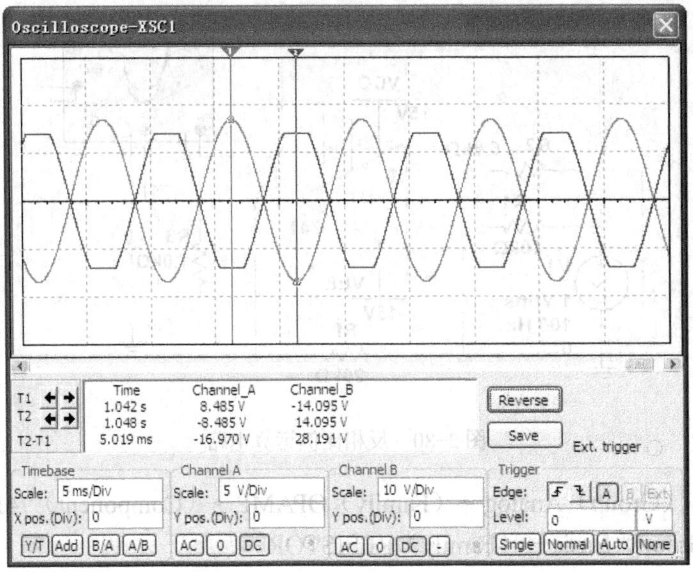

图 2-82　反相比例运算电路输出波形失真

4）改变反馈电阻 R_f 和输入端电阻 R_1 的大小，即改变两个电阻的比值，观察输出电压与输入电压大小的变化，验证反相比例特性。

5）用函数信号发生器替换 AC_POWER，输入交流信号，观察输入电压与输出电压的反相比例关系。

6）用 DC_POWER 替换 AC_POWER，输入直流电压，观察输入电压与输出电压的反相比例关系。

7）调节负载电阻 R_3 的取值，观察输出波形、幅值的变化，当负载阻值偏小时，观察输出波形的失真。

8）记录数据到表 2-52 中，并与理论计算值作比较。

表 2-52　反向比例运算电路数据记录表

信号来源		AC_POWER		函数信号发生器		DC_POWER	
输入电压	U_i/V						
比值系数	R_f/R_1						
输出电压	仿真值 U_o/V						
	理论计算 U_o/V						

2．同相比例运算电路

1）如图 2-83 所示，在 Multisim 12 平台选择所需元器件及仪器，连接好仿真电路。

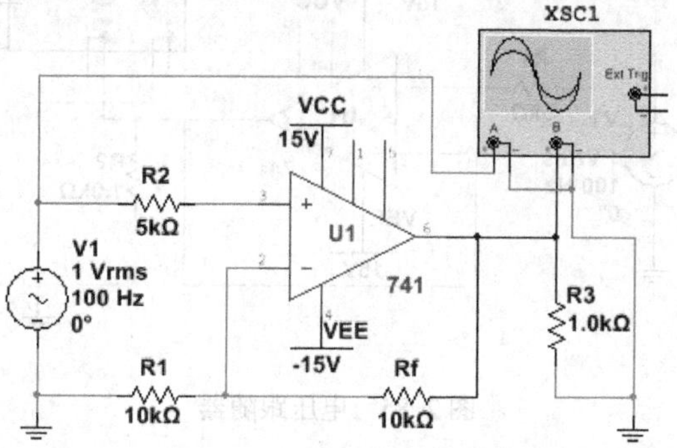

图 2-83　同相比例运算电路

2）仿真运行，观察示波器波形，如图 2-84 所示。

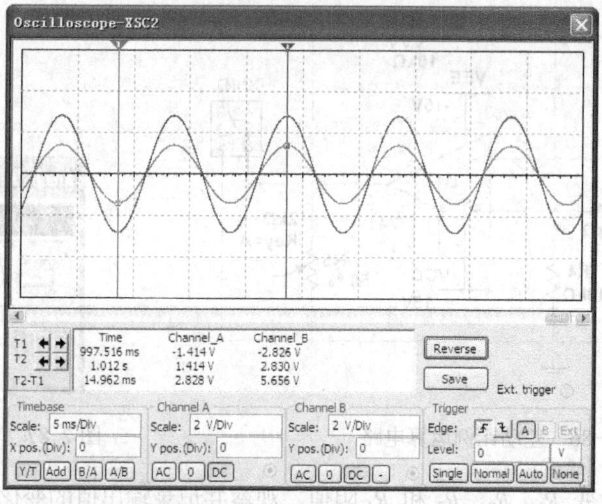

图 2-84　同相比例运算电路输入、输出波形对比

3）重复“反相比例运算电路”仿真步骤。记录数据到表 2-53 中。

表 2-53　同向比例运算电路数据记录表

信号来源		AC_POWER			函数信号发生器			DC_POWER		
输入电压	U_i/V									
比值系数	$1+R_f/R_1$									
输出电压	仿真值 U_o/V									
	理论计算 U_o/V									

4）当 R_1 开路，或 R_f 为 0 时，得到同相电压跟随器，如图 2-85 所示，调整负载电阻 R_2 的值，观察输入、输出电压波形，理解跟随特性。示波器波形完全重叠时，可以通过改变 Y 轴刻度（Scale）或 Y 轴位置（Y position）更好地观测两个波形。

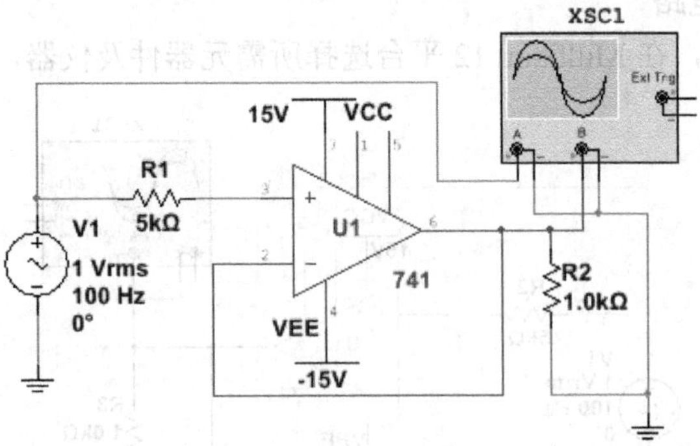

图 2-85　电压跟随器

3．差动比例运算电路

1）如图 2-86 所示，在 Multisim 12 平台选择所需元器件，连接好仿真电路。

2）仿真运行，万用表选择直流电压档，观察读数，如图 2-87 所示，记录数据到表 2-54 中。

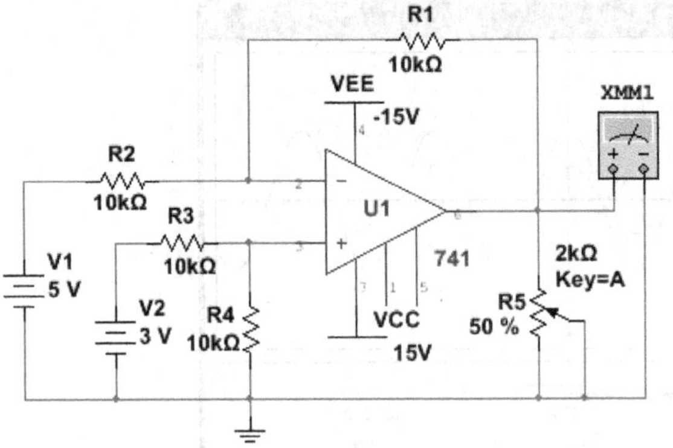

图 2-86　差动比例运算电路

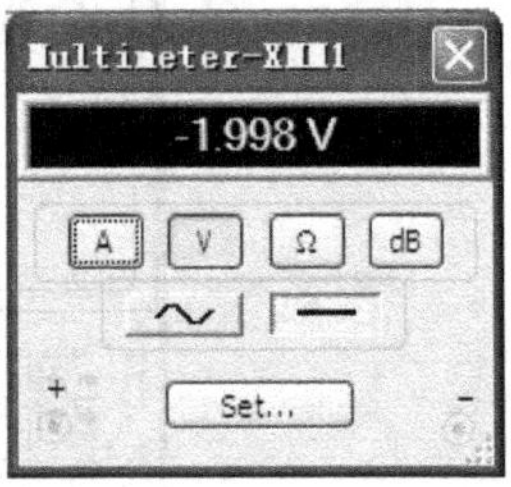

图 2-87　输出端万用表读数

3）按表 2-54 改变 R_1、R_2、R_3 和 R_4 阻值，观察并记录输出值的变化，记录数据到表 2-54 中，与理论计算结果比较。

4）改变输入电压 V_1、V_2 的取值，自拟 R_1、R_2、R_3 和 R_4 阻值，重复步骤 1 和 2，记录数据到表 2-54 中，观察并记录输出值的变化。

表 2-54　差动比例运算电路数据记录表

信号来源		直流电压源（DC_POWER）						交流电压源（AC_POWER）		
输入电压	U_{i1}/V	5	5	5						
	U_{i2}/V	3	3	3						
电阻系数	$R_1=R_4$ / kΩ	10	20	30						
	$R_2=R_3$ / kΩ	10	10	10						
输出电压	仿真输出 U_o/V									
	理论计算 U_o/V									

4．反相求和电路

1）如图 2-88 所示，在 Multisim 12 平台选择所需元器件，连接好仿真电路。

2）仿真运行，观察万用表输出，读取万用表读数为______________。将图 2-88 所示电路参数代入反相求和公式 $U_o=-\left(\frac{R_f}{R_1}U_{i1}+\frac{R_f}{R_2}U_{i2}+\frac{R_f}{R_3}U_{i3}\right)$，应用叠加定理计算反相求和输出电压值为__________________。比较仿真值与理论计算值。

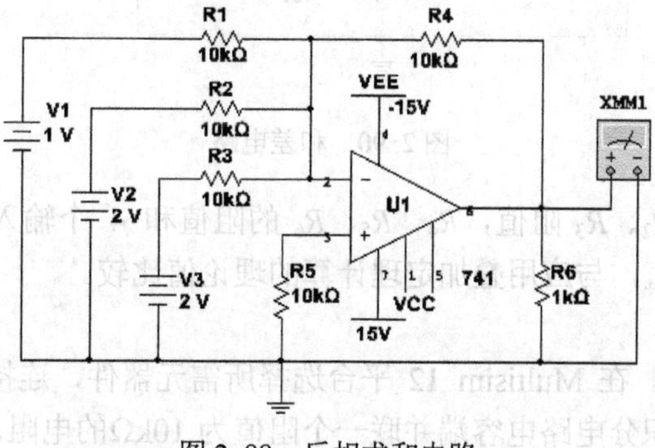

图 2-88　反相求和电路

2）分别改变 R_1、R_2、R_3 和 R_4 阻值和输入电压值，观察万用表输出，记录输出电压仿真值，与应用叠加定理计算的理论值比较。

5．同相求和电路

1）如图 2-89 所示，在 Multisim 12 平台选择所需元器件，连接好仿真电路。

2）仿真运行，观察万用表输出，读取万用表读数为______________。将图 2-89 所示电路参数带入公式，应用叠加定理计算反相求和输出电压值为__________________。比较仿真值与理论计算值。

3）分别改变 R_1、R_2、R_3 阻值，R_4、R_5 的比值和 3 个输入电压值，观察万用表输出，记录输出电压仿真值，与应用叠加定理计算的理论值比较。

6．和差电路

1）如图 2-90 所示，在 Multisim 12 平台选择所需元器件，连接好仿真电路。

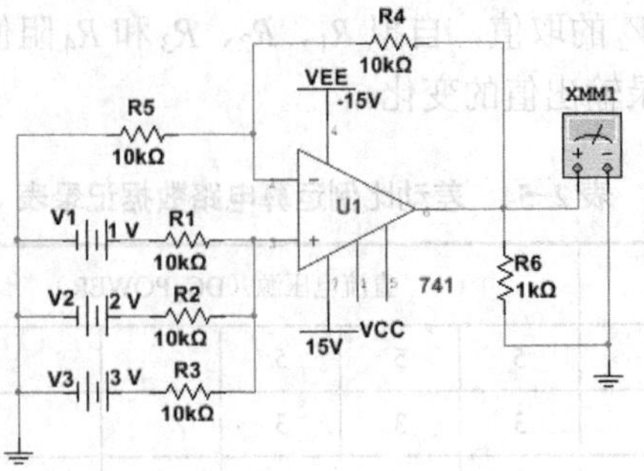

图 2-89　同相求和电路

2）仿真运行，观察万用表输出，读取万用表读数为______________。将图 2-90 所示电路参数代入反相求和公式，应用叠加定理计算反相求和输出电压值为__________________。比较仿真值与理论计算值。

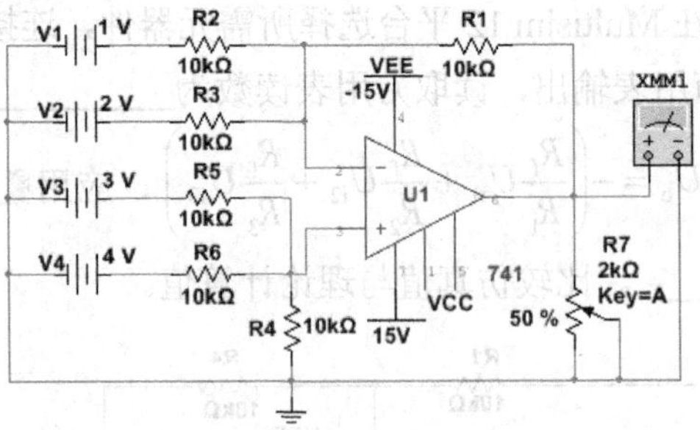

图 2-90　和差电路

3）分别改变 R_1、R_2、R_3 阻值，R_4、R_5、R_6 的阻值和 4 个输入电压值，观察万用表输出，记录输出电压仿真值，与应用叠加定理计算的理论值比较。

7．反相积分电路

1）如图 2-91 所示。在 Multisim 12 平台选择所需元器件，连接好仿真电路。为防止设定频率下增益过高，在积分电路电容端并联一个阻值为 10kΩ的电阻。设置开关 S_1 的 Key 键为“A”，S_2 的 key 键为“B”。

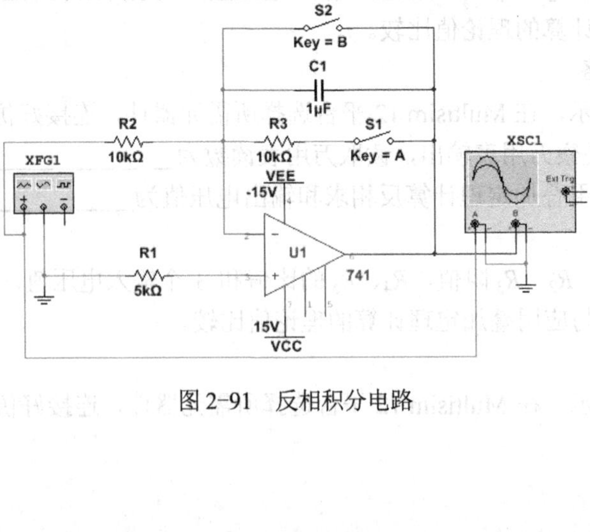

图 2-91　反相积分电路

2）双击函数信号发生器，设定输入信号为方波，频率为 1kHz，占空比为 50%，峰值为 10V；先闭合 S_2，仿真运行，观察示波器输出是否为 0；断开 S_2，观察示波器输出如图 2-92a 所示；闭合 S_1，观察波形变化，如图 2-92b 所示。观察输入输出波形变化，并验证是否满足反相积分运算关系。

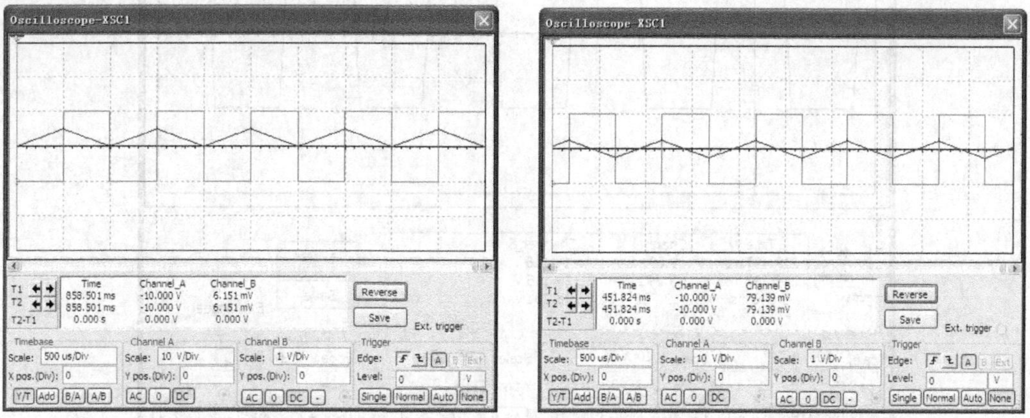

a)　　　　　　　　　　　　　　　　　　b)

图 2-92　反相积分电路输入、输出波形

3）设置 R_2=20kΩ，C_1=1μF，观察输出波形变化；再设置 R_2=10kΩ，C_1=2μF，观察输出波形变化。

4）双击函数信号发生器，将输入波形改为正弦波，仿真运行，观察示波器输入、输出波形，验证是否满足反向积分运算关系。

8．反相微分电路

1）如图 2-93 所示，在 Multisim 12 平台选择所需元器件，连接好仿真电路。

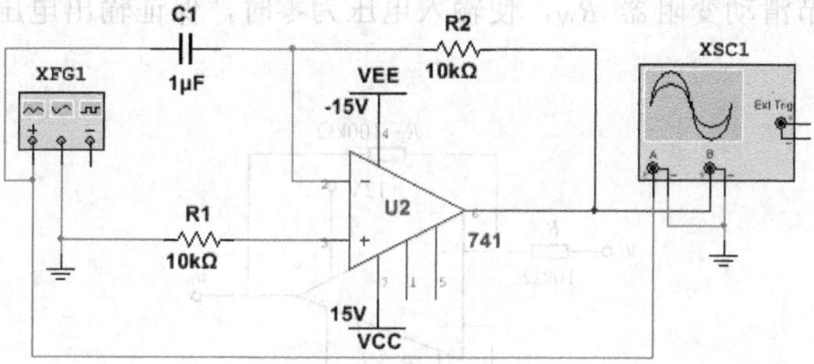

图 2-93　反相微分电路

2）双击函数信号发生器，设定输入信号为三角波，频率为 1kHz，峰值为 10V；仿真运行，观察示波器输出，如图 2-94 所示，观察输入输出波形，验证是否满足反相微分运算关系。

3）设置 R_2=20kΩ，C_1=1μF，观察输出波形变化；再设置 R_2=10kΩ，C_1=2μF，观察输出波形变化。

4）双击函数信号发生器，将输入波形改为正弦波，观察仿真电路，观察示波器输入、输出波形是否满足反向微分运算关系。

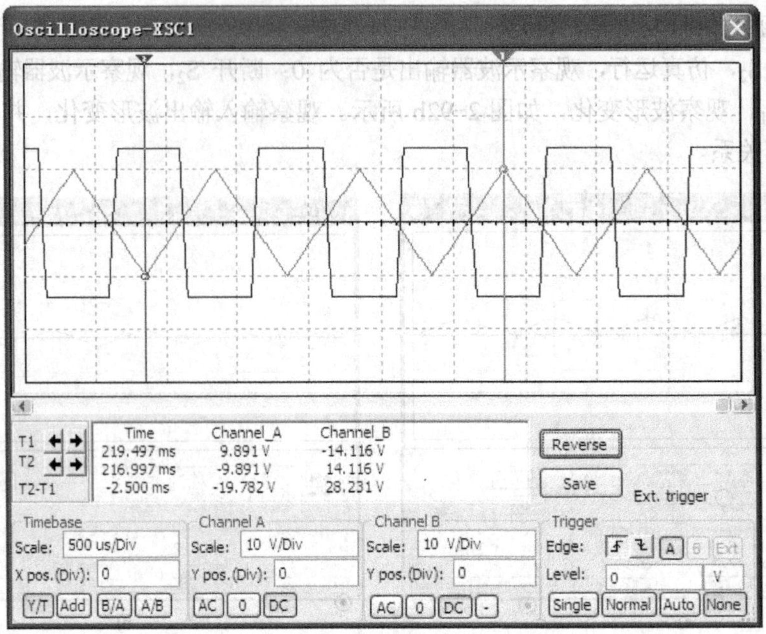

图 2-94　反相微分电路输入、输出波形

五、实验室操作实验内容

在模拟电路实验箱上完成本次实验。实验前要看清楚运放各引脚的位置，切忌正、负电源极性接反和输出端短路，否则将会损坏集成块。

1．反相比例运算电路

1）如图 2-95 连接实验电路，接通±12V 电源，输入端接地，用万用表直流电压档测输出电压，调节滑动变阻器 R_W，使输入电压为零时，保证输出电压也为零，进行调零和消振。

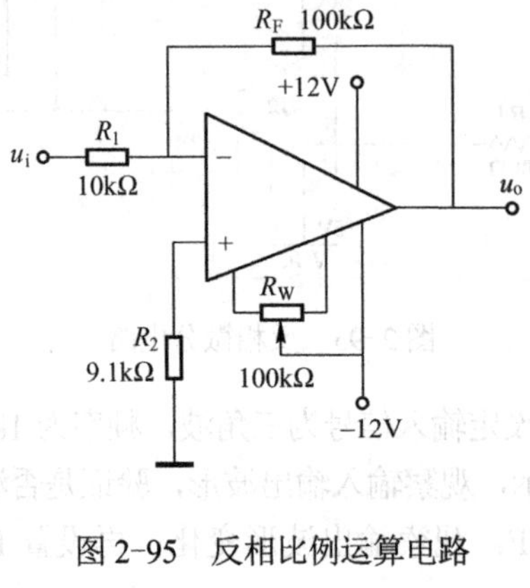

图 2-95　反相比例运算电路

2）输入 u_i 端加入 f=1kHz，$u_{ip\text{-}p}$=1V 的正弦信号，用示波器测量 u_i 和 u_o，比较它们的相位关系，记录数据到表 2-55 中。

表 2-55　反相比例运算电路记录表　　U_{ip-p}=1V，f=1kHz

	电压值/V	波形	A_u	
			实测值	计算值
U_{ip-p}				
U_{op-p}				

2．同相比例运算电路

1）如图 2-96a 连接电路，接通±12V 电源，输入端接地，进行调零和消振。

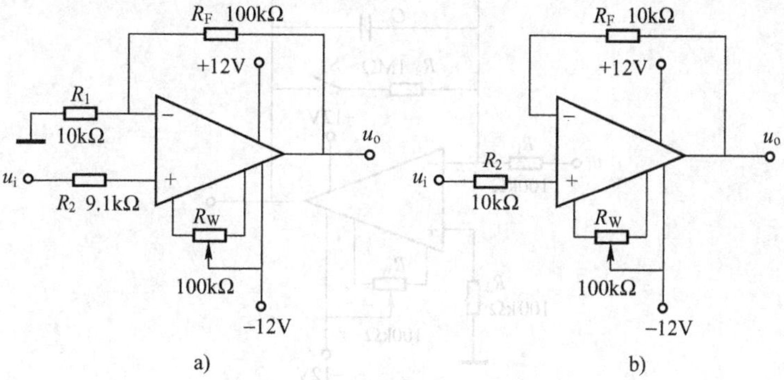

图 2-96　同相比例运算电路

a) 同相比例运算电路　b) 电压跟随器

2）输入 u_i 端加入 f=1kHz，u_{ip-p}=1V 的正弦信号，用示波器测量 u_i 和 u_o，比较它们的相位关系，记录数据到表 2-56 中。

表 2-56　同相比例运算电路记录表　　U_{ip-p}=1V，f=1kHz

	电压值/V	波形	A_u	
			实测值	计算值
U_{ip-p}				
U_{op-p}				

3）如图 2-96b 连接电路组成电压跟随器，实验步骤同 1 和 2，记录数据到表 2-57 中。

表 2-57　电压跟随器实验记录表　　U_{ip-p}=1V，f=1kHz

	电压值/V	波形	A_u	
			实测值	计算值
U_{ip-p}				
U_{op-p}				

3．反相加法运算电路

设计一反相加法运算电路，实现 $u_o=-(2u_{i1}+5u_{i2})$，加直流输入信号 u_{i1}、u_{i2}（数值自定，但要保证运放工作在线性区），测量输入电压 u_{i1}、u_{i2} 及输出电压 u_o 并记录。

六、减法运算电路

设计一减法运算电路，实现$u_o = -10$（$u_{i1}-u_{i2}$），加直流输入信号 u_{i1}、u_{i2}（数值自定，但要保证运放工作在线性区），测量输入电压 u_{i1}、u_{i2} 及输出电压 u_o 并记录。

七、积分运算电路

1）如图 2-97 连接实验电路，C 取 10μF，接通±12V 电源。

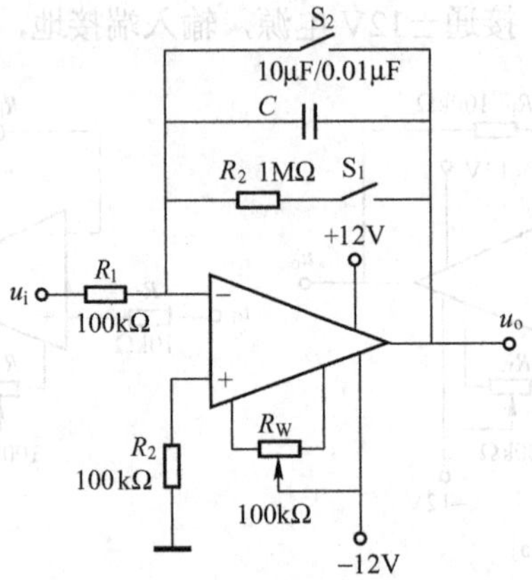

图 2-97 积分运算电路

2）输入端接地，断开 S_2，闭合 S_1，对运放输出进行调零。

3）调零完成后，再断开 S_1，闭合 S_2，使电容放电 $u_c(0)=0$。

4）预先调好直流输入电压 u_i =1V，接入实验电路，再断开 S_2，然后用数字万用表测量输出电压 u_o，每隔 5 秒读一次 u_o 数值，记录数据到表 2-58 中，直到 U_o 不继续明显增大为止。

表 2-58 积分运算电路数据记录表

t/s	0	5	10	15	20	25	30	……
U_o/V								

5）将电容值由 10μF 改为 0.010μF，重复实验步骤 2～4，观察输出电压 U_o 的变化，理解电容充电时间常数 τ 的作用。

6）保持电容为 0.010μF，在输入端加入频率 $f=100$Hz，高电平为 250mV，低电平为-250mV 的方波，用示波器观察并记录输入、输出波形，得出输入方波经积分后输出的波形。充分理解积分电路的作用。

八、思考题

1．集成运算放大器工作时，为什么运放的两个输入端要求对称？接入平衡电阻的作用是什么？

2．集成运算放大器工作时，输出值会随着输入值一直增大吗？

3．集成运放运算前为什么要连接成闭环状态调零？可否将反馈支路电阻 R_f 开路调零？

4．实用积分电路中，跨接在电容两端的电阻 R_2 起什么作用？如果不接 R_2 会产生什么影响？

5．计算积分、微分电路中的时间常数。

实验 2.7 集成运算放大器应用（Ⅱ）—— 电压比较器

一、实验目的

1．学习应用 Multisim 12 仿真分析集成运算放大器组成的电压比较器电路。

2．掌握电压比较器的结构与特点。

3．掌握电压传输特性的测试方法。

4．了解比较器在电路设计中的应用。

二、实验设备及材料

1．装有 Multisim 12 的计算机。

2．函数信号发生器。

3．双通道示波器。

4．数字万用表。

5．模拟电路实验箱。

6．μA741 芯片。

7．电阻元件若干。

三、实验原理

电压比较器是用来判断输入信号电压相对大小。比较器的输出信号只有两种状态：一种是高电平输出 U_{omax}，另一种是低电平输出 U_{omin}。由集成运放组成的电压比较器通常工作在非线性区，开环或者闭环引入正反馈。多数情况下，比较器有两个输入端和一个输出端。其中一个输入端通常接固定不变的电压，称为参考电压，而另一个输入端则接变化的输入信号。

图 2-98a 所示为一最简单的电压比较器，U_R 为参考电压，加在运放的同相输入端，输入电压 u_i 加在反相输入端。

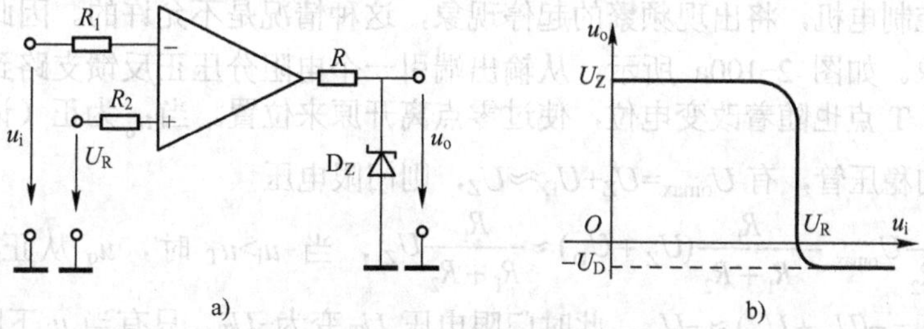

图 2-98 电压比较器

a) 电路图 b) 传输特性

当 $u_i < U_R$ 时，运放输出高电平，稳压二极管 D_Z 反向稳压工作。输出端电位被其箝位在稳压管的稳定电压 U_z，即 $u_o=U_z$；

当 $u_i > U_R$ 时，运放输出低电平，D_z 正向导通，输出电压等于稳压二极管的正向压降 U_D，实际输出电压方向比零电位低，即 $u_o=-U_D$。

因此，以 U_R 为界，当输入电压 u_i 变化时，输出电压反映出两种状态，高电位和低电位。输出电压 u_o 从一个电平跳到另一个电平时，对应的输入电压 u_i 称为门限电压或阈值电压，用 U_T 表示。

传输特性表示输出电压与输入电压之间关系的特性曲线，如图 2-98b 所示。由图可知，门限电压为 U_R。

常用的电压比较器有单限比较器、滞回比较器、双限比较器（又称窗口比较器）等。当单限比较器的参考电压值为零时，称为过零比较器；滞回比较器的一个输入端接地，则称具有滞回特性的过零比较器。

1．过零比较器

如图 2-99a 所示，为加限幅的过零比较器，D_Z 为限幅稳压二极管。输入信号 u_i 从反相输入端输入，参考电压从同相端输入，值为零。当 $u_i>0$ 时，输出电压 $u_o=-(U_Z+U_D)$；当 $u_i<0$ 时，输出电压 $u_o=+(U_Z+U_D)$。电压传输特性如图 2-99b 所示。

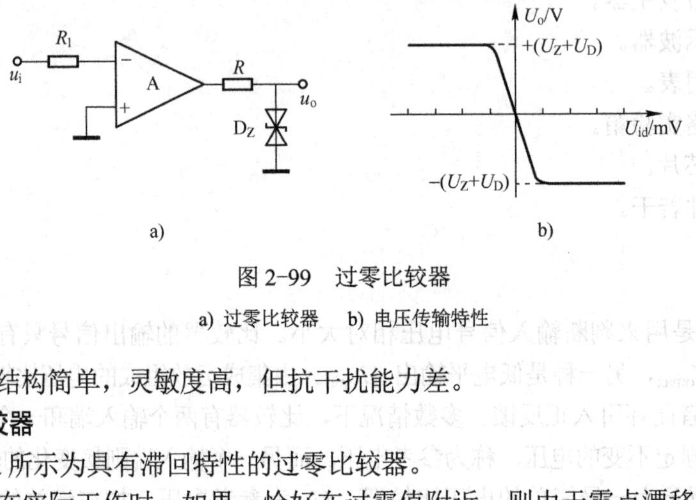

图 2-99　过零比较器

a) 过零比较器　b) 电压传输特性

过零比较器结构简单，灵敏度高，但抗干扰能力差。

2．滞回比较器

如图 2-100a 所示为具有滞回特性的过零比较器。

过零比较器在实际工作时，如果 u_i 恰好在过零值附近，则由于零点漂移的存在，u_o 将不断由一个极限值转化到另一个极限值，这在控制系统中，对执行机构是很不利的。如果用这个输出电压去控制电机，将出现频繁的起停现象，这种情况是不允许的。因此就需要输出特性具有滞回现象。如图 2-100a 所示，从输出端引一个电阻分压正反馈支路到同相输入端，若 u_o 改变状态，T 点也随着改变电位，使过零点离开原来位置。当 u_o 为正（记作 U_{omax}），由于输出端接双向稳压管，有 $U_{omax}=U_Z+U_D\approx U_Z$，则门限电压

$U_T=\dfrac{R_1}{R_1+R_2}U_{omax}=\dfrac{R_1}{R_1+R_2}(U_Z+U_D)\approx\dfrac{R_1}{R_1+R_2}U_Z$，当 $u_i>u_T$ 时，u_o 从正变成负（记作 U_{omin}），有 $U_{omin}=-(U_Z+U_D)\approx -U_Z$，此时门限电压 U_T 变为 $-U_T$。只有当 u_i 下降到 $-U_T$ 以下，才能使 u_o 输出为 U_{omax}。

滞回传输特性如图 2-100b 所示。上门限电压为 U_T，下门限电压为 $-U_T$，$-U_T$ 和 U_T 之差

称为回差，改变 R_1 的取值可以改变回差的大小。

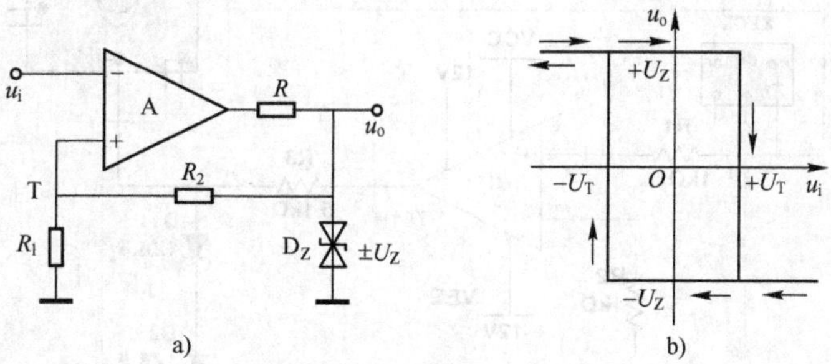

图 2-100 滞回比较器

3．窗口（双限）比较器

简单的比较器仅能鉴别 u_i 比参考电压 U_R 高或低的情况，窗口比较电路由两个简单比较器组成，如图 2-101 所示，它能指示出 u_i 值是否处于 U_R^+ 或 U_R^- 之间。如果 $U_R^- < u_i < U_R^+$，窗口比较器的输出电压 U_o 为高电平 U_{omax}；如果 $u_i < U_R^-$ 或 $u_i > U_R^+$，则输出电压 U_o 为低电平 $-U_{omax}$。

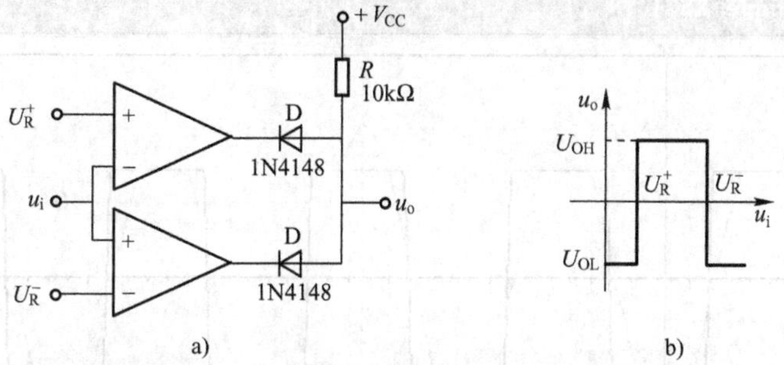

图 2-101 由两个简单比较器组成的窗口比较器

a) 电路图 b) 传输特性

四、计算机仿真实验内容

1．过零比较器

1）在 Multisim 12 元件库中，调用元件，画出如图 2-102 所示的仿真电路图。其中双向稳压二极管由两个普通稳压二极管组合得到，单击 Multisim 12 平台工具栏中的二极管图标，在弹出的对话框中的单击 ZENER 按钮，再选择 1Z6.8。

2）给运放接入±12V 电源，注意 4 脚接负电源，7 脚接正电源。首先断开函数信号发生器，使 741 同相输入端悬空，用示波器测量输入、输出电压值，并记录到表 2-59 中。

表 2-59 同相输入端悬空时的输出

	同相输入端输入电压	运放输出电压（不接双向稳压管）	运放输出电压（接双向稳压管）
仿真值			
实验值			

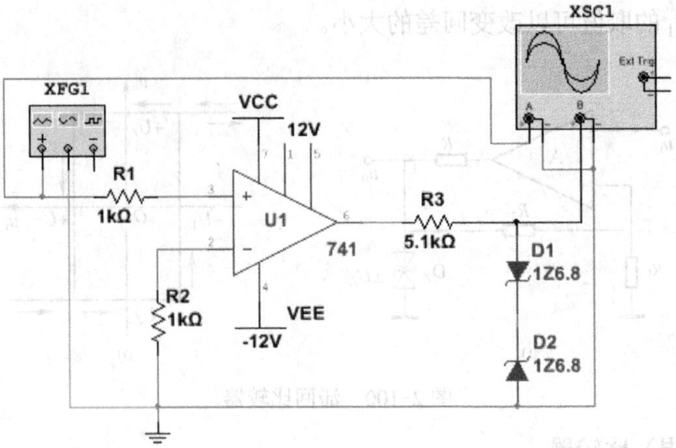

图 2-102　过零比较器

3）将函数信号发生器接入 741 同相输入端，设置输入信号频率为 1kHz，峰值为 2V 的正弦波。仿真运行，观察示波器输入、输出波形如图 2-103 所示。

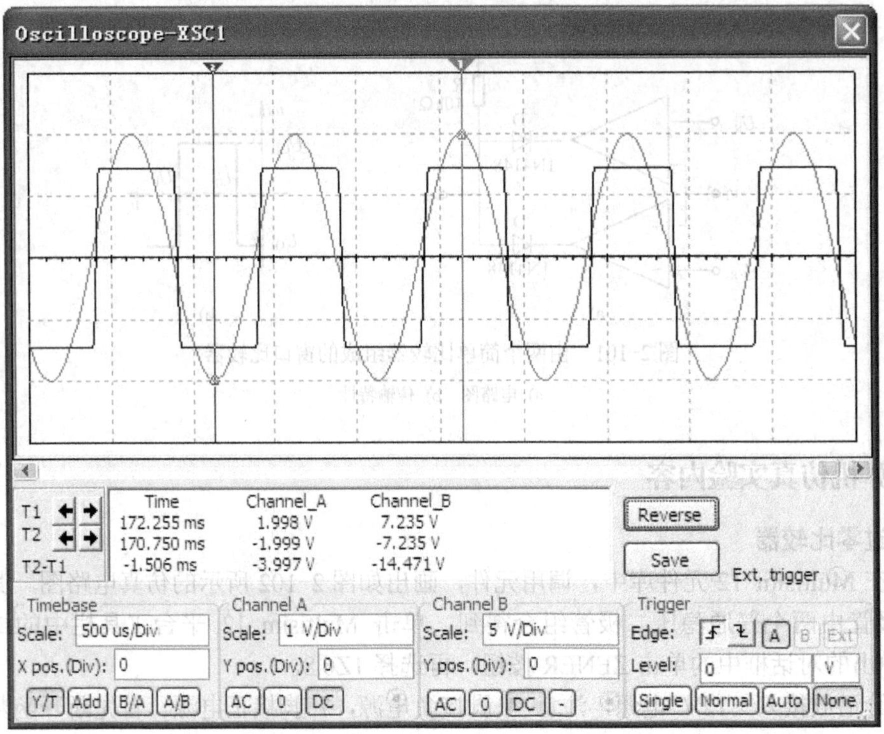

图 2-103　过零比较器的输入、输出波形

4）用示波器直接观察电压传输特性曲线，如图 2-104 所示。具体步骤为：针对图 2-103 的输入、输出波形，单击 Y/T Add B/A A/B 中的 B/A 按钮，表示输入信号 A 通道作为 X 轴，输出信号 B 通道作为 Y 轴，与电路的传输特性坐标相同，可用来直接测量传输特性曲线。

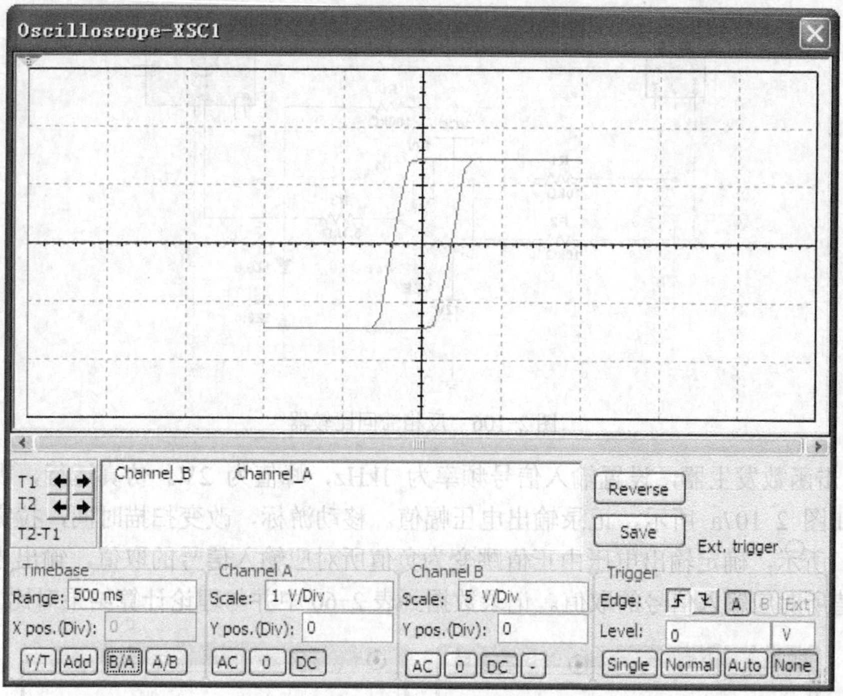

图 2-104 过零比较器的仿真测试传输特性曲线

5）改变输入信号幅度，观察输出信号变化，手动作出电压传输的特性曲线如图 2-105 所示，确定传输特性曲线上 $\pm U_{OM}$ 的取值。与图 2-104 比较，说明轨迹稍有不同的原因。

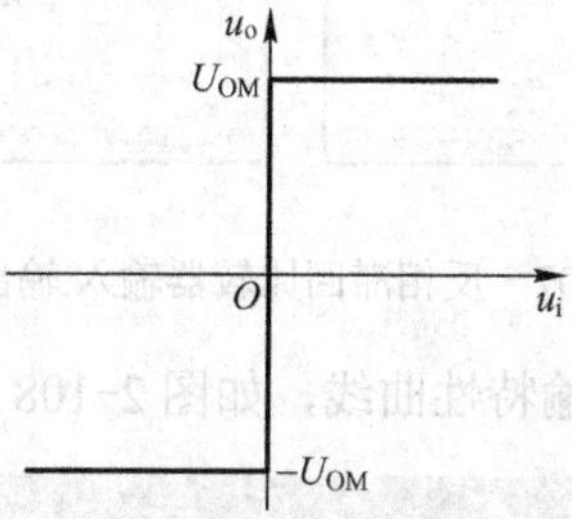

图 2-105 电压传输特性曲线

6）改变图 2-102 电路输入端的接法，使同相输入端接地，反相输入端输入信号，重复上述实验步骤 2）～5），绘出输入、输出波形和电压传输特性，观察比较两次实验结果的不同，体会同相过零比较器与反相过零比较器的差别。

7）设计一个基准为 2V 的电压比较器，要求画出仿真电路，并测出传输特性曲线。

2．反相滞回比较器

1）如图 2-106 所示，在 Multisim 12 元件库中，调用元件，画出仿真电路图。信号从运放反相输入端输入，同相输入端接地，在输出端与同相输入端引入正反馈电阻 R_f。

2）将电路参数代入公式，计算出上门限电压理论值 U_T、下门限电压 $-U_T$ 和回差电压，记录数据到表 2-60 中。

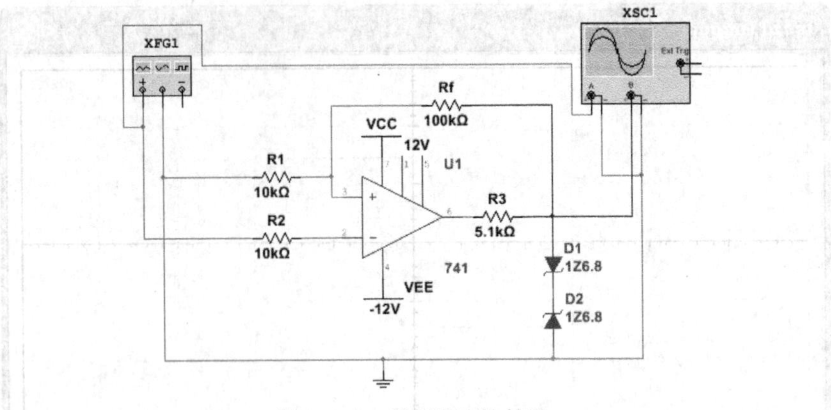

图 2-106　反相滞回比较器

3）单击函数发生器，设置输入信号频率为 1kHz，峰值为 2V。仿真运行，观察示波器输出波形如图 2-107a 所示，记录输出电压幅值。移动游标，改变扫描时间，拉宽波形，如图 2-107b 所示，确定输出电压由正值跳变为负值所对应输入信号的取值，输出电压由负值跳变为正值所对应输入信号的取值。记录数据到表 2-60 中并与理论计算结果对比。

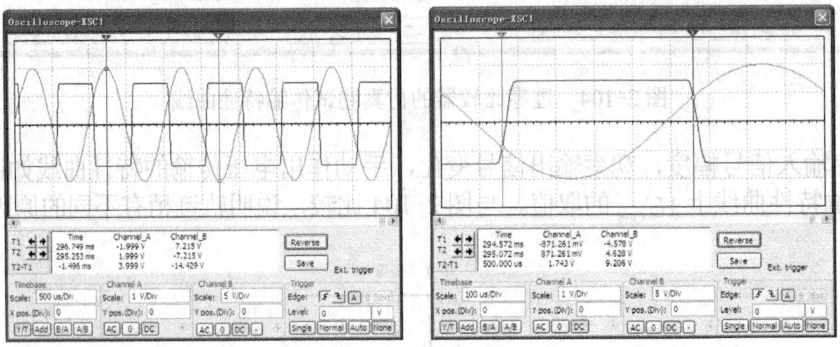

a)　　b)

图 2-107　反相滞回比较器输入.输出波形

4）用示波器直接观察电压传输特性曲线，如图 2-108 所示。

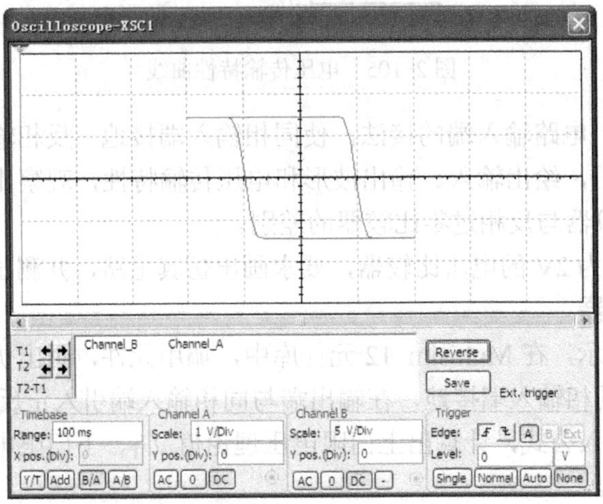

图 2-108　反相滞回比较器的仿真测试传输特性曲线

5）为了更清楚地确定回差电压，将输入电压通过电路连接成为可变的直流电压，电路中接入电压表测量 741 两个输入端电压和输出电压，具体电路如图 2-109 所示。

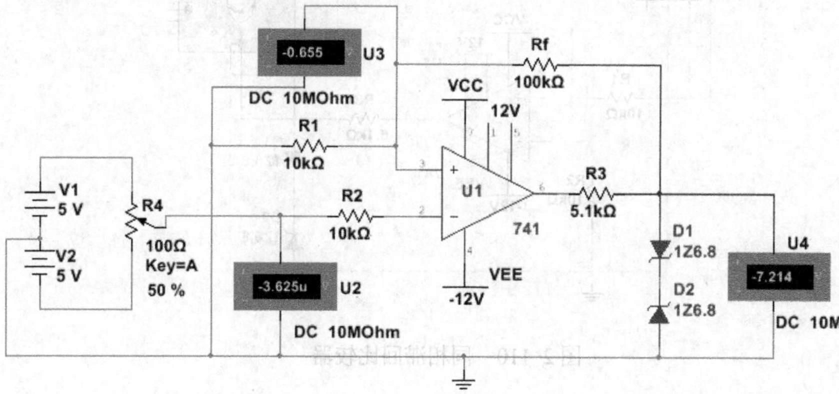

图 2-109　输入直流电压的反相滞回比较器

6）双击滑动变阻器图标，在弹出的对话框的"Value"→"Increment"栏中将 5%改为 1%，位置保持 50%。

7）仿真运行，观察运放输入与输出电压值。如图 2-109 所示，输入小于零值为-3.625μV，则输出电压值-7.214V，U3 表的读数为-0.655V。

8）按快捷键〈A〉，使滑动变阻器阻值按 1%比例不断增加，当从 56%增加到 57%时，输出跳变为+7.214V。若想进一步确定跳变准确值，可在滑动到 56%之后，改变"Value"→"Increment"栏中变化百分比，使变化为 0.1%，得到更准确 U_o 从 $-U_{om} \rightarrow U_{om}$ 时 U_i 的临界值，记录数据到表 2-60 中。

9）输出为正向最大值时，滑动变阻器回到 50%的位置，按快捷键〈Shift+A〉，使滑动变阻器阻值按 1%不断减少，当从 43%减小到 42%时，输出跳变为-7.214V。若想进一步确定跳变准确值，可在滑动到 43%之后，改变"Value"→"Increment"栏中变化百分比，使变化为 0.1%，得到更准确 U_o 从 $-U_{om} \rightarrow U_{om}$ 时 U_i 的临界值，记录数据到表 2-60 中。并计算回差电压及误差值。

表 2-60　反相滞回比较器数据记录表

	$U_{om} \rightarrow -U_{om}$ 上门限电压 U_T	$-U_{om} \rightarrow U_{om}$ 下门限电压 $-U_T$	回差电压 ΔU	回差电压与理论值误差
理论计算值				/
仿真输入正弦波信号				
仿真输入直流可调信号				
实验室测量值				

10）改变输入正弦波信号幅度，观察输出信号变化，手动作出电压传输的特性曲线。

3．同相滞回比较器

1）仿真电路如图 2-110 所示，在 Multisim 12 元件库中，调用元件，画出仿真电路图。信号从运放同相输入端输入，反相输入端接地，输出端与同相输入端接入电阻 R_f，引入正反馈。

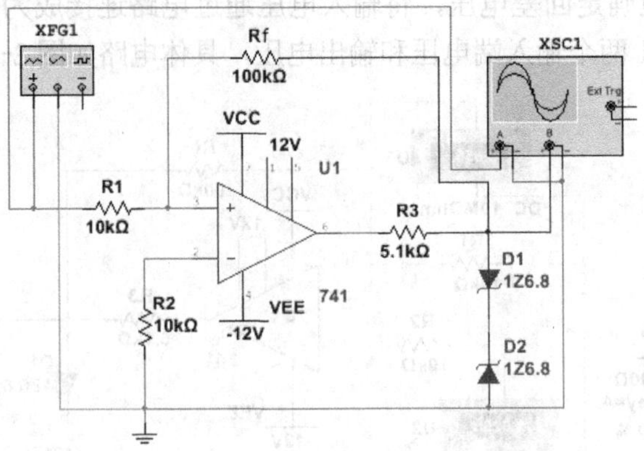

图 2-110　同相滞回比较器

2）仿真步骤与反相滞回比较器相同，确定回差电压，记录数据到表 2-61 中。

3）改变输入正弦波信号幅度，观察输出信号变化，作出电压传输特性曲线。

表 2-61　同相滞回比较器数据记录表

	$U_{om}\to -U_{om}$ 上门限电压 U_T	$-U_{om}\to U_{om}$ 下门限电压 $-U_T$	回差电压 ΔU	回差电压与理论值误差
理论计算				/
仿真输入正弦波信号				
仿真输入直流可调信号				
实验室测量				

4．窗口比较器

1）在 Multisim 12 元件库中，调用元件，画出如图 2-111 所示的仿真电路图。

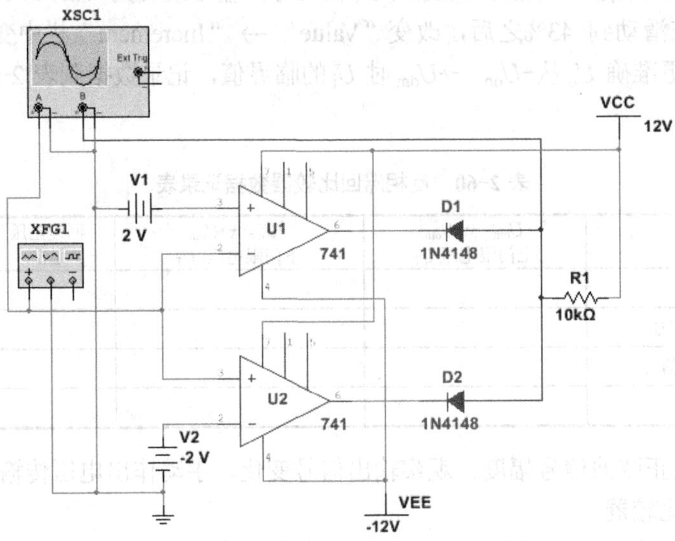

图 2-111　窗口比较器

2）单击函数发生器，设置输入信号频率为 100Hz，峰值为 5V。运算放大器 U1 的同相输入端加入 2V 直流电源，运算放大器 U2 的反相输入端加入-2V 直流电源。

3）仿真运行，观测输入、输出波形如图 2-112a 所示，记录输出电压幅值。移动游标，改变时间灵敏度，拉宽波形，如图 2-112b 所示，确定输出电压由正值跳变为负值所对应输入信号的大小，输出电压由负值跳变为正值所对应输入信号的大小。

4）用示波器直接观察电压传输特性曲线。

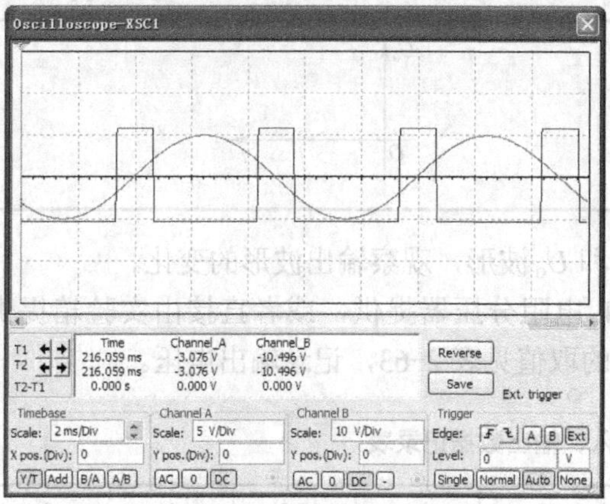

a)

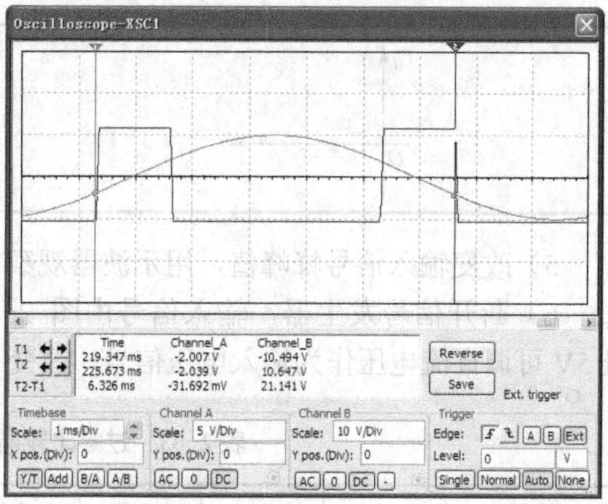

b)

图 2-112　窗口比较器的输入、输出波形

5）重复实验“反相滞回比较器”中步骤 5）～9），准确测量输出跳变时，对应的输入电压。

6）根据测量结果，手动绘出电压传输特性曲线。

7）改变输入运算放大器的门限值，即改变运算放大器 U1 的同相输入端的直流电源和运算放大器 U2 的反相输入端的直流电源，重复实验步骤 2）～6），绘出新的电压传输特性曲线。

8）比较两次实验所得的传输特性曲线，理解窗口比较器的工作原理。

五、实验室操作实验内容

1. 过零比较器

1）如图 2-113 所示，在模拟电路实验箱上连接电路，接通±12V 电源。

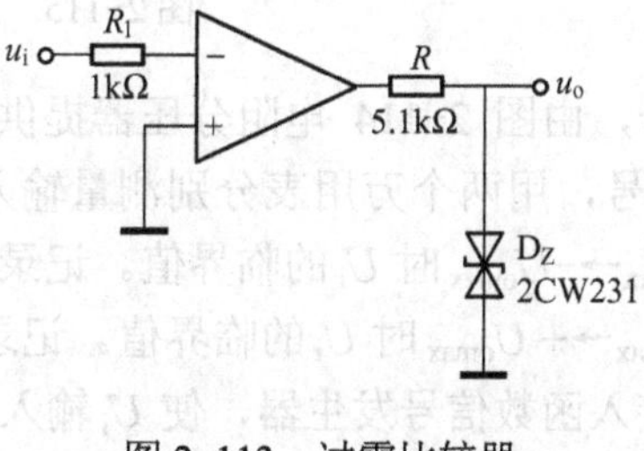

图 2-113　过零比较器

2）测量 U_i 未输入信号悬空时的 U_o 值，记录数据到表 2-59 中。

3）接入信号发生器，使 U_i 输入 1kHz，峰峰值为 2V 的正弦信号，用示波器观察 U_i 和 U_o 波形并记录到表 2-62 中。

4）用示波器直接观察电压传输特性曲线，具体步骤为：单击“MENU”按钮，将时基改为“X-Y”方式，可直接观察传输特性曲线

表 2-62　过零比较器 U_i 和 U_o 波形记录表　　f=1kHz，$u_{ip\text{-}p}$=2V

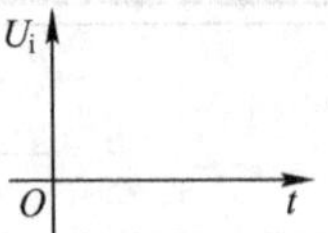	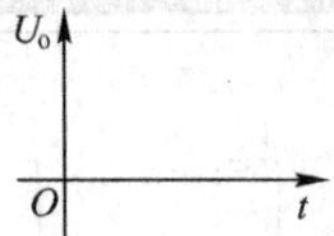

5）改变输入信号峰峰值，用示波器观察 U_i 和 U_o 波形，观察输出波形的变化。

6）断开信号发生器，输入信号由图 2-114 电阻分压器提供，或者直接由实验箱提供±5V 可调直流电压作为输入电压信号，改变 U_i 的取值见表 2-63，记录输出电压。

表 2-63　过零比较器输入、输出数据记录表

U_i/V	-2	-1	-0.5	-0.1	0	0.1	0.5	1	2
U_o/V									

7）根据步骤 6）的结果绘出传输特性曲线，与示波器直接观察特性曲线作比较。

2．反相滞回比较器

1）如图 2-115 所示，在模拟电路实验箱上连接电路，接通±12V 电源。

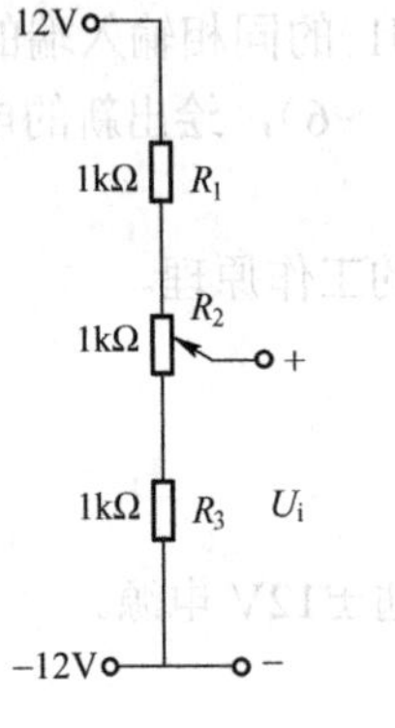

图 2-114　电阻分压器

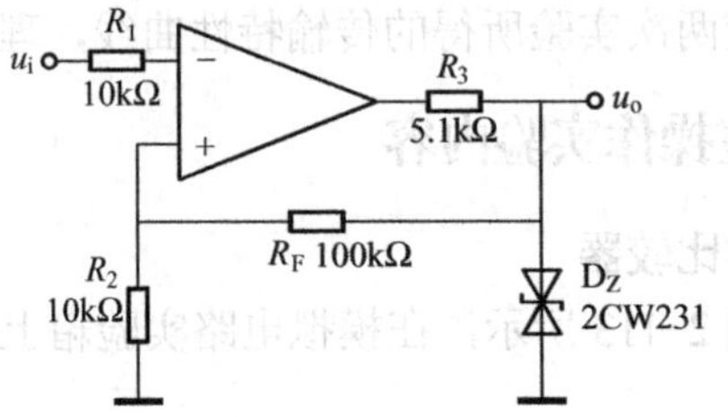

图 2-115　反相滞回比较器

2）输入可调直流电压信号，由图 2-114 电阻分压器提供，或者直接由实验箱提供±5V 可调直流电压作为输入电压信号，用两个万用表分别测量输入、输出电压，测出当输入从-5V～+5V 变化时，U_o 由+U_{omax}→-U_{omax} 时 U_i 的临界值。记录数据到表 2-60 中。

3）同上，测出 U_o 由-U_{omax}→+U_{omax} 时 U_i 的临界值。记录数据到表 2-60 中。

4）断开直流输入信号，接入函数信号发生器，使 U_i 输入为 1kHz，峰峰值为 2V 的正弦

信号，观察并记录 U_i 和 U_o 波形。

5）用示波器直接观察电压传输特性曲线。

6）将反馈支路 R_f 电阻由 100kΩ改为 200kΩ，重复实验步骤 2）～5），测量传输特性。

3．同相滞回比较器

1）如图 2-116 所示，在模拟电路实验箱上连接电路，接通±12V 电源。

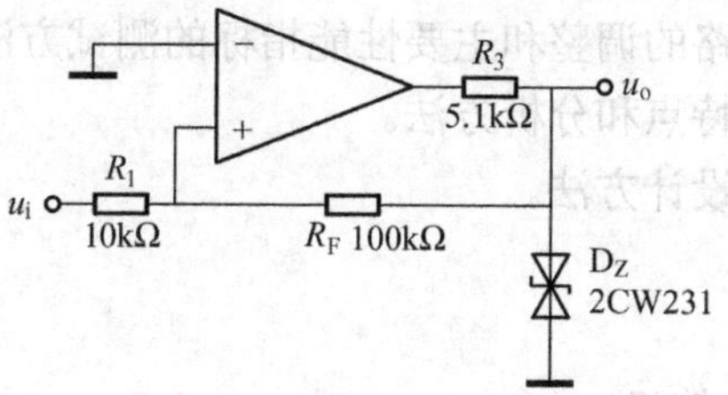

图 2-116　同相滞回比较器

2）参照“反相滞回比较器”的实验步骤，自拟实验方法。记录数据到表 2-61 中。

3）根据测量结果绘出传输特性曲线，与示波器直接观察特性曲线作比较。

4）将结果与“反相滞回比较器”进行比较。

4．窗口比较器

1）如图 2-101 所示，在实验箱上连接电路，接通±12V 电源。

2）U_R^+、U_R^-、U_i 由图 2-114 电阻分压器或者实验箱的连续可调直流电源提供，使 U_R^+ 为 2V，U_R^- 为-2V，U_i 为-5V～+5V 可调直流电压。

3）用万用表测量输入、输出电压，观察输出跳变时对应的临界输入，记录数据到表 2-64 中。

表 2-64　窗口比较器输入、输出数据记录表

U_i/V	−5	−4	−3	−2	−1	0	1	2	3	4	5
U_o/V											

4）根据上述实验结果绘出传输特性曲线，与示波器直接观察的特性曲线作比较。

六、思考题

1．由集成运算放大器构成电压比较器需要调零和消振吗？

2．集成运算放大器构成电压比较器时工作在线形区还是非线性区？

3．电压比较器工作时，若将示波器的输出方式改为 X-Y 方式，能否在示波器上直接得到电压传输特性？

4．对于本实验中的所有电压比较器，若输入信号为三角波，输出波形会有变化吗？回差电压如何计算？

5．若将图 2-101 窗口比较器的电压传输特性曲线高、低电平对调，应如何改动比较器电路。

实验 2.8 集成运算放大器应用（Ⅲ）——波形发生电路

一、实验目的

1. 学习应用 Multisim 12 仿真分析集成运放构成正弦波、方波和三角波发生电路。
2. 学习波形信号发生电路的调整和主要性能指标的测试方法。
3. 掌握波形发生电路的特点和分析方法。
4. 熟悉波形发生电路的设计方法。

二、实验设备及材料

1. 装有 Multisim 12 的计算机。
2. 函数信号发生器。
3. 双通道示波器。
4. 数字万用表。
5. 模拟电路实验箱。
6. 电阻、电容若干。

三、实验原理

由集成运放构成的正弦波、方波和三角波发生器有多种形式，本实验选用最常用的，比较简单的几种电路加以分析。

1. RC 桥式正弦波振荡电路（文氏电桥振荡电路）

RC 桥式正弦波振荡电路又称文氏电桥振荡电路，是一种较好的正弦波产生电路，通常用来产生频率小于 1MHz 的低频信号。

图 2-117 所示电路为 RC 桥式正弦波振荡电路。其中 RC 串、并联电路构成正反馈支路，

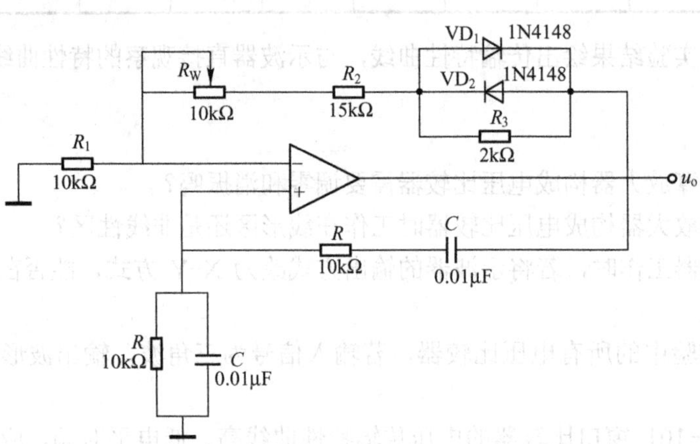

图 2-117 RC 桥式正弦波振荡电路

同时兼作选频网络，R_1、R_2、R_W 及二极管等元件构成负反馈和稳幅环节。调节电位器 R_W，可以改变负反馈深度，以满足振荡的振幅条件和改善波形。利用两个反向并联二极管 VD_1、VD_2 正向电阻的非线性特性来实现稳幅。VD_1、VD_2 采用硅管（温度稳定性好），且要求特性匹配，才能保证输出波形正、负半周对称。R_3 的接入是为了削弱二极管非线性的影响，以改善波形失真。

电路的振荡频率：$f_0 = \dfrac{1}{2\pi RC}$

起振的幅值条件：$\dfrac{R_f}{R_1} \geqslant 2$

$$R_f = R_W + R_2 + (R_3 // r_D)$$

式中，r_D ——二极管正向导通电阻。

调反馈电阻 R_f（调 R_W）使电路起振，且波形失真最小。如不能起振，则说明负反馈太强，应适当加大 R_W。如波形严重失真，则应适当减小 R_W。

改变选频网络的参数 R 或者 C，即可调节振荡频率。一般采用改变电容 C 作频率量程切换，而调节 R 作量程内的频率细调。

2. 三角波—方波发生电路

图 2-118 所示电路为三角波—方波发生电路，是把滞回比较器和积分器首尾相接形成正反馈闭环系统。比较器 A_1 输出的方波经积分器 A_2 积分可得到三角波，三角波又触发比较器自动翻转形成方波，即比较器 A_1 输出方波，积分器 A_2 输出三角波，波形如图 2-119 所示。由于采用运放组成的积分电路，因此可实现恒流充电，使三角波线性大大改善。

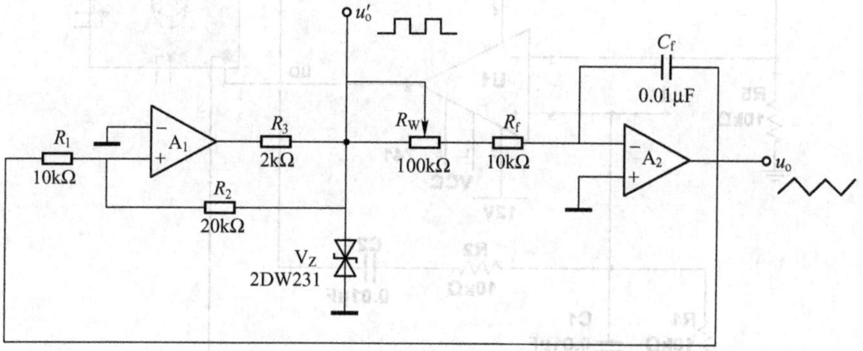

图 2-118　三角波—方波发生电路

电路振荡频率：

$$f_0 = \frac{R_2}{4R_1(R_f + R_W)C_f}$$

方波幅值：

$$U'_{om} = \pm U_Z$$

三角波幅值：

$$U_{om} = \frac{R_1}{R_2} U_Z$$

调节 R_W 可以改变振荡频率，改变比值 $\dfrac{R_1}{R_2}$ 可调节三角波的幅值。

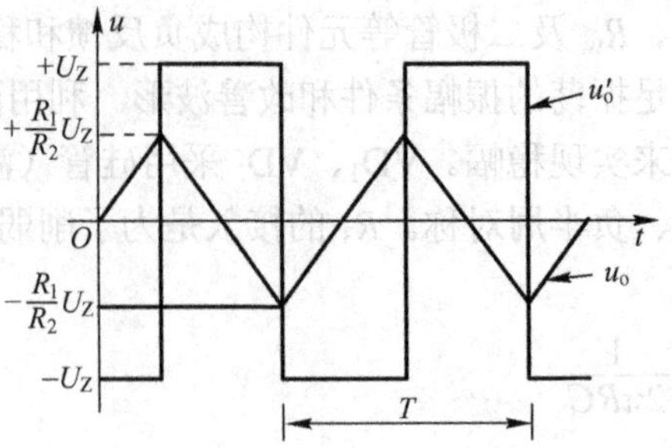

图 2-119　三角波、方波发生器输出波形图

四、计算机仿真实验内容

1. RC 桥式正弦波振荡电路（文氏电桥振荡电路）

1）如图 2-120 所示，在 Multisim 12 元件库中，调用元件，画出仿真电路图。选择“Place”→“Junction”命令在同相输入端放置节点；选择“Place”→“Text”命令，在文本框中输入“ui”和“uo”，便于分辨和观察信号。

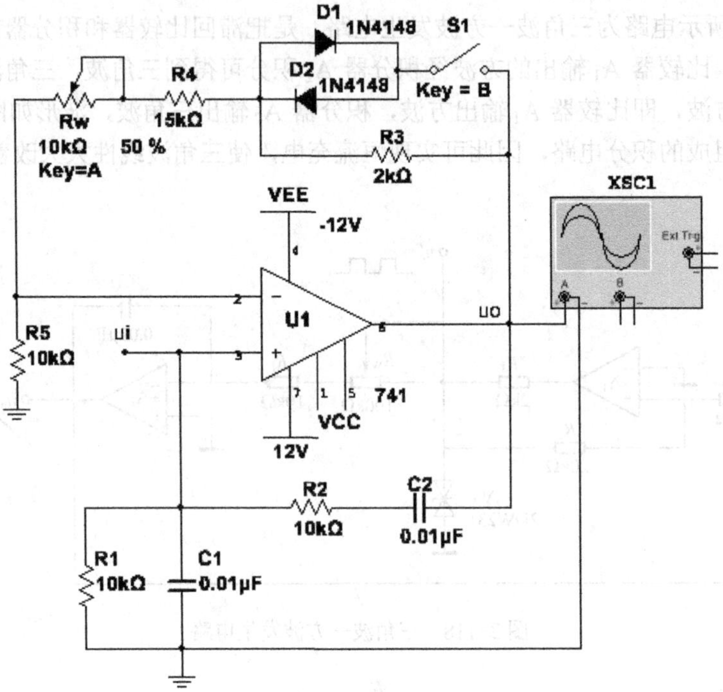

图 2-120　RC 桥式正弦波振荡电路

2）双击电位器 R_W 图标，将弹出的对话框 Value 中的 Increment 栏改为 0.1%，将开关 S_1 的 Key 栏改为 B。

3）将电位器 R_W 值调至最小，闭合 S_1 启动仿真，用示波器观察有无正弦波的输出。若无输出，可从小到大调节 R_W 使得输出波形从无到有。当恰好出现振荡波形即临界起振波形时，记录此时 R_W 取值及运放的输出波形。

4）然后继续增大电位器 R_W 阻值，在增大的过程中可做适当微调，直至输出波形为稳定不失真的正弦波，记录 R_W 取值及运放的输出波形；用示波器 B 通道测量此时运算放大器同相输入端波形，即 RC 选频网络的正反馈输入波形，同时观测输入与输出波形，分析相位、幅值关系，记录数据并计算反馈系数 $F=\dfrac{U_{f(+)}}{U_O}$。

5）继续增大 R_W 阻值，直至恰好出现失真波形，记录此时的 R_W 取值及运放的输出波形。

6）用示波器测量振荡频率 f_0，与理论计算值比较。

7）断开 S_1，即断开 VD_1、VD_2，重复上述步骤 3）～6），记录数据与波形，将测试结果与 S_1 闭合时比较，分析 VD_1、VD_2 的稳幅作用。

8）将图 2-120 中 R_1 和 R_2 阻值改为 20kΩ，保持电容值不变，重复上述步骤 3）～7），记录数据与波形，将测试结果与 R_1 和 R_2 取 10kΩ时比较，分析阻值改变对电路的影响。

9）将图 2-120 中 C_1、C_2 的值改为 0.02μF，保持电阻值不变，重复上述步骤 3）～7），记录数据与波形，将测试结果与 C_1 和 C_2 取 0.01μF 时比较，分析电容值改变对电路的影响。

2. 三角波—方波发生电路

1）如图 2-121 所示，在 Multisim 12 元件库中，调用元件，画出仿真电路图。其中双向稳压管仍由两个普通稳压二级管组合得到。选择“Place”→“Junction”命令放置节点，选择“Place”→“Text”命令在文本框中输入“uo1”和“uo2”，便于分辨和观察信号。

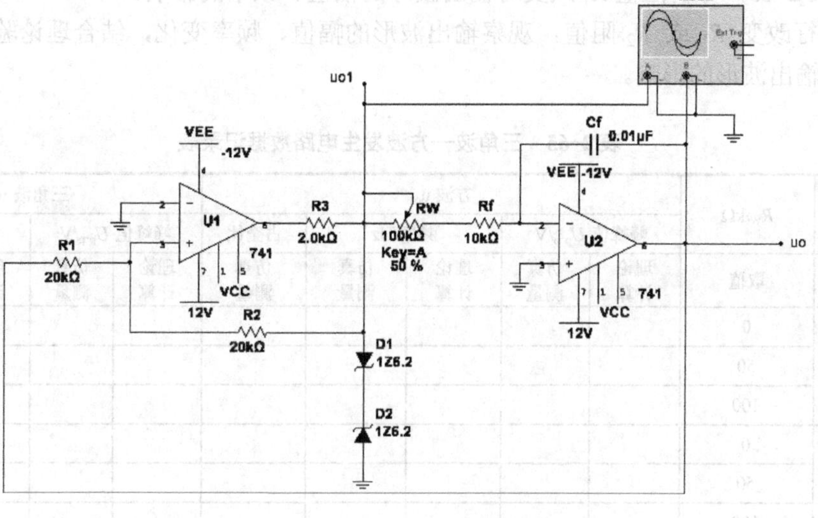

图 2-121　三角波—方波发生电路

2）将电位器 R_W 置中间位置，仿真运行，用示波器观察并记录方波 u_{o1} 和三角波 u_o 的波形，如图 2-122 所示，测量其峰峰值、频率和方波的占空比，记录数据到表 2-65 中。测量数据的方法可以采用示波器直接读取数据，也可选择采用实验 2.2“单管放大电路”中介绍的探针测量法。

3）将电位器 R_W 按表 2-65 取值，分别仿真运行，观察记录方波 u_{o1} 和三角波 u_o 的波形，测量其峰峰值、频率和方波的占空比，记录数据到表 2-65 中。观察电位器 R_W 变化对频率的影响，计算其频率变化范围。

4）根据电路工作原理，将参数代入理论计算公式，记录数据到表 2-65 中，比较理论计算与实际测量结果。

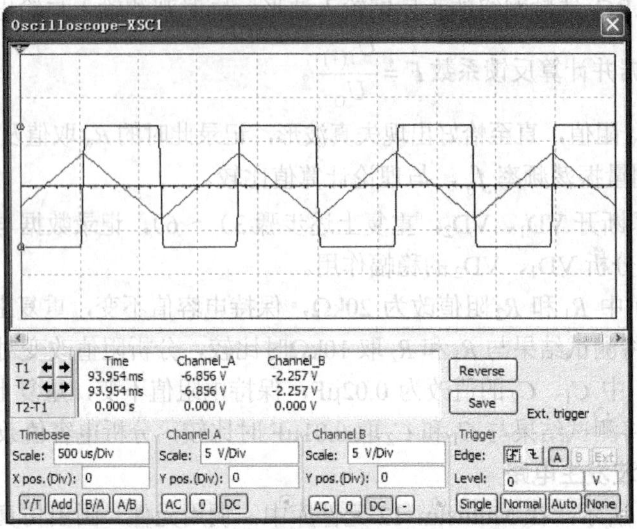

图 2-122　三角波—方波发生电路输出波形

5）将运放 U1 同相输入端电阻 R_1 阻值增大一倍，变为 20kΩ，重复实验步骤 2～4，记录数据到表 2-65，分析阻值 R_1 改变对输出波形的幅值、频率的影响。

6）自行改变 R_1 或 R_2 阻值，观察输出波形的幅值、频率变化，结合理论验证改变阻值 R_1 或 R_2 对输出波形的影响。

表 2-65　三角波—方波发生电路数据记录表

R_1/kΩ	R_W/kΩ	方波 u_{o1}					三角波 uo			
		峰峰值 $U_{p\text{-}p}$/V		频率/Hz		占空比	峰峰值 $U_{p\text{-}p}$/V		频率/Hz	
取值	取值	理论计算	仿真测量	理论计算	仿真测量	仿真测量	理论计算	仿真测量	理论计算	仿真测量
10	0									
	50									
	100									
20	0									
	50									
	100									

五、实验室操作实验内容

1．RC 桥式正弦波振荡电路（文氏电桥振荡电路）

1）实验电路如图 2-117 所示，在模拟电路实验箱上连接电路，接通±12V 电源。

2）将 R_W 电位器旋至最小，用示波器观察有无正弦波的输出。若无输出，则逐渐增大电位器，使波形从无到有，从正弦波到出现失真。描绘 u_o 的波形，记下临界起振、正弦波输出

及失真情况下的 R_W 值，分析负反馈强弱对起振条件及输出波形的影响。

3）调节电位器 R_W，使输出电压 U_o 幅值最大且不失真，用示波器分别测量输出电压 U_o、反馈电压 $U+$和 $U-$，分析研究振荡的幅值条件。

4）用示波器或频率计测量振荡频率 f_0，然后在选频网络的两个电阻 R 上并联同一阻值电阻，观察记录振荡频率的变化情况，并与理论值进行比较。

5）断开二极管 VD_1、VD_2，重复上述步骤 2 的内容，将测试结果与步骤 2）进行比较，分析 VD_1、VD_2 的稳幅作用。

2. 三角波和方波发生器

1）实验电路如图 2-118 所示，在模拟电路实验箱上连接电路，接通±12V 电源。

2）将电位器 R_W 调至合适位置，用双通道示波器观察记录方波 U'_o 及三角波 U_o 的波形，测其幅值、频率及 R_W 值。

3）改变 R_W 的位置，观察对 U_o、U'_o，幅值及频率的影响。

4）改变 R_1(或 R_2)，观察对 U_o、U'_o 幅值及频率的影响。

六、思考题

1. 为什么在文氏电桥振荡电路中要引入负反馈支路？
2. 文氏电桥振荡电路中的两个二极管是如何起到稳幅作用的，为什么要在二极管两端并联一个电阻？
3. 分析三角波—方波发生电路参数变化（R_1、R_2 和 R_w）对输出波形频率及幅值的影响？
4. 在波形发生器各电路中，“相位补偿”和“调零”是否需要？为什么？
5. 怎样测量非正弦波的幅值？

实验 2.9 集成运算放大器应用（IV）——有源滤波器

一、实验目的

1. 学会利用 Multisim 12 仿真分析由运算放大器组成的 RC 有源滤波器。
2. 掌握由运算放大器组成的 RC 有源滤波器的工作原理、电路结构和基本性能。
3. 学会运用理论知识计算满足一定设计要求的元件参数。
4. 掌握有源滤波器基本参数的测量方法。
5. 熟悉应用 Multisim 12 软件高级分析功能的使用方法。

二、实验设备及材料

1. 装有 Multisim 12 的计算机。
2. 函数信号发生器。
3. 双通道示波器。
4. 数字万用表。
5. 模拟电路实验箱。
6. 电阻、电容若干。

三、实验原理

有源滤波器实际上是一种具有特定频率响应的放大器。它是在运算放大器的基础上增加一些 R、C 等无源元件而构成的。与无源滤波器相比，具有体积小、重量轻、质量高、成本低等优点，被广泛应用于通信、测量及控制系统等领域。根据工作信号的频率范围，有源滤波器通常分为低通滤波器（LPF）、高通滤波器（HPF）、带通滤波器（BPF）和带阻滤波器（BEF）四种类型。它们的幅频特性曲线如图 2-123 所示。

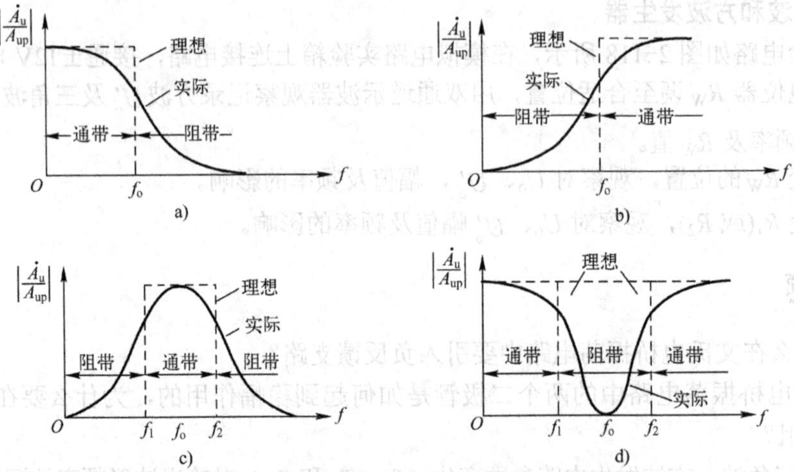

图 2-123　四种滤波器的频率特性示意图

a) 低通　b) 高通　c) 带通　d) 带阻

具有理想幅频特性的滤波器是很难实现的，只能用实际的幅频特性去逼近理想的情况。图 2-123 中每个特性曲线均分为通带和阻带两部分，在通带和阻带之间都有过渡带，过渡带越窄，过渡带幅频特性曲线衰减斜率的值越大，则电路的选择性越好，滤波特性越理想。

1. 低通滤波器（LPF）

低通滤波器是用来通过低频信号，衰减或抑制高频信号的。

图 2-124a 所示为典型的二阶有源低通滤波器电路图。它由两级 RC 滤波环节与同相比例运放组成，其中第一级电容 C 接至输出端，引入适量的正反馈，以改善幅频特性。图 2-124b 为二阶低通滤波器的幅频特性曲线。

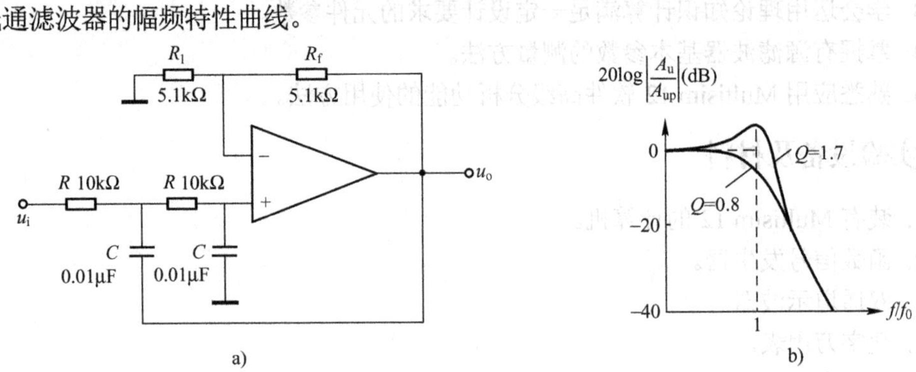

图 2-124　二阶低通滤波器

a) 电路图　b) 幅频特性

电路性能参数如下：

1）二阶低通滤波器的通带增益：$A_{up}=1+\dfrac{R_f}{R_1}$；

2）截止频率：　$f_o=\dfrac{1}{2\pi RC}$，它是二阶低通滤波器通带与阻带的界限频率；

3）品质因数：　$Q=\dfrac{1}{3-A_{up}}$，它的大小影响低通滤波器在截止频率处幅频特性的形状。

2. 高通滤波器（HPF）

高通滤波器是用来通过高频信号，衰减或抑制低频信号的。

只要将图 2-124a 低通滤波器中起滤波作用的电阻、电容互换，即可变成二阶高通滤波器，如图 2-125a 所示。高通滤波器与低通滤波器相反，其频率响应和低通滤波器是“镜象”关系，仿照 LPF 分析方法，不难求得 HPF 的幅频特性。图 2-125b 为二阶高通滤波器的幅频特性曲线，可见，它与二阶低通滤波器的幅频特性曲线有“镜象”关系。

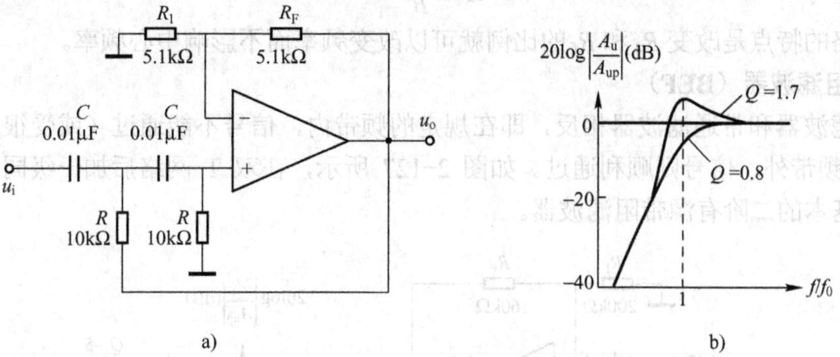

图 2-125　二阶高通滤波器

a) 电路图　b) 幅频特性

电路性能参数如下：

1）二阶高通滤波器的通带增益：$A_{up}=1+\dfrac{R_f}{R_1}$；

2）截止频率：　$f_o=\dfrac{1}{2\pi RC}$，它是二阶高通滤波器通带与阻带的界限频率；

3）品质因数：　$Q=\dfrac{1}{3-A_{up}}$，它的大小影响高通滤波器在截止频率处幅频特性的形状。

3. 带通滤波器（BPF）

带通滤波器的作用是只允许某一个通频带范围内的信号通过，比通频带下限频率低的和比上限频率高的信号均加以衰减和抑制。

典型带通滤波器可以从二阶低通滤波器中将其中一级改成高通而成。如图 2-126a 所示。

电路性能参数如下：

1）二阶带通滤波器的通带增益：$A_{up}=\dfrac{R_4+R_f}{R_4R_1CB}$；

2）中心频率：　$f_0=\dfrac{1}{2\pi}\sqrt{\dfrac{1}{R_2C^2}\left(\dfrac{1}{R_1}+\dfrac{1}{R_3}\right)}$；

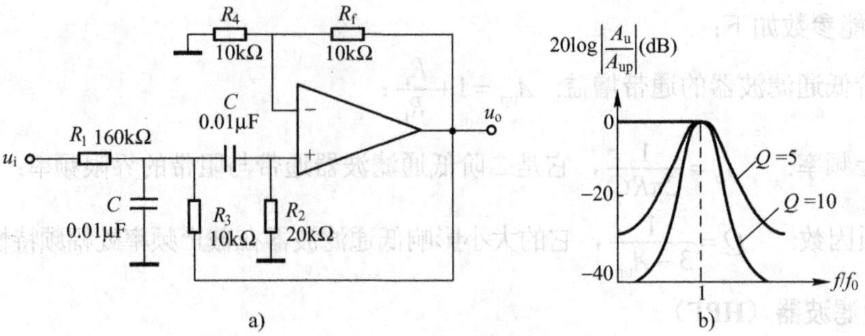

图 2-126　二阶带通滤波器

a) 电路图　b) 幅频特性

3）通带宽度：　$B=\dfrac{1}{C}\left(\dfrac{1}{R_1}+\dfrac{2}{R_2}-\dfrac{R_f}{R_3R_4}\right)$；

4）品质因数：　$Q=\dfrac{\omega_0}{B}$。

此电路的特点是改变 R_4 和 R_f 的比例就可以改变频率而不影响中心频率。

4. 带阻滤波器（BEF）

带阻滤波器和带通滤波器相反，即在规定的频带内，信号不能通过（或受很大衰减或抑制），而在频带外，信号则顺利通过。如图 2-127 所示，在双 T 网络后加一级同相比例运算就构成了基本的二阶有源带阻滤波器。

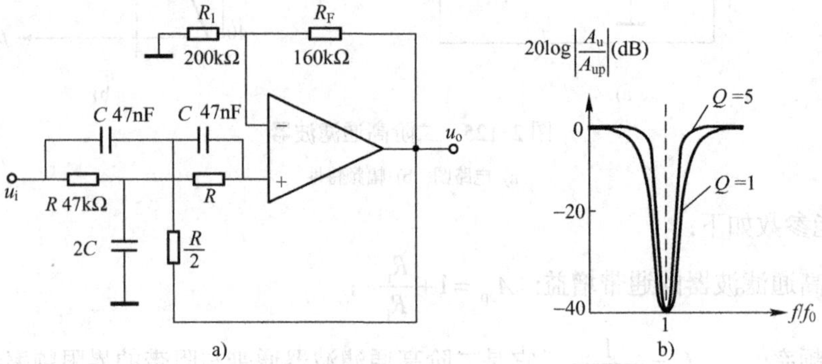

图 2-127　二阶带阻滤波器

a) 电路图　b) 幅频特性

电路性能参数如下：

1）二阶带阻滤波器的通带增益：　$A_{up}=1+\dfrac{R_f}{R_1}$；

2）中心频率：　$f_0=\dfrac{1}{2\pi RC}$；

3）阻带宽度：　$B=2(2-A_{up})f_0$；

4）品质因数：　$Q=\dfrac{1}{2(2-A_{up})}$。

四、计算机仿真实验内容

1. 二阶低通滤波器

1）如图 2-128 所示，在 Multisim 12 元件库中，调用元件及仪器，画出仿真电路图。

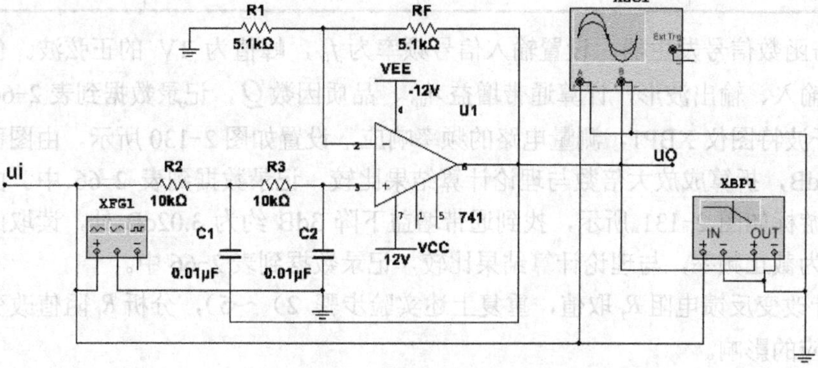

图 2-128　二阶低通滤波器仿真电路

2）双击函数信号发生器，设置输入信号频率为 1kHz，峰值为 1V 的正弦波。仿真运行，观察示波器输入、输出波形，如图 2-129 所示。

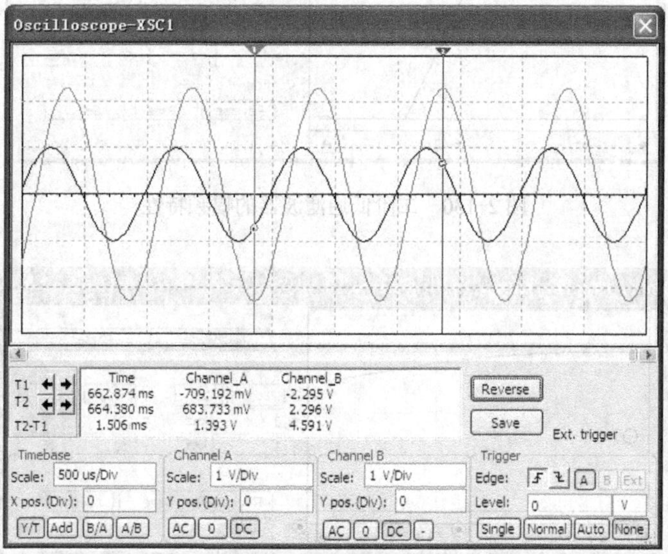

图 2-129　二阶低通滤波器输入、输出波形

3）代入公式，计算出通带增益 A_{up} 的理论值、截止频率 f_0、品质因数 Q 的理论值，将数据记录到表 2-66 中。

表 2-66　二阶低通滤波器实验数据记录表

	通带增益 A_{up}	截止频率 f_0 /kHz	品质因数 Q
理论计算			
示波器仿真分析			
波特图仪仿真分析			
实验结果			

4）双击函数信号发生器，设置输入信号频率为 f_0，峰值为 1V 的正弦波。仿真运行，观察示波器输入、输出波形，计算通带增益 A_{up}、品质因数 Q，记录数据到表 2-66 中。

5）打开波特图仪 XBP1，测量电路的频率响应，设置如图 2-130 所示。由图可读出通带增益为 6.02dB，折算成放大倍数与理论计算结果比较，记录数据到表 2-66 中。由通频带的定义，移动游标如图 2-131 所示，找到通带增益下降 3dB 约为 3.02dB 处，读取此时对应的频率值，即为截止频率，与理论计算结果比较，记录数据到表 2-66 中。

6）设计改变反馈电阻 R_f 取值，重复上述实验步骤 2）～5），分析 R_f 阻值改变对电路参数和频率响应的影响。

7）设计改变运放同相输入端阻值 R 和容值 C，重复上述实验步骤 2）～5），分析阻值 R 和容值 C 改变对电路参数和频率响应的影响。

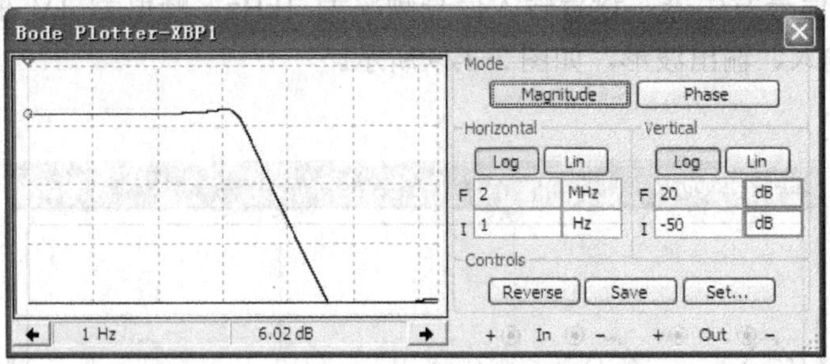

图 2-130　二阶低通滤波器的幅频特性

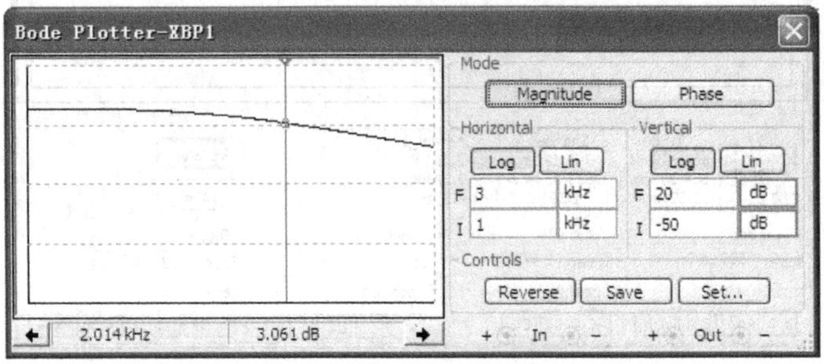

图 2-131　二阶低通滤波器的截止频率

2. 二阶高通滤波器

1）如图 2-132 所示，在 Multisim 12 元件库中，调用元件，画出仿真电路图。

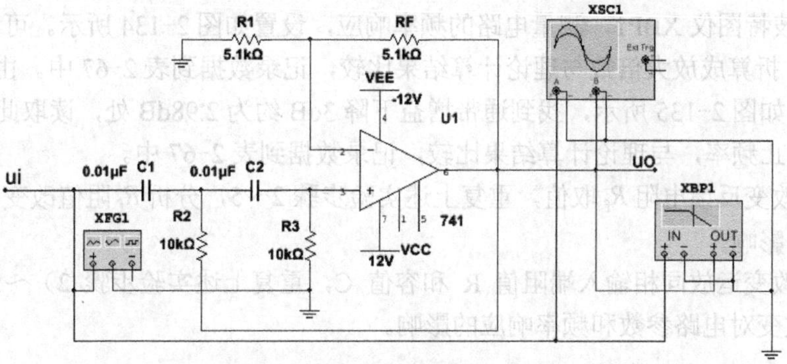

图 2-132 二阶高通滤波器仿真电路

2）双击函数信号发生器，设置输入信号频率为 5kHz，峰值为 1V 的正弦波。仿真运行，观察示波器输入、输出波形，如图 2-133 所示。

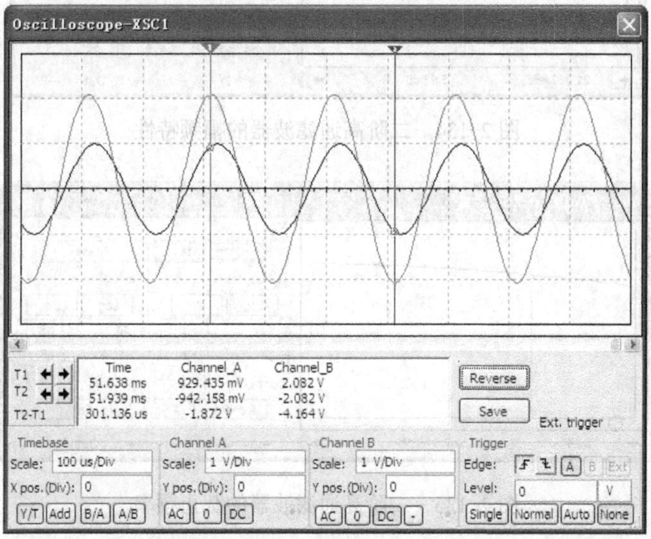

图 2-133 二阶高通滤波器输入、输出波形

3）代入公式，计算出通带增益 A_{up}、截止频率 f_0、品质因数 Q 的理论值，将数据记录到表 2-67 中。

表 2-67 二阶高通滤波器实验数据记录表

	通带增益 A_{up}	截止频率 f_0	品质因数 Q
理论计算			
示波器仿真分析			
波特图仪仿真分析			
实验结果			

4）双击函数信号发生器，设置输入信号频率为 f_0，峰值为 1V 的正弦波。仿真运行，观察示波器输入、输出波形，计算通带增益 A_{up}、品质因数 Q，记录数据到表 2-67 中。

5）打开波特图仪 XBP1，测量电路的频率响应，设置如图 2-134 所示。可读出通带增益约为 5.98dB，折算成放大倍数与理论计算结果比较，记录数据到表 2-67 中。由通频带的定义，移动游标如图 2-135 所示，找到通带增益下降 3dB 约为 2.98dB 处，读取此时对应的频率值，即为截止频率，与理论计算结果比较，记录数据到表 2-67 中。

6）设计改变反馈电阻 R_f 取值，重复上述实验步骤 2～5，分析 R_f 阻值改变对电路参数和频率响应的影响。

7）设计改变运放同相输入端阻值 R 和容值 C，重复上述实验步骤 2）～5），分析阻值 R 和容值 C 改变对电路参数和频率响应的影响。

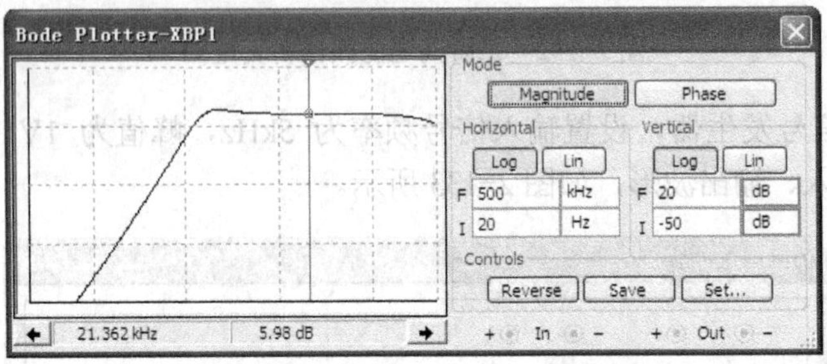

图 2-134　二阶高通滤波器的幅频特性

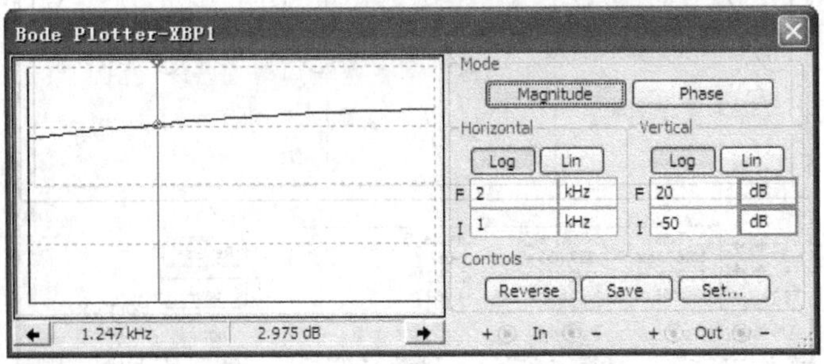

图 2-135　二阶高通滤波器的截止频率

3. 二阶带通滤波器

1）如图 2-136 所示，在 Multisim 12 元件库中，调用元件，画出仿真电路图。

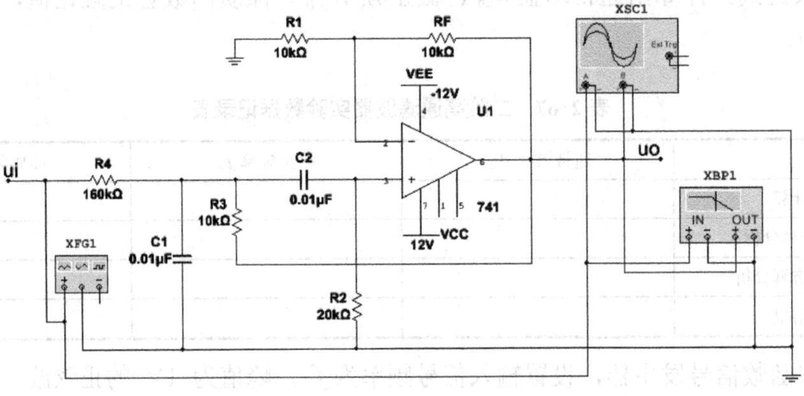

图 2-136　二阶带通滤波器仿真电路

2）双击函数信号发生器，设置输入信号频率为 1.1kHz，峰值为 1V 的正弦波。仿真运行，观察示波器输入、输出波形，如图 2-137 所示。

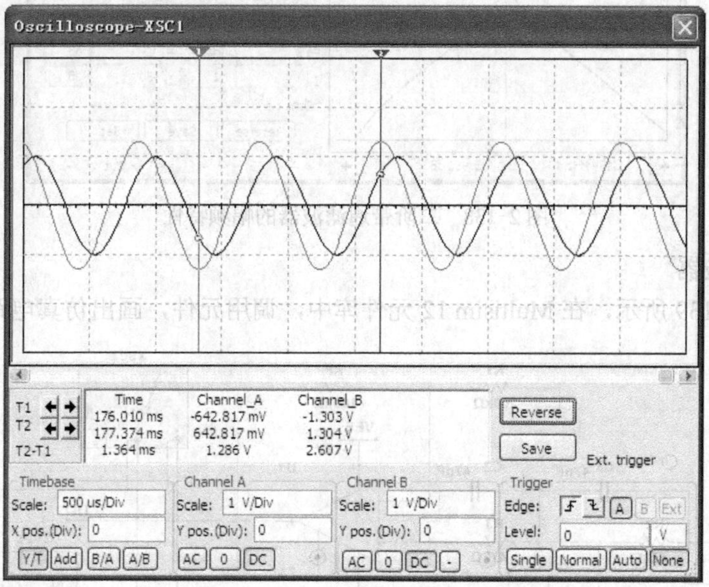

图 2-137　二阶带通滤波器输入、输出波形

3）代入公式，计算出通带增益 A_{up}、中心频率 f_0、通带宽度 B、品质因数 Q 的理论值，将数据记录到表 2-68 中。

表 2-68　二阶带通滤波器实验数据记录表

	通带增益 A_{up}	中心频率 f_0	通带宽度 B	品质因数 Q
理论计算				
示波器仿真分析				
波特图仪仿真分析				
实验结果				

4）双击函数信号发生器，设置输入信号频率为 f_0，峰值为 1V 的正弦波。仿真运行，观察示波器输入、输出波形，计算通带增益 A_{up}，记录数据到表 2-68 中。

5）打开波特图仪 XBP1，测量电路的频率响应，设置如图 2-138 所示。移动游标至最高点，读取对应的通带增益和中心频率值，与理论计算结果比较，记录数据到表 2-68 中。根据通频带定义，左右移动游标至通带增益下降 3dB 处，确定上限、下限截止频率，计算通频带宽度 B，记录数据到表 2-68 中。

6）设计改变反馈电阻 R_f 取值，重复上述实验步骤 2～5，分析 R_f 阻值改变对电路参数和频率响应的影响。

7）设计改变运放同相输入端阻值 R 和容值 C，重复上述实验步骤 2）～5），分析阻值 R 和容值 C 改变对电路参数和频率响应的影响。

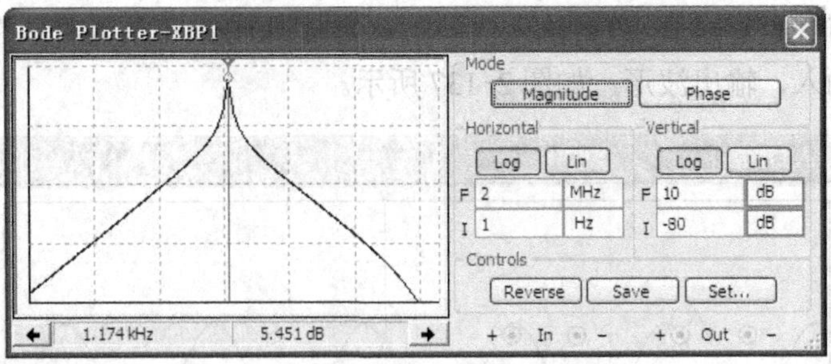

图 2-138　二阶带通滤波器的幅频特性

4. 带阻滤波器

1）如图 2-139 所示，在 Multisim 12 元件库中，调用元件，画出仿真电路图。

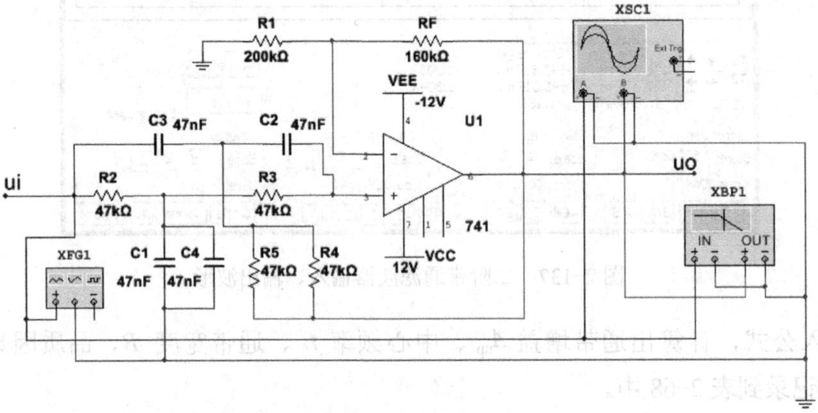

图 2-139　二阶带阻滤波器仿真电路

2）双击函数信号发生器，设置输入信号频率为 1kHz，峰值为 1V 的正弦波。仿真运行，观察示波器输入、输出波形，如图 2-140 所示。

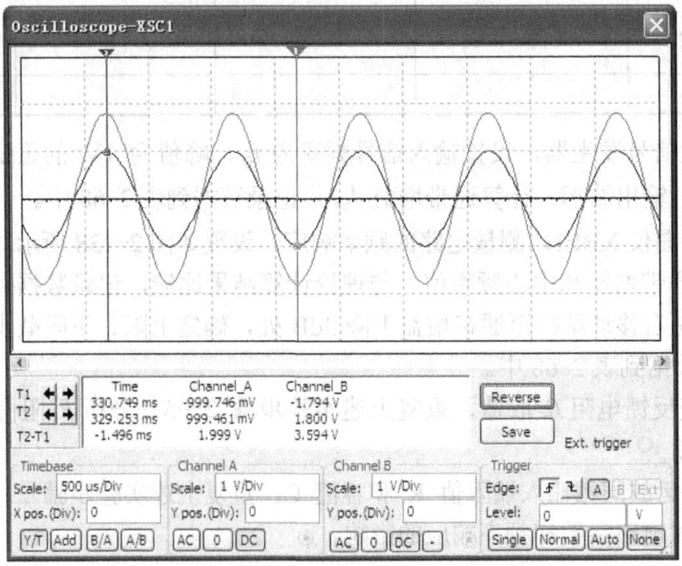

图 2-140　二阶带阻滤波器输入、输出波形

3）代入公式，计算出通带增益 A_{up}、中心频率 f_0、阻带宽度 B、品质因数 Q 的理论值，将数据记录到表 2-69。

表 2-69　二阶带阻滤波器实验数据记录表

	通带增益 A_{up}	中心频率 f_0	阻带宽度 B	品质因数 Q
理论计算				
示波器仿真分析				
波特图仪仿真分析				
实验结果				

4）双击函数信号发生器，设置输入信号频率为 f_0，幅度为 1V 的正弦波。仿真运行，观察示波器输入、输出波形，计算此阻带增益为＿＿＿＿＿。令输入信号频率远离中心频率 f_0，任意选取通带频率，仿真运行，用示波器观察输入、输出波形，计算通带增益 A_{up}、阻带宽度 B 和品质因数 Q，记录数据到表 2-69 中。

5）打开波特图仪 XBP1，测量电路的频率响应，设置如图 2-141 所示。移动游标至最低点，读取中心频率值，移动游标至通带处，读取通带增益，与理论计算结果比较，记录数据到表 2-69 中。根据通频带定义，左右移动游标至通带增益下降 3dB 处，确定上限、下限截止频率，计算阻带宽度 B，记录数据到表 2-69 中。

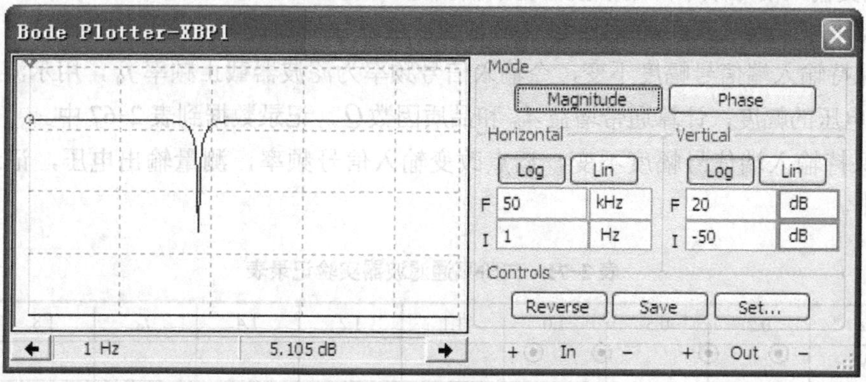

图 2-141　二阶带阻滤波器的幅频特性

6）设计改变反馈电阻 R_f 取值，重复上述实验步骤 2～5，分析 R_f 阻值改变对电路参数和频率响应的影响。

7）设计改变运放同相输入端阻值 R 和容值 C，重复上述实验步骤 2）～5），分析阻值 R 和容值 C 改变对电路参数和频率响应的影响。

五、实验室操作实验内容

1. 二阶低通滤波器

1）实验电路如图 2-124 所示，在模拟电路实验箱上搭建电路。

2）依照电路参数，理论计算出通带增益 A_{up}、截止频率 f_0、品质因数 Q，详见表 2-66。

3）粗测：接通±12V 电源，输入端接入峰峰值为 2V 的正弦信号，在滤波器截止频率 f_0 附近改变输入信号频率，用示波器观察输出电压的变化是否具备低通特性，如不具备，应排除电路故障。

4）保持输入端信号幅度不变，令输入信号频率为滤波器截止频率 f_0，用示波器观察输入、输出电压的幅度，计算通带增益 A_{up} 和品质因数 Q，记录数据到表 2-66 中。

5）保持输入端信号幅度不变，逐点改变输入信号频率，测量输出电压，记录数据到表 2-70 中。

表 2-70　二阶低通滤波器实验记录表

f_{ui} / kHz	0.1	0.2	0.5	1	1.1	1.2	1.3	1.4	1.5
U_{op-p} / V									
f_{ui} / kHz	f_0	1.7	1.8	1.9	2	3	4	5	6
U_{op-p} / V									

6）根据实验数据，描绘幅频特性曲线。

2. 二阶高通滤波器

1）实验电路如图 2-125 所示，在模拟电路实验箱上搭建电路。

2）依照电路参数，计算出通带增益 A_{up}、截止频率 f_0、品质因数 Q 的理论值，详见表 2-67。

3）粗测：接通 ± 12V 电源，输入端接入峰峰值为 2V 的正弦信号，在滤波器截止频率 f_0 附近改变输入信号频率，用示波器观察输出电压的变化是否具备高通特性，如不具备，应排除电路故障。

4）保持输入端信号幅度不变，令输入信号频率为滤波器截止频率 f_0，用示波器观察输入、输出电压的幅度，计算通带增益 A_{up} 和品质因数 Q，记录数据到表 2-67 中。

5）保持输入端信号幅度不变，逐点改变输入信号频率，测量输出电压，记录数据到表 2-71 中。

表 2-71　二阶高通滤波器实验记录表

f_{ui} / kHz	0.2	0.5	1.0	1.1	1.2	1.4	f_0	1.8	2
U_{op-p} / V									
f_{ui} / kHz	2.2	2.4	2.6	2.8	3	4	5	200	300
U_{op-p} / V									

6）根据实验数据，描绘幅频特性曲线。

3. 二阶带通滤波器

1）实验电路如图 2-126 所示，在模拟电路实验箱上搭建电路。

2）依照电路参数，计算出通带增益 A_{up}、中心频率 f_0、通带宽度 B、品质因数 Q 的理论值，详见表 2-68。

3）粗测：接通 ± 12V 电源，输入端接入峰峰值为 2V 的正弦信号，在滤波器中心频率 f_0 附近改变输入信号频率，用示波器观察输出电压的变化是否具备带通特性，如不具备，应排除电路故障。

4）保持输入端信号幅度不变，令输入信号频率为滤波器中心频率 f_0，用示波器观察输入、输出电压的幅度，计算通带增益 A_{up} 和品质因数 Q，记录数据到表 2-68 中。

5）保持输入端信号幅度不变，逐点改变输入信号频率，测量输出电压，记录数据到表 2-72 中。

表 2-72　二阶带通滤波器实验记录表

f_{ui} / kHz	1.0	1.1	1.16	1.17	1.18	1.19	1.20	1.21	1.22
U_{op-p} / V									
f_{ui} / kHz	1.23	1.24	1.25	1.26	1.27	1.28	1.3	1.4	1.5
U_{op-p} / V									

6）根据实验数据，描绘幅频特性曲线。

4. 二阶带阻滤波器

1）实验电路如图 2-127 所示，在模拟电路实验箱上搭建电路。

2）依照电路参数，计算出通带增益 A_{up}、中心频率 f_0、阻带宽度 B、品质因数 Q 的理论值，详见表 2-69。

3）粗测：接通 ± 12V 电源，输入端接入峰峰值为 2V 的正弦信号，在滤波器中心频率 f_0 附近改变输入信号频率，用示波器观察输出电压的变化是否具备带阻特性，如不具备，应排除电路故障。

4）保持输入端信号幅度不变，令输入信号频率远离中心频率 f_0，任意选取通带频率，用示波器观察输入、输出电压的幅度，计算通带增益 A_{up}、阻带宽度 B 和品质因数 Q，记录数据到表 2-69 中。

5）保持输入端信号幅度不变，逐点改变输入信号频率，测量输出电压，记录数据到表 2-73 中。

表 2-73　二阶带阻滤波器实验记录表

f_{ui} / kHz	0.01	0.03	0.05	0.07	0.075	0.078	0.08	0.085	0.087
U_{op-p} / V									
f_{ui} / kHz	0.09	0.1	0.2	0.3	0.4	0.5	1	2	3
U_{op-p} / V									

6）根据实验数据，描绘幅频特性曲线。

六、思考题

1. 用运算放大器组成有源滤波器时，运算放大器工作在线性区还是饱和区？

2. 试分析集成运放有限的输入阻抗对滤波器性能是否有影响？

3. BEF（二阶带阻）和 BPF（二阶带通）是否像 HPF（高通滤波器）和 LPF（低通滤波器）一样具有对偶关系？若将 BPF 中起滤波作用的电阻与电容的位置互换，能得到 BEF 吗？

4. 设计截止频率为 500Hz 的低通滤波器和高通滤波器。

5. 设计中心频率为 50Hz 的带通滤波器和带阻滤波器。

实验 2.10　低频 OTL 功率放大电路

一、实验目的

1. 掌握应用 Multisim 12 软件对乙类推挽功率放大电路的仿真分析。
2. 掌握乙类互补推挽功率放大电路静态工作点的调试和最大不失真输出电压的测试。
3. 观察输出波形的交越失真，学习消除交越失真的方法。
4. 掌握最大不失真输出功率和效率的测量和计算方法。
5. 熟悉 Multisim 中的各种电路的分析方法。

二、实验设备及材料

1. 装有 Multisim 12 的计算机。
2. 函数信号发生器。
3. 双通道示波器。
4. 数字万用表。
5. 模拟电路实验箱。
6. 低频 OTL 功率放大电路板。

三、实验原理

功率放大电路主要是向负载提供功率，多处于多级放大电路的输出级，应用较为广泛的功率放大电路有 OTL 型和 OCL 型。OCL 互补对称功率放大电路的特点是输出端不需要变压器或大电容，但需要双电源。OTL 互补对称功率放大电路的特点是输出端不需要变压器，只需要一个大电容，其电路仅需要单电源供电。如图 2-142 所示，本实验电路为乙类互补对称单电源功率放大电路，也称为乙类 OTL 电路。

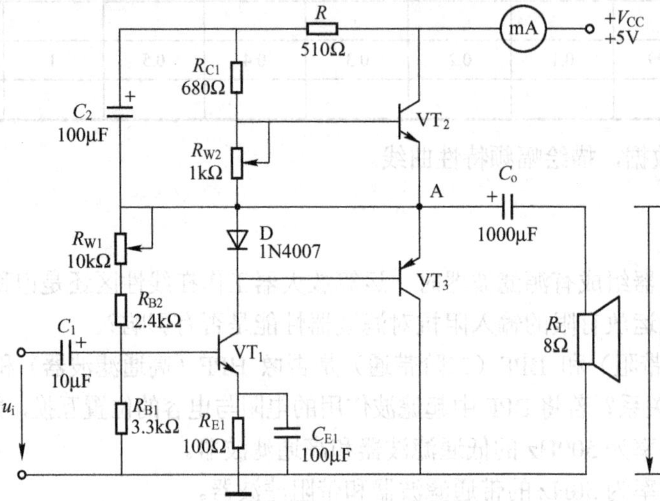

图 2-142　单电源 OTL 功率放大电路

1. 工作原理

图 2-142 中由晶体管 VT_1 组成推动级（也称前置放大级），VT_2、VT_3 是一对参数对称的 NPN 和 PNP 型晶体管，由它们组成互补推挽 OTL 功率放大电路。由于 VT_2、VT_3 接成射极输出器形式，因此具有输出电阻低，带负载能力强等优点，适合于作功率输出级。VT_1 管工作于甲类状态，它的集电极电流 I_{C1} 由电位器 R_{W1} 进行调节。I_{C1} 的一部分流经电位器 R_{W2} 及二极管 D，它给 VT_2、VT_3 提供偏压。调节 R_{W2}，可以使 VT_2、VT_3 得到合适的静态电流而工作于甲乙类状态，以克服交越失真。静态时要求输出端中点 A 的电位 $U_A=\frac{1}{2}U_{CC}$，可以通过调节 R_{W1} 来实现，又由于 R_{W1} 的一端接在 A 点，因此在电路中引入交、直流电压并联负反馈，一方面能够稳定放大器的静态工作点，同时也改善了非线性失真。

当输入正弦交流电压信号 u_i 时，经 VT_1 放大、倒相后同时作用于 VT_2、VT_3 的基极，u_i 的负半周使 VT_2 管导通（VT_3 管截止），有电流通过负载 R_L，同时向电容 C_0 充电，在 u_i 的正半周，VT_3 管导通（VT_2 管截止），则已充好电的电容器 C_0 起着电源的作用，通过负载 R_L 放电，这样在 R_L 上就得到完整的正弦波。

C_2 和 R 构成自举电路，用于提高输出电压正半周的幅度，以得到大的动态响应范围。

2. OTL 电路的主要性能指标

（1）最大不失真输出功率 P_{om}

理想情况下，$P_{om}=\frac{1}{8}\frac{U_{cc}^2}{R_L}$，在实验中可通过测量 R_L 两端的电压有效值 U_o，来求得实际的 $P_{om}=\frac{U_o^2}{R_L}$。

（2）效率 η 和晶体管集电极效率 η_C

功率放大器的效率定义为放大器的输出信号功率 P_o 与直流电源供给功率 $P_{U\Sigma}$ 之比，用 η 表示，即：

$$\eta=\frac{P_o}{P_{U\Sigma}}\times 100\%$$

式中，$P_{U\Sigma}$ 是指直流电源供给晶体管集电极和偏置电路等的直流功率之和。

晶体管集电极效率是指输出功率 P_o 与电源供给晶体管集电极的直流功率 P_U 之比，用 η_C 表示，即：

$$\eta_C=\frac{P_o}{P_U}\times 100\%$$

理想情况下，$\eta_{CMAX}=78.5\%$。电源供给集电极的直流功率 P_U 除了一部分变成有用的信号功率以外，剩余部分主要变成晶体管的管耗 P_C，即有：$P_U=P_o+P_C$。

图 2-142 所示的单电源 OTL 功率放大电路，前置放大级仅有晶体管 VT_1 组成推动级，其偏置电路消耗电源直流功率并不高，因此在误差允许的范围内，一般不再区分 η 和 η_C，认为二者近似相等。

（3）直流电源供给功率 $P_{U\Sigma}$ 和晶体管集电极的直流功率 P_U

在实验中，可测量电源供给的平均电流，利用功率公式，求得 $P_{U\Sigma}=U_{CC}\cdot I_{总}$，$P_U=U_{CC}\cdot$

I_C，在误差允许范围内，认为$P_{U\Sigma} \approx P_U$，$I_{总} \approx I_C$。

（4）频率响应

详见实验 2.2“单管放大电路”有关部分内容。

（5）输入灵敏度

输入灵敏度是指输出最大不失真功率时，输入信号 u_i 之值。

四、计算机仿真实验内容

1. 静态工作点的调整

1）如图 2-143 所示，在 Multisim 12 元件库中，调用元件及仪器，画出仿真电路图。各元件所在位置如下。

- 晶体管：（Group）Transistors→（Family）BJT_NPN（或 BJT_PNP）。
- 电阻：（Group）Basic→（Family）RESISTOR。
- 极性电容：（Group）Basic→（Family）CAP_ELECTROLIT。
- 电位器：（Group）Basic→（Family）POTENTIONMETER。
- 二极管：（Group）Diodes→（Family）DIODE。
- 单刀单掷开关：（Group）Basic→（Family）SWITCH→（Component）SPST。
- 电源 V_{CC}:（Group）Sourses→（Family）POWER_SOURSES→（Component）V_{CC}。
- 地 GND:（Group）Sourses→（Family）POWER_SOURSES→（Component）GROUND。
- 直流电压表：（Group）Indicators→（Family）VOLTMETER→（Component）VOLTMETER_V。
- 直流电流表：（Group）Indicators→（Family）AMMETER→（Component）AMMETER_HR。

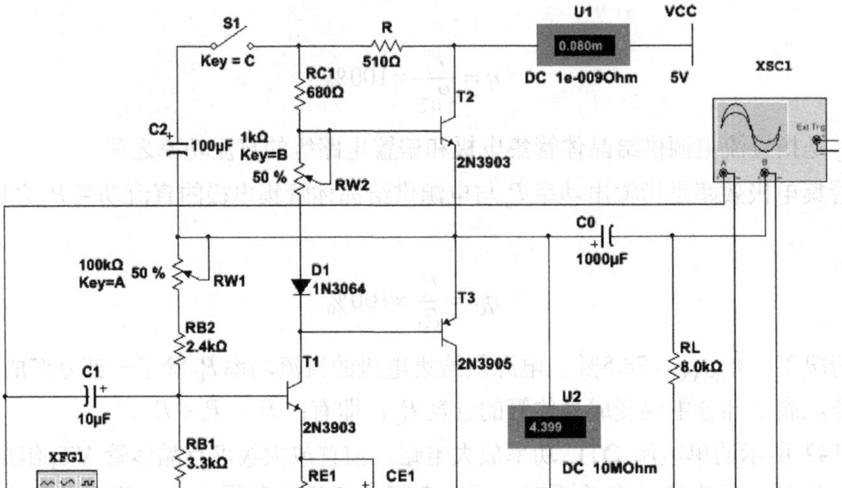

图 2-143　单电源 OTL 功率放大仿真电路

2）双击电位器 R_{W1}，将弹出的对话框“Value”中的“Increment”文本框中改为“1%”。双击电位器 R_{W2}，将弹出的对话框“Value”中的“Key”文本框中改成“B”，Increment 栏改为 1%。将开关 S_1 的“Key”栏改成“C”。

3）断开函数信号发生器 XFG1，将输入端对地短路，即调整输入信号 $U_i = 0$ mV，电位器 R_{W1} 在 50%的位置，R_{W2} 调整到最下方，即 R_{W2} 值为 0。

4）闭合 S_1，仿真运行，观察输出端直流电压表 U2 的读数。调整电位器 R_{W1}，使输出端直流电压表 U2 的读数近似为电源电压的一半，即 2.5V。

5）保持电位器 R_{W1} 位置不变，调整电位器 R_{W2} 的位置，使得电流表 U1 的读数为 5～10mA 之间的数值（实际仿真时可选 9mA 左右的电流）。

6）测试各级静态工作点，记录数据到表 2-74 中。

表 2-74　各级静态工作点测试表　　$u_i = 0$mV

静态工作电压 \ 晶体管	T_1	T_2	T_3
U_B/mV			
U_C/mV			
U_E/mV			

2. 最大不失真输出功率 P_{OM}

1）调整好静态工作点后，输入端接入 $f = 1$kHz 的正弦信号，用示波器 XSC1 观察输入、输出波形。双击函数信号发生器 XFG1，从 1mV 开始逐渐增大输入信号幅度，使输出电压为最大不失真输出，用示波器测量输出电压的最大值 U_{om} 或有效值 U_o，代入公式 $P_{om} = \dfrac{U_o^2}{R_L} = \dfrac{U_{om}^2}{2R_L}$，计算最大不失真输出功率，记录数据到表 2-75 中。

表 2-75　最大不失真输出功率记录表

	u_{ip-p} /mV	U_{om} /mV	R_L /Ω	A_U	实测 P_{om} /mW	理想 P_{om} /mW	$\Delta P = P_{om} - P_{om}$ /mW
加自举							
不加自举							

2）断开 S_1，即不加自举电路 R 和 C_2，重复步骤 1，记录数据到表 2-75 中。

3）体会自举电路的作用。

3. 效率 η 和晶体管集电极效率 η_C

1）保持 S_1 闭合，加自举电路时最大不失真输出功率的电路状态，在 T_2 管集电极串入直流电压表，用来准确测量集电极直流电流，如图 2-144 所示。

2）仿真运行，记录数据到表 2-76 中。

3）把 $I_总$ 和 I_C 值代入公式 $P_{U\Sigma} = U_{CC} \cdot I_总$，$P_U = U_{CC} \cdot I_C$ 和 $P_C = P_U - P_{om}$，计算 $P_{U\Sigma}$、P_U 和 P_C 的值，记录数据到表 2-76 中。

4）把 P_{om}、$P_{U\Sigma}$ 和 P_U 代入公式 $\eta = \dfrac{P_O}{P_{U\Sigma}} \times 100\%$，$\eta_C = \dfrac{P_O}{P_U} \times 100\%$ 和 $\Delta\eta = \eta - \eta_C$，计算 η、

η_C 和 $\Delta\eta=\eta-\eta_C$ 的值，记录数据到表 2-76 中。比较两个效率的大小，加深对两个效率定义的理解。

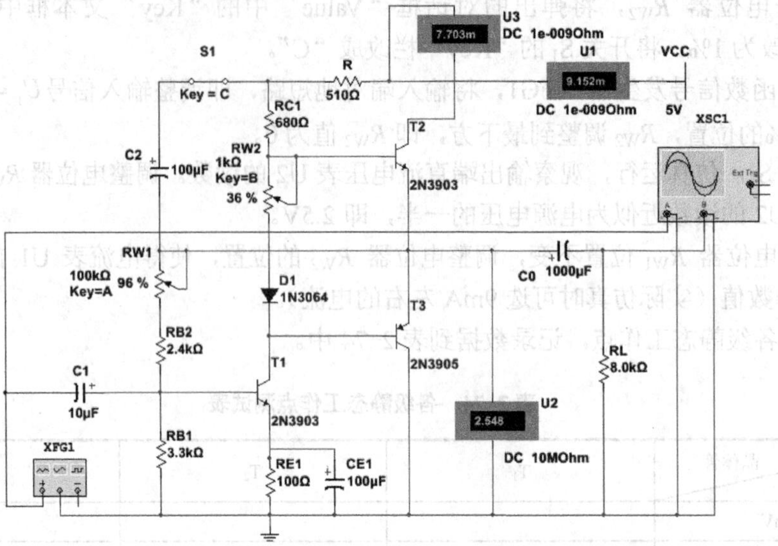

图 2-144　测量 T2 集电极电流的仿真电路

表 2-76　效率 η 和晶体管集电极效率 η_C 数据记录表

	$I_{总}$ /mA	I_C /mA	$P_{U\Sigma}$ /mW	P_U /mW	P_{om} /mW	P_C /mW	η	η_C	$\Delta\eta$
加自举									
不加自举									

5）保持 S_1 断开，不加自举电路时最大不失真输出功率的电路状态，重复上述实验步骤 2）～4），记录数据到表 2-76 中。

6）体会自举电路的作用。

4. 观察交越失真

1）保持 S_1 闭合，加自举时最大不失真输出功率的电路状态，调整电位器 R_{W2}，连续按“B”键，使百分比不断增加，用示波器观察输出波形的变化，直至输出波形出现失真。

2）观察交越失真波形，断开 S_1，观察波形变化。

5. 输入灵敏度

输入灵敏度是指输出最大不失真功率时，输入信号的值。即当输出功率取最大值时对应的输入信号，读取表 2-75 的数据，在 S_1 闭合，电路加自举时有最大无失真输入 $U_{ip-p}=$ ________mV。S_1 断开电路不加自举时有最大无失真输入 $U_{ip-p}=$ ________mV。

6. 频率响应测试

1）为保证电路的安全，测试频率响应时，应该在较低输入电压下进行，通常取输入信号的峰峰值为输入灵敏度 u_{ip-p} 的 50%。

2）闭合 S_1，给电路加入自举电路。

3）保持输入信号的幅度不变，改变信号源频率，利用扫描分析法或直接测量法，测量放大电路的幅频特性和相频特性曲线。

五、实验室操作实验内容

实验电路如图 2-142 所示，实验操作电路板如图 2-145 所示。将各仪器按照实验电路在实验箱和实验电路板上连接好，为防止干扰，各仪器的公共端必须连接在一起。在整个测试过程中，电路不应有自激现象。

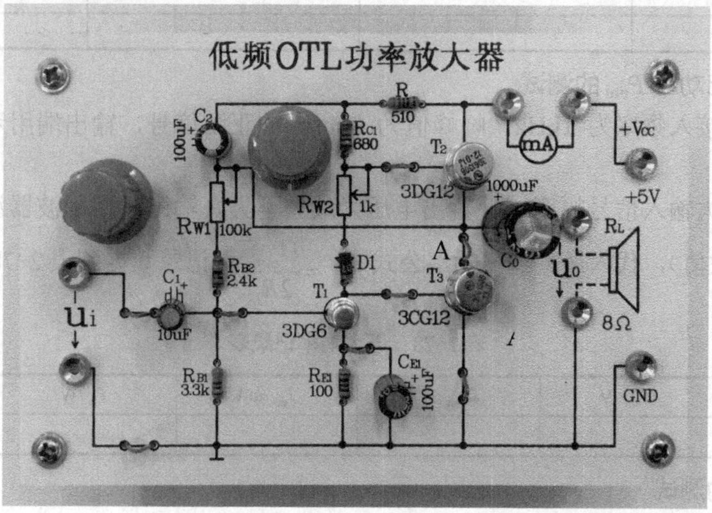

图 2-145　低频 OTL 功率放大器实验操作电路板

1. 静态工作点的调试

1）按图 2-145 连接实验电路，接好电源与地线，在+5V 电源进线处串接毫安表的位置串入万用表，打到直流电流档。输入端接信号发生器，输出端接入负载 R_L（可先用阻值 8Ω 电阻替代扬声器）。

2）先将输入端对地短路，即调整输入信号 $U_i = 0\,\text{mV}$，电位器 R_{W1} 置中间位置，R_{W2} 置最小值（两个电位器均是顺时针旋转阻值变小）。接通+5V 电源，观察万用表读数，同时用手触摸输出级管子，若电流过大或者管子升温显著，则应立即断开电源检查原因（如 R_{W2} 开路，电路自激或输出管性能不好等）。如无异常现象，可开始调试。

3）调节电位器 R_{W1}，用万用表测量 A 点电位，使 $U_A = \frac{1}{2}V_{CC}$。

4）调节电位器 R_{W2}，使 T_2、T_3 管的 $I_{C2} = I_{C3} = 5\sim10\text{mA}$。从减小交越失真角度而言，应适当加大输出极静态电流，但该电流过大，会使效率降低，所以一般以 5～10mA 左右为宜。由于万用表串联在电源进线中，因此测得的是整个放大器的输入电流，除了包含输出级集电极电流 I_{C2} 和 I_{C3}，还包含前级放大电路 T_1 管的集电极电流 I_{C1}。但一般 I_{C1} 较小，所以可以把测得的总电流近似当做输出级的静态电流。如要准确得到末级静态电流，则可从总电流中减去 I_{C1} 的值。

实际操作时，要注意 R_{W2} 的旋转方向，不要调得过大，更不能开路，以免损坏输出管；输出管静态电流调好后，如无特殊情况，不能随意旋动 R_{W2}；可调整输出级静态电流值在 9mA 左右。

5）输出级电流调好以后，测量各级静态工作点，记入表 2-77 中。

表 2-77 各级静态工作点测试表 $I_{C2}=I_{C3}=$___mA $U_A=2.5V$

静态工作点电压 \ 晶体管	T_1	T_2	T_3
U_B/mV			
U_C/mV			
U_E/mV			

2. 最大输出功率 P_{om} 的测试

1）输入端接入频率为 1kHz，峰峰值为 30mV 的正弦信号，输出端用示波器观察输出波形。

2）逐渐加大输入信号幅度，使输出电压为最大不失真输出，用示波器测量此时的输出电压 U_{om}（有效值），代入最大输出功率公式 $P_{om}=\frac{U_{om}^2}{2R_L}$，记录数据到表 2-78 中。

表 2-78 最大功率记录表

U_{imp-p} /mV	U_{om} /V	P_{om} /W	I_{dc} /mA	P_E /W	η

3. 效率 η 的测试

1）当输入电压为最大不失真电压时，读出万用表中的电流即为直流电源供给的平均电流 I_{dc}（有一定误差）。

2）把 I_{dc} 代入功率计算公式，近似求得 $P_E=U_{CC}I_{dc}$。

3）把 P_{om} 和 P_E 代入效率计算公式 $\eta=\frac{P_{om}}{P_E}\times 100\%$，记录数据到表 2-78 中。

4. 输入灵敏度测试

输入灵敏度是指输出最大不失真功率时，输入信号 u_i 的值。只需要测出输出功率 $P_o=P_{om}$ 时的输入电压 u_i 的值，读表 2-78 中的 U_{imp-p} 值即可。要求 $u_i<100mV$。

5. 频率响应测试

1）在测试时，为保证电路的安全，应在较低电压下进行，通常取输入信号为输入灵敏度的 50%。

2）在整个测试过程中，应保持 u_i 为恒定值，且输出波形不得失真。

3）设定输入信号频率为 1kHz，用示波器观察输出波形，记录输出电压峰峰值 U_{op-p}。

4）保持 u_i 恒定，逐渐增大频率，直到示波器上显示的波形幅度下降为 U_{op-p} 的 70%，此时的信号频率即为放大电路的上限截止频率 f_H。

5）方法同上，逐渐减小频率，得出放大电路的下限频率 f_L，记录数据到表 2-79 中。

表 2-79 幅频响应测试记录表 $U_{ip-p}=$_____mV

	f_L	f_o	f_H
f/kHz		1	
U_o/V			
$A_u=U_o/U_i$			

6）将负载 R_L 断开，接入模拟电路实验箱自带的扬声器，改变频率，试听喇叭发出的声音，若快速改变频率，观察声音的变化。

6. 噪声电压测试

测量时将输入端短路接到地（即 $U_i=0$），观察输出噪声波形，并用示波器观察并测量输出电压（即噪声电压 U_N），实验测得 U_N=____________。本电路若 U_N<15mV，即满足要求。

六、思考题

1. 分析自举电路的作用，为什么引入自举电路能够扩大输出电压的动态范围？
2. 交越失真产生的原因是什么？怎样克服交越失真？
3. 电路中电位器 R_{w2} 如果开路或短路，对电路工作有何影响？
4. 什么是自激振荡现象？电路出现自激振荡，应如何解决？
5. 负载电阻变化对最大不失真输出电压是否有影响？

实验 2.11　直流稳压电源

一、实验目的

1. 认识理解直流稳压电源各组成模块及其功能。
2. 掌握应用集成稳压器构成直流稳压电源的设计和调试方法。
3. 掌握电源电路的仿真设计与分析方法。

二、实验设备及材料

1. 装有 Multisim 12 的计算机。
2. 函数信号发生器。
3. 双通道示波器。
4. 数字万用表。
5. 模拟电路实验箱。
6. 电阻、电容若干。

三、实验原理

1. 直流电源的组成

电子设备一般都需要直流电源供电，这些直流电源除了少数直接利用干电池和直流发电机外，大多采用把交流电转变为直流电的直流稳压电源。直流稳压电源是一种将 220V 工频交流电转换成稳压输出的直流电压的装置，它需要经过变压、整流、滤波、稳压四个环节才能完成，如图 2-146 所示。

2. 整流和滤波电路

所谓整流，就是利用二极管的单向导电特性，将交流电能变换成直流电能的装置。整流后的单极性电能不仅包含有用的直流分量，还有有害的交流分量，通常称为纹波。我们利用滤波电路滤去除交流分量，就能得到比较平滑的直流电。中小型电源一般以单相交流电为能源，因此我们只讨论单相整流滤波电路。常用的为桥式全波整流滤波电路，如图 2-147

所示。

1）当 S_1 断开，S_2 闭合时，为桥式全波整流电路，理论分析计算输出电压的平均值 $U_o=U_L=0.9U_2$ ，输出电流的平均值 $I_o=I_L=\dfrac{U_o}{R_L}=\dfrac{0.9U_2}{R_L}$ 。

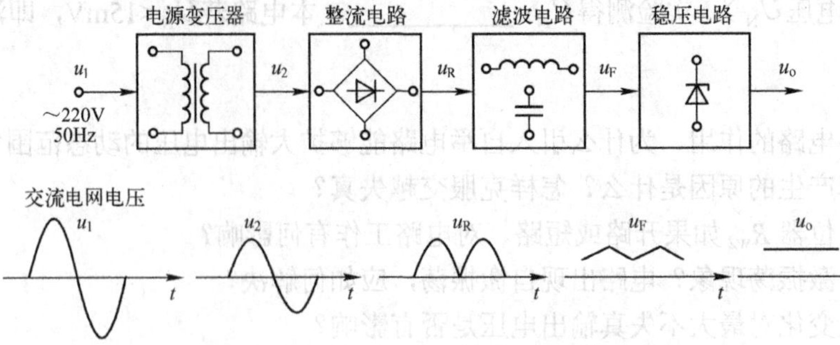

图 2-146　直流稳压电源框图

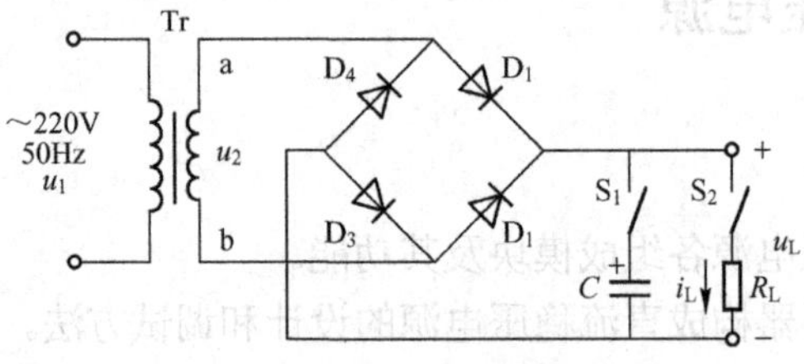

图 2-147　桥式整流滤波电路

2）当 S_1 闭合，S_2 断开时，为负载开路的全波整流滤波电路，理论分析计算输出电压的平均值 $U_o=U_L=\sqrt{2}U_2$，输出电流的平均值为 0。

3）当 S_1、S_2 均闭合时，为带载的全波整流滤波电路，工程上认为输出电压的平均值 $U_o=U_L=1.2U_2$，输出电流的平均值为 $I_o=I_L=\dfrac{U_o}{R_L}=\dfrac{1.2U_2}{R_L}$ 。

3. 稳压电路

交流电经整流滤波后可得到较平滑的直流电压，但这样的电压还随电网电压波动、负载和温度的变化而变化，因此在整流、滤波电路之后，还需接稳压电路。稳压电路的作用是使输出电压在电网波动、负载和温度变化时基本稳定在某一数值。反映稳压电路性能优劣的主要质量技术指标有稳压系数 S_r、输出电阻 R_o 和纹波电压等。

1）稳压系数 S_r

稳压系数的定义为负载不变时，输出电压与输入电压的相对变化量之比，即

$$S_r=\left.\frac{\Delta U_o/U_o}{\Delta U_i/U_i}\right|_{R_L=\text{常数}}$$

S_r 越小，稳压性能越好。

2）输出电阻 R_o

输出电阻的定义为输入电压保持不变时，输出电压的变化量与输出电流的变化量之比，即

$$R_o=\left.\frac{\Delta U_o}{\Delta I_o}\right|_{U_i=\text{常数}}$$

R_o 越小，稳压性能越好。

3）纹波电压

纹波电压是指电源输出端的交流电压分量（通常为全波整流，100Hz 的交流电压分量），常用恒值或有效值表示，一般为毫伏数量级。

随着半导体工艺的发展，稳压电路也制成了集成器件。由于集成稳压器具有体积小、外接线路简单、使用方便、工作可靠和通用性强等优点，因此在各种电子设备中应用十分普遍，基本上取代了由分立元件构成的稳压电路。集成稳压器的种类很多，可根据设备对直流电源的要求来进行选择。对于大多数电子仪器、设备和电子电路来说，通常是选用串联线性集成稳压器。而在这种类型的器件中，又以三端式稳压器应用最为广泛。常用的集成稳压器有固定式三端稳压器与可调式三端稳压器。

4. 三端集成稳压器

（1）输出电压固定的三端集成稳压器

W78M××系列、W78××系列和 W78L××系列是三端固定正压集成稳压器。三个系列的区别是最大输出电流不同，W78M××为 0.5A，W78××为 1.5A，W78L××为 0.1A。W79M××系列、W79××系列和 W79L××系列是三端固定负压集成稳压器，与 W78M××系列、W78××系列和 W78L××系列相对应。××表示输出电压的大小，例如××为 05，表示输出电压为 5V，如果××为 12，则表示输出电压为 12V。输出电压有：5V、6V、9V、12V、15V、18V 及 24V7种。三端固定式集成稳压器各系列的封装及引脚排列图如图 2-148 所示。

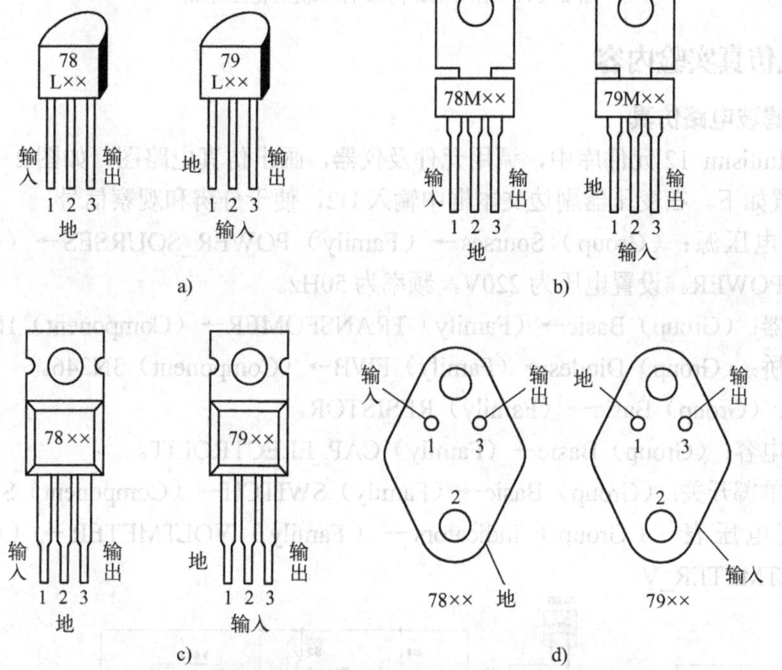

图 2-148　三端固定式集成稳压器封装及引脚排列图

a) TO-92 封装　b) TO-202 封装　c) TO-220 封装　d) TO-3 封装

（2）输出电压可调的三端集成稳压器

典型的正电压输出的可调输出式集成稳压器如 LM117/LM217/LM317 系列，其输出电压一般在 1.25V～37V 范围内连续可调，按其最大输出电流的不同，有三种规格型号，LM117L 为 0.1A，LM117M 为 0.5A，LM117 为 1.5A。典型的负电压输出的可调输出式集成稳压器如 LM137/LM237/LM337 系列，其输出电压一般在-1.25V～-37V 范围内连续可调，对应其最大输出电流的不同有三种规格型号，LM137L 为 0.1A，LM137M 为 0.5A，LM137 为 1.5A。

本实验所用的集成稳压器为三端固定正稳压器 W7812。它的主要参数：输出直流电压 U_o=+12V，最大输出电流 L：0.1A，M：0.5A，W：1.5A，电压调整率 10mV/V，输出电阻 R_o=0.15Ω，输入电压 U_i 的范围 15V～17V。因为一般 U_i 要比 U_o 大 3V～5V，才能保证集成稳压器工作在线性区。

图 2-149 是用三端稳压器 W7812 构成的单电源电压输出的实验电路图。滤波电容 C_1、C_2 一般取几百～几千微法。当稳压器距离整流滤波电路比较远时，在输入端必须接入电容器 C_3（0.33μF），以抵消线路的电感效应，防止产生自激振荡。输出端电容 C_4（0.1μF）用以滤除输出端的高频信号，改善电路的暂态响应。

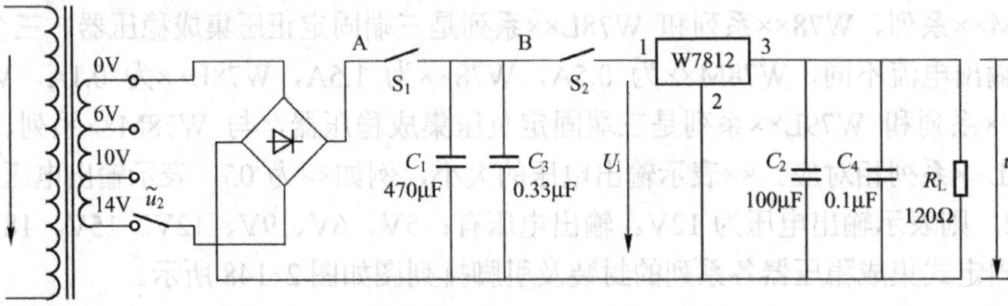

图 2-149　由 7812 构成的串联型稳压电源

四、计算机仿真实验内容

1. 整流滤波电路仿真

1）在 Multisim 12 元件库中，调用元件及仪器，画出仿真电路图，如图 2-150 所示。各元件所在位置如下。在变压器副边文本框中输入 U2，便于分辨和观察信号。

- 交流电压源：（Group）Sourses→（Family）POWER_SOURSES→（Component）AC_POWER。设置电压为 220V，频率为 50Hz。
- 变压器：（Group）Basic→（Family）TRANSFOMER→（Component）1P1S。
- 整流桥：（Group）Diodes→（Family）FWB→（Component）3N246。
- 电阻：（Group）Basic→（Family）RESISTOR。
- 极性电容：（Group）Basic→（Family）CAP_ELECTROLIT。
- 单刀单掷开关：（Group）Basic→（Family）SWITCH→（Component）SPST。
- 直流电压表：（Group）Indicators→（Family）VOLTMETER→（Component）VOLTMETER_V。

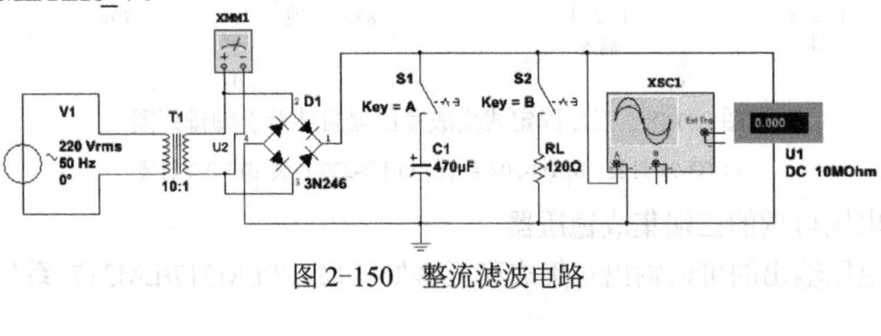

图 2-150　整流滤波电路

2）S_1、S_2 均断开，仿真运行。观察示波器输出波形，万用表设置为交流电压档，读取万用表和直流电压表读数，记录数据到表 2-80 中。

3）单独闭合 S_1，观察示波器输出波形，读取万用表和电压表读数，记录数据到表 2-80 中。

4）S_1、S_2 同时闭合，观察示波器输出波形，读取万用表和电压表读数，记录数据到表 2-80 中。

表 2-80　桥式整流滤波电路数据记录表

	万用表读数 U_2	电压表读数 U_1	U_1/U_2	U_1/U_2 理论值
S_1、S_2 均断开				
单独 S_1 闭合				
S_1、S_2 均闭合				

2. 三端集成稳压电路仿真

1）在 Multisim 12 元件库中，调用元件，画出仿真电路图如图 2-151 所示。其中 7812 集成稳压器的调用步骤为：（Group）Power→（Family）VOLTAGE_REGULATOR→（Component）MC7812ACT。

2）仿真运行，观察示波器输入、输出波形如图 2-152 所示，记录电压表读数为________。

3）在输出端串入电流表（或万用表）和阻值为 200Ω 的滑动变阻器 R_P，如图 2-153 所示，观察输出电流的大小。调整滑动变阻器阻值，使输出电流达到 100mA 时，测量此时的输出电压__________。

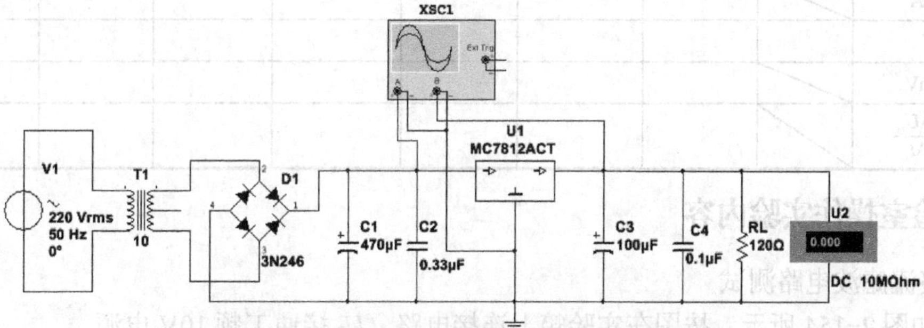

图 2-151　7812 构成串联型稳压电源仿真电路

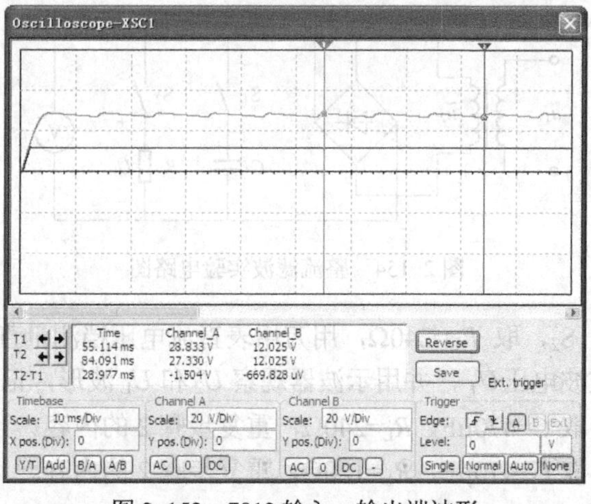

图 2-152　7812 输入、输出端波形

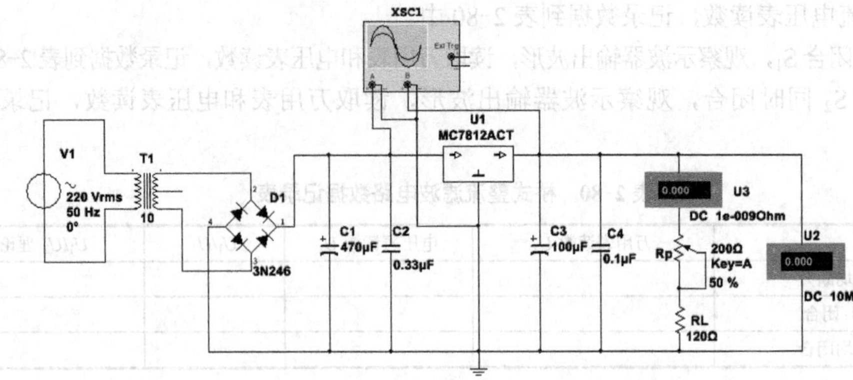

图 2-153　7812 输出接滑动变阻器的串联型稳压电源仿真电路

4）将滑动变阻器 R_P 阻值置为 2kΩ，调整滑动变阻器位置改变输出电流，测出相对应的输出电压，记录数据到表 2-81 中。计算输出电阻 R_o，填入表 2-81 中。

表 2-81　7812 构成串联型稳压电源输出电压、电流记录表

R_P 位置	0%	10%	20%	50%	60%	80%	90%	100%
I_o/mA								
$\triangle I_o$/mA								
U_o/V								
$\triangle U_o$/mV								
$R_o=-\dfrac{\Delta U_o}{\Delta I_o}$								

五、实验室操作实验内容

1. 整流滤波电路测试

1）如图 2-154 所示，按图在实验箱上连接电路，U_2 接通工频 10V 电源。

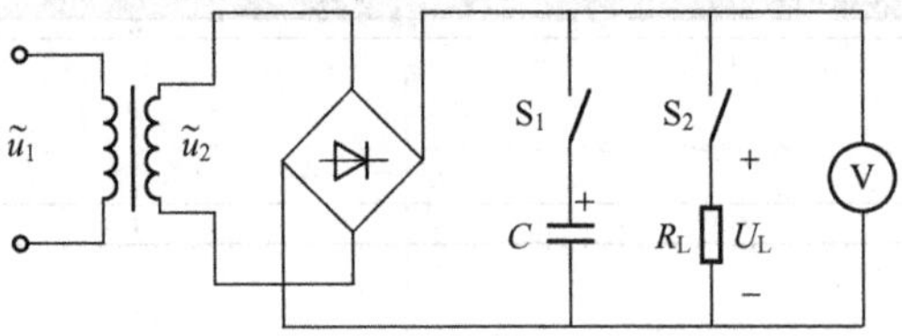

图 2-154　整流滤波实验电路图

2）断开 S_1，闭合 S_2，取 R_L=240Ω，用万用表直流电压档测量直流输出电压 U_L，用万用表交流电压档测量纹波电压 $\tilde{U}_L$，并用示波器观察 U_2 和 U_L 波形，记录数据到表 2-82 中。

3）闭合 S_1 和 S_2，取 C=470μF，R_L=240Ω，重复步骤 2 的内容。

4）闭合 S_1 和 S_2，取 C=470μF，R_L=120Ω，重复步骤 2 的内容。

表 2-82　整流滤波电路实验数据记录表

电路形式		U_L/V	$\tilde{U}_L$/V	u_L波形
R_L=240Ω	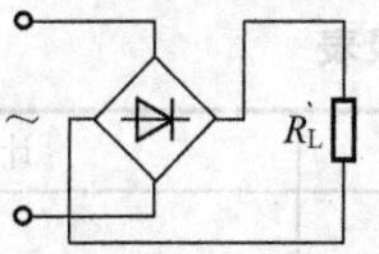			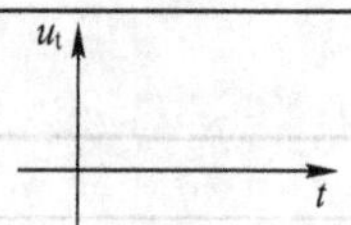
R_L=240Ω C=470μF	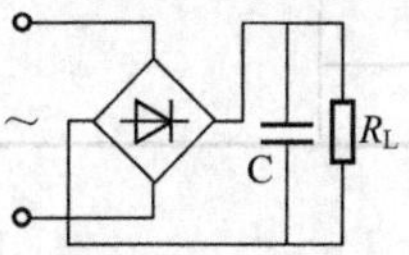			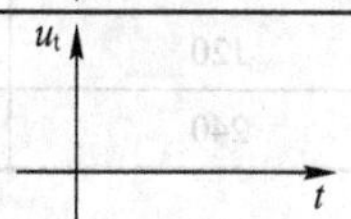
R_L=120Ω C=470μF	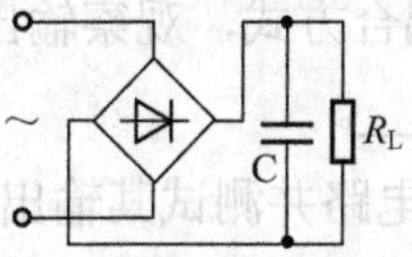			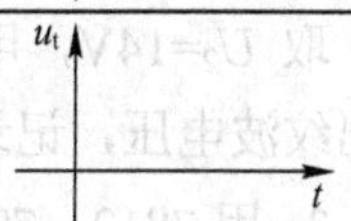

2. 集成稳压器性能测试

（1）连接电路

实验电路如图 2-149 所示，按图在实验箱上连接电路，注意开关 S_1 和 S_2 的接入。

（2）初测

1）u_2 接通工频 10V 电源，断开 S_1（即在 C_1 和 C_3 接入前），用万用表测量整流桥输出的电压 U_A 的直流分量和交流分量；闭合 S_1（即接入 C_1 和 C_3 后），用万用表测量整流桥输出电压经过整流滤波后的输出电压 U_B，也为 7812 的输入电压 U_I 的直流分量和交流分量。记录数据到表 2-83 中。

表 2-83　初测数据记录表

输入电压 U_2（10V ~）		断开开关 S_1 接入 C_1 和 C_3 前	闭合开关 S_1 接入 C_1 和 C_3 后
被测电压 U_A（U_B）	直流分量		
	交流分量		

2）闭合 S_1 和 S_2，测量集成稳压器 3 脚输出电压 u_o。

将测量结果与理论值对比，检查电路是否正常工作。若结果差距较大，则说明电路有故障。

（3）各项性能指标测试

1）输出电压 U_o 和输出电流 I_o 的测量

输出端接负载电阻 R_L=120Ω，测试输出电压 U_{o}= _______，输出电流 I_o=______。

2）稳压系数 S_r 的测量

改变 U_2（模拟电网电压波动），分别测出相应的输出电压 U_o。记录数据到表 2-84 中。

表 2-84　稳压系数 S_r 实验记录表　　R_L=120 Ω

测 试 值			计 算 值
U_2/V	U_I/V	U_o/V	S_r
10			
14			

3）输出电阻 R_o 的测量

取 U_2=14V，改变负载电阻，测量相应的 U_o 值，记录数据到表 2-85 中。

表 2-85　输出电阻 R_o 实验记录表

测 试 值			计 算 值
R_L/Ω	U_o/V	I_o/mA	R_o/Ω
120			
240			

4）输出纹波电压的测量

取 U_2=14V，用示波器观察输出电压 U_o，选择交流耦合方式，观察输出纹波波形，测量输出纹波电压，记录数据 $\tilde{U}_{op-p}$ =________________。

3. 用 7812、7912 集成稳压器设计±12V 双电压输出电路并测试其输出电压。

六、思考题

1. 在桥式整流电路中，能否用双通道示波器同时观察 U_2 和 U_L 波形？为什么？

2. 在桥式整流电路中，若某个二极管发生开路、短路或反接三种情况，将会出现什么问题？

3. 为保证集成稳压器工作在线性区，一般输入电压要比输出电压大多少合适？若输入电压比输出电压大了很多倍，将会出现什么问题？输入电压比输出电压小了很多，将会出现什么问题？

第3章　数字电子技术基础实验

实验3.1　组合逻辑电路的设计与测试

一、实验目的

1．熟悉数字电路实验箱的使用方法。

2．了解基本门电路逻辑功能的测试方法。

3．学会门电路之间的转换，用与非门组成其他逻辑门。

4．学会用 Multisim 12 软件进行数字电路的仿真实验。

5．学会虚拟仪器“逻辑转换仪”的使用。

二、实验设备及材料

1．装有 Multisim 12 的计算机。

2．数字万用表。

3．数字电路实验箱。

4．74LS00×3、74LS20×1。

三、实验原理

1．初识数字集成电路

数字集成电路器件有多种封装形式，实验中多用双列直插式。从正面看，器件一端有一个半圆缺口，这是正方向的标志。IC 芯片的引脚序号是依照半圆缺口为参考点定位的，缺口左下角的第一个引脚编号为 1，引脚编号按逆时针方向增加。使用集成电路器件时要先看清楚它的引脚分配图，找对电源和地的引脚，避免因接线错误造成器件损坏。

集成电路使用的注意事项如下。

1）DIP 封装的器件有两列引脚。将器件插入实验平台上的插座（面包板）或从其上拔出时要小心，不要将器件引脚弄弯或折断。

2）接插集成电路时，要认清定位标记，把缺口或圆点放左边，不得插反。

3）TTL 集成电路电源电压应严格控制在+4.5V～+5.5V 范围内，实验一般用 V_{CC}=+5V。电源极性绝对不允许接反。CMOS 集成电路电源电压允许在+5V～+18V 范围内选择，实验中一般也用+5V。

4）74 系列器件一般右下角的最后一个引脚是 GND，左上角的引脚是 V_{CC}。

5）为使门电路稳定工作，多余闲置的输入端一律不准悬空，闲置的输入端处理方法为：与非门接 V_{CC}，或非门接 GND，原则上无论选择接电源还是接地，应对其功能不会有影响。

6）在连接电路和插拔集成电路时，应先切断电源，严禁带电插拔芯片。

2. 组合逻辑电路设计步骤

组合逻辑电路的一般步骤为：

1）根据设计任务的要求，列出真值表。

2）用卡诺图或代数化简法求出最简的逻辑表达式。

3）根据逻辑表达式，画出逻辑图，用标准器件构成电路。

4）最后，用实验来验证设计的正确性。

3. 四 2 输入与非门 74LS00 与二 4 输入与非门 74LS20

74LS00 为四 2 输入与非门，共 14 个引脚，除 14 脚 V_{CC} 及 7 脚 GND 外，其余 12 个引脚组成四组独立的 2 输入与非门。74LS00 的逻辑功能见表 3-1，其输入输出关系为 Y = (AB)'，满足“有 0 出 1，全 1 出 0”的关系，其引脚图如图 3-1 所示。常用的门电路还有二 4 输入与非门 74LS20、四 2 输入与门 74LS08、六反相器 74LS04，其引脚分别如图 3-2、图 3-3、图 3-4 所示。

表 3-1 74LS00 的逻辑功能表

输入		输出
A	B	Y
0	0	1
0	1	1
1	0	1
1	1	0

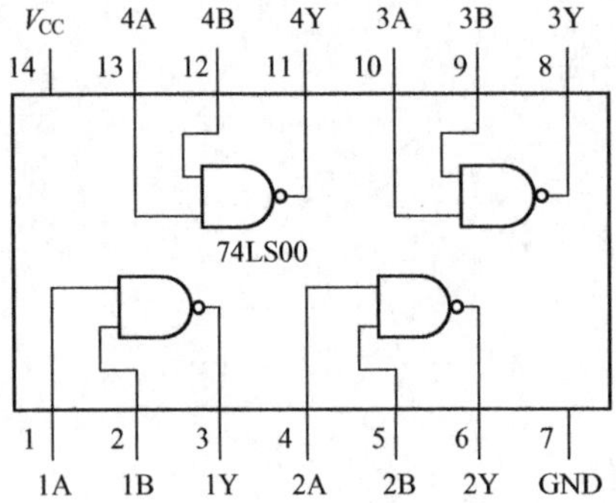

图 3-1 74LS00 引脚图

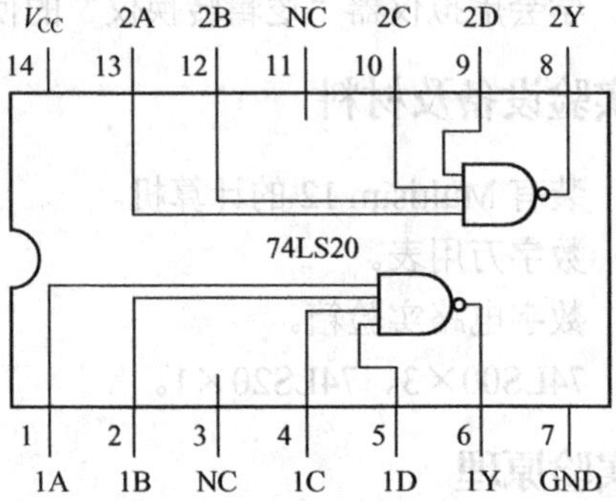

图 3-2 74LS20 引脚图

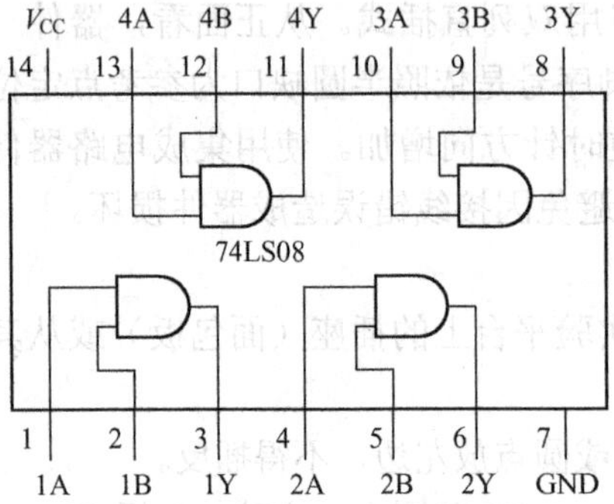

图 3-3 74LS08 引脚图

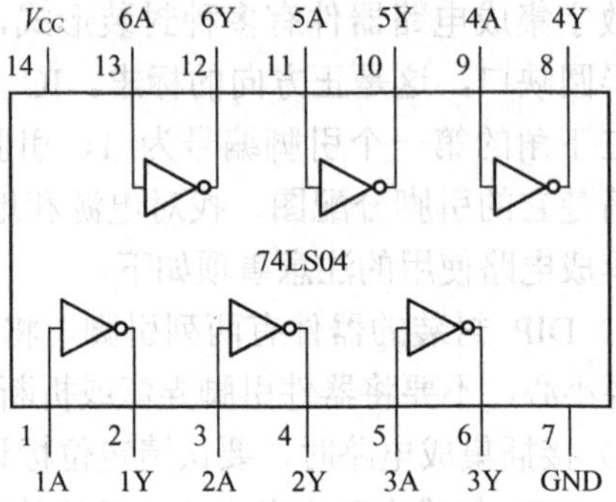

图 3-4 74LS04 引脚图

当把 74LS00 搭接成复杂电路时，如果实验现象不符合要求，则需用万用表的直流电压档去检测每一个与非门的输入输出关系是否满足“有 0 出 1，全 1 出 0”的关系。高电平电压为+5V 左右，低电平则是电压为 0V 左右。如果不满足，则考虑更换芯片；如果某些输入端出现电压为 2V 左右时，表示这个输入端悬空了，应考虑是否连接错误或有断线情况。

4. 半加器

如果不考虑有来自低位的进位将两个 1 位二进制数相加，称为半加。实现半加运算的电路叫做半加器。按照二进制加法运算规则可以列出表 3-2 所示的半加器真值表。其中，A、B 是两个加数，S 是本位和，C_o是进位。将 S、C_o和 A、B 的关系写成逻辑表达式则得到

表 3-2 半加器真值表

输入		输出	
A	B	C_o	S
0	0	0	0
0	1	0	1
1	0	0	1
1	1	1	0

$$S = A'B + AB' = A \oplus B$$

$$C_o = AB$$

因此半加器是由一个异或门和一个与门组成的。

门电路之间可以互相转换，如需用其他门电路（如与非门）来实现，则可化简为

$$\begin{aligned} S &= A'B + AB' = A \oplus B = A'B + BB' + AB' + AA' \\ &= A(B' + A') + B(A' + B') = A(AB)' + B(AB)' \\ &= ((A(AB)' + B(AB)')')' = ((A(AB)')'(B(AB)')')' \end{aligned}$$

$$C_o = AB = ((AB)')'$$

根据化简后的逻辑表达式画出电路图如图 3-5 所示。

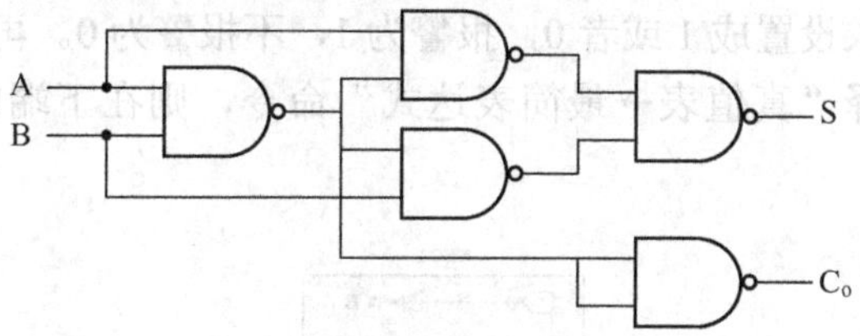

图 3-5 半加器电路图

5. 全加器

实际的加法运算，必须同时考虑由低位来的进位，这种由被加数、加数和一个来自低位的进位数三者相加的运算称为全加运算。执行这种运算的器件称为全加器。表 3-3 为全加器真值表。

A—加数；B—被加数；C_i—低位的进位；S—本位和；C_o—进位。

表 3-3 全加器真值表

输入			输出	
A	B	C_i	C_o	S
0	0	0	0	0
0	0	1	0	1
0	1	0	0	1
0	1	1	1	0
1	0	0	0	1
1	0	1	1	0
1	1	0	1	0
1	1	1	1	1

根据真值表写出全加器的逻辑表达式：

$$\begin{aligned} S &= A'B'C_i + A'BC_i' + AB'C_i' + ABC_i \\ &= C_i(A'B' + AB) + C_i'(A'B + AB') \\ &= C_i(A \oplus B)' + C_i'(A \oplus B) = A \oplus B \oplus C_i \end{aligned}$$

令

$$X = A \oplus B = ((A(AB)')'(B(AB)')')'$$

则 $S = A \oplus B \oplus C_i = X \oplus C_i$

$$\begin{aligned} C_o &= A'BC_i + AB'C_i + ABC_i' + ABC_i \\ &= (A'B + AB')C_i + AB(C_i' + C_i) \\ &= XC_i + AB = ((XC_i + AB)')' = ((XC_i)'(AB)')' \end{aligned}$$

根据表达式画出电路图如图 3-6 所示。

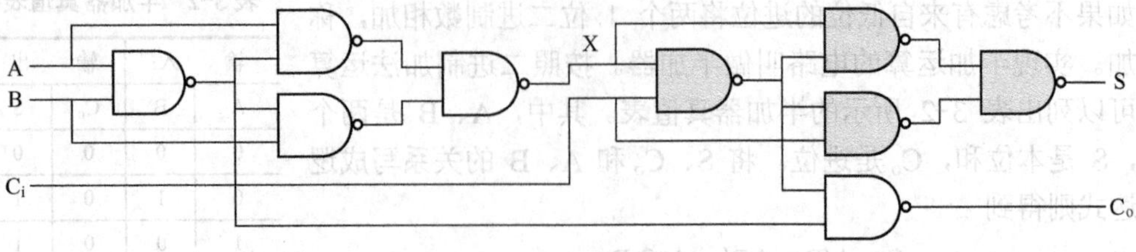

图 3-6　全加器实验电路图

四、计算机仿真实验内容

1. 电动机工作报警电路

用逻辑转换仪设计一组合逻辑电路，要求：有 A、B、C 三台电动机，A 工作 B 也必须工作，B 工作 C 也必须工作，否则就报警。用组合逻辑电路实现。

1）在仿真工作区搭建仿真电路，在仪器仪表库栏拖出逻辑转换仪，或在菜单中选择“Simalate→Instrument→Logic converter”，双击逻辑转换仪图标，在显示的面板图中单击 A、B、C 按钮，在真值表区域内自动列出三个输入的真值表，单击真值表最后 1 列的输出“？”，使之根据题目要求设置成 1 或者 0，报警为 1，不报警为 0。再单击右边的转换方式按钮 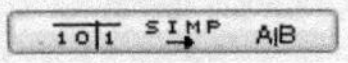，选择“真值表→最简表达式”命令，则在下端的空白处得出最简表达式，如图 3-7 所示。

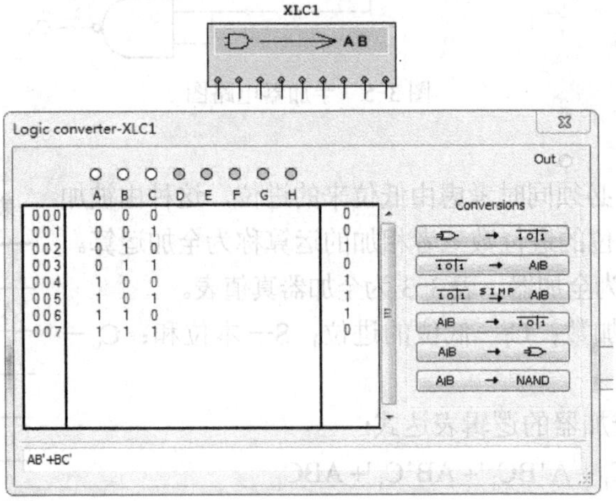

图 3-7　用逻辑转换仪进行表达式转换

2）单击右边的转换方式按钮 ，选择“表达式→与非门电路”命令，则在仿真工作区自动搭建出电路主体，且所有的元件都由 2 输入与非门构成。如图 3-8 所示。

3）选择命令调入电源 Sourses→POWER_SOURSES→VCC、地 Sourses→POWER_SOURSES→GROUND、单刀双掷开关 Basic→Switch→SPDT、电平指示灯 Indicators→PROBE→PROBE_DIG_RED。开关 S1、S2、S3 的快捷键 Key 分别设置为“A”、“B”、“C”，如图 3-9 所示。

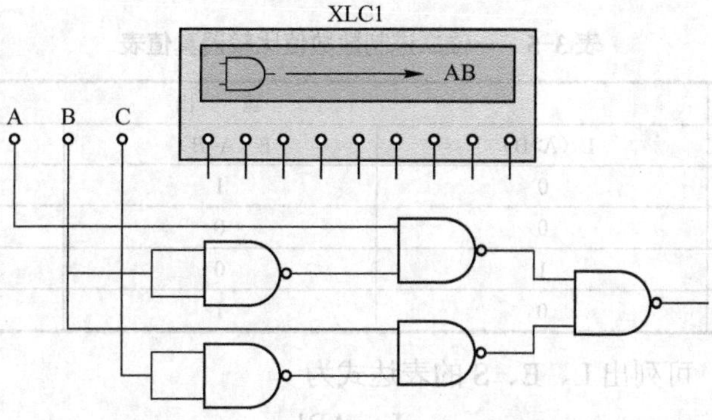

图 3-8　用逻辑转换仪进行“表达式→与非门电路”的转换

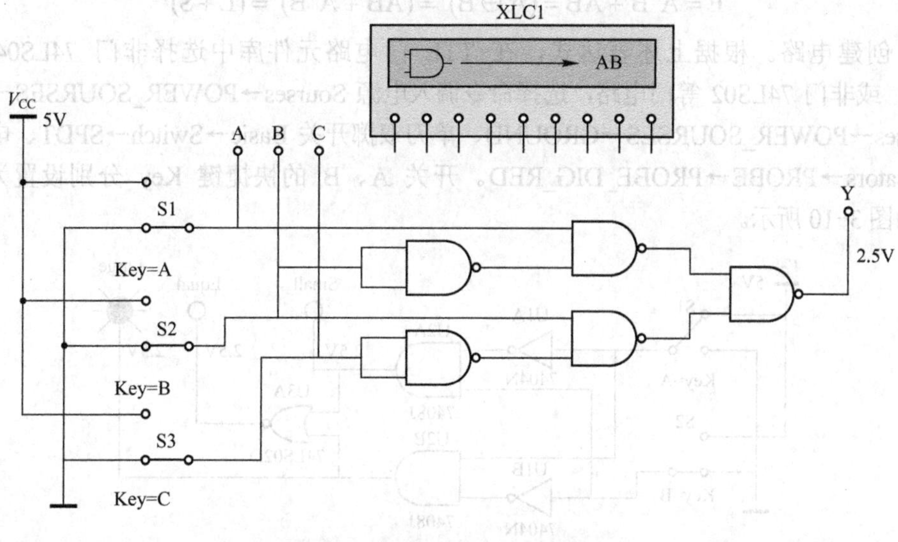

图 3-9　电动机报警仿真电路图

4）切换开关 S1、S2、S3 的电平，验证电路的逻辑功能。并记录数据于表 3-4 中，灯亮记 1，灯灭记 0。

表 3-4　电动机报警电路数据记录表

输	入		输　出
A	B	C	Y
0	0	0	
0	0	1	
0	1	0	
0	1	1	
1	0	0	
1	0	1	
1	1	0	
1	1	1	

2. 一位二进制数数值比较器

在数字电路中，经常需要对两个位数相同的二进制数进行比较，以判断他们的相对大小是否相等，用来实现这一逻辑的电路就称为数值比较器。

数值比较就是对两个二进制数 A、B 进行比较，以判断其大小的逻辑电路，比较结果有 A>B、A=B、A<B 三种情况。如以 L=1 表示 A>B；以 E=1 表示 A=B；以 S=1 表示 A<B。

1）可列出两个 1 位二进制数 A 和 B 的大小比较情况和灯亮与不亮情况（即真值表），见表 3-5。

表 3-5　一位二进制数数值比较器真值表

输　入		输　出		
A	B	L（A>B）	E（A=B）	S（A<B）
0	0	0	1	0
0	1	0	0	1
1	0	1	0	0
1	1	0	1	0

2）根据真值表，可列出 L、E、S 的表达式为

$$L = AB'$$

$$S = A'B$$

$$E = A'B' + AB = (A \oplus B)' = (AB' + A'B)' = (L + S)'$$

3）创建电路。根据上述表达式，在 TTL 门电路元件库中选择非门 74LS04、与门 74LS08、或非门 74LS02 等门电路，选择命令调入电源 Sourses→POWER_SOURSES→VCC、地 Sourses→POWER_SOURSES→GROUND、单刀双掷开关 Basic→Switch→SPDT、电平指示灯 Indicators→PROBE→PROBE_DIG_RED。开关 A、B 的快捷键 Key 分别设置为〈A〉、〈B〉，如图 3-10 所示。

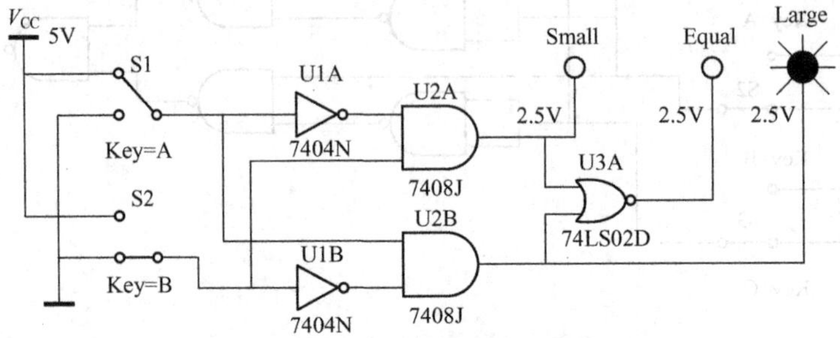

图 3-10　一位二进制数数值比较器电路图

4）仿真运行。切换开关 S1、S2 的电平状态或按快捷键〈A〉和〈B〉，验证电路的逻辑功能。并记录数据于表 3-6 中，灯亮记 1，灯灭记 0。

表 3-6　一位二进制数数值比较器数据记录表

输　入		输　出		
A	B	L	E	S
0	0			
0	1			
1	0			
1	1			

3. 两位二进制数数值比较器

设计任务：两个两位二进制数 X 和 Y 进行比较，当 X>Y 时，L 输出为 1，当 X=Y 时，E 输出为 1，当 X<Y 时，S 输出为 1，用组合逻辑电路实现（提示：X 由 AB 两位组成，Y 由 CD 两位组成）。仿照上述一位二进制数数值比较器的方法列出真值表，写出逻辑表达式，画出电路图并进行仿真验证。

五、实验室操作实验内容

1. 与非门 74LS00 的逻辑功能测试

在数字电路实验箱上测试所用门电路 74LS00 的逻辑功能，输入 A、B 由电平开关控制，输出 Y 接入 LED 电平显示端口。记录其输入输出关系到表 3-7 中。

逻辑关系：Y=____________________。

2. 半加器电路测试

在数字电路实验箱上搭接半加器电路，实验芯片选用 74LS00，输入 A、B 由电平开关控制，输出 C_o 和 S 接入 LED 电平显示端口。记录其输入输出关系到表 3-8 中。

表 3-7　74LS00 逻辑功能测试数据记录表

输入		输出
A	B	Y
0	0	
0	1	
1	0	
1	1	

表 3-8　半加器数据记录表

输入		输出	
A	B	C_o	S
0	0		
0	1		
1	0		
1	1		

3. 全加器电路测试

在数字电路实验箱上搭接全加器电路，实验芯片选用 74LS00，输入 A、B、C_i 由电平开关控制，输出 C_o 和 S 接入 LED 电平显示端口。记录其输入输出关系到表 3-9 中。

表 3-9　全加器数据记录表

输入			输出	
A	B	C_i	C_o	S
0	0	0		
0	0	1		
0	1	0		
0	1	1		
1	0	0		
1	0	1		
1	1	0		
1	1	1		

4. 四人无弃权表决电路设计与测试

设计一个四人无弃权表决电路。当四个输入端中有三个或四个为“1”时，输出端才为“1”，用 74LS00 来实现。按照组合逻辑电路设计步骤列出真值表，写出表达式并化简成“2 输入与非门”的形式，画出电路图，并在数字电路实验箱上验证。

六、思考题

1. 如何用最简单的方法验证“与非”门的逻辑功能是否完好？

2. 当用 74LS00 连接成复杂电路时，怎样用万用表去判断与非门的好坏？

3. 当需要把“与非”门当作“非”门用时，应如何处理？需要把“或非”门当作“非”门用时，应如何处理？

实验 3.2　编码器及其应用

一、实验目的

1. 掌握中规模集成编码器的逻辑功能的测试方法。

2. 掌握优先编码器的扩展使用。

二、实验设备及材料

1. 装有 Multisim 12 的计算机。

2．数字电路实验箱。

3．数字万用表。

4．74LS148×2、74LS08。

三、实验原理

1. 优先编码器

编码是指按一定顺序排列的二进制数码中，赋予每组二进制数码以某一固定含义。能完成编码功能的电路统称为编码器。

有些单片机控制系统和数字电路中，无法对几个按钮的同时响应做出反映，如电梯控制系统在这种情况下就会出现错误，这是绝对不允许的。于是就出现了优先编码器如74LS148，在优先编码器电路中，允许同时输入两个以上编码信号。不过在设计优先编码器时，已经将所有的输入信号按优先顺序排了队。在同时存在两个或两个以上输入信号时，优先编码器只按优先级高的输入信号编码，优先级低的信号则不起作用。74LS148 是一个 8-3 线优先编码器。如图 3-11 所示的是 8—3 线优先编码器 74LS148 的引脚图。

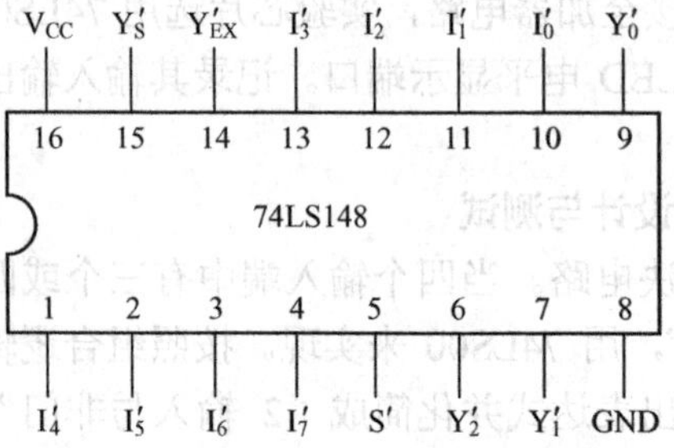

图 3-11　74LS148 引脚图

74LS148 优先编码器为 16 脚的集成芯片，其中 $I_0' \sim I_7'$ 为输入信号，Y_2'、Y_1'、Y_0' 为三位二进制编码输出信号，S' 是使能输入端，Y_S' 是使能输出端，Y_{EX}' 为优先编码工作状态标志。表 3-10 为 74LS148 优先编码器逻辑功能如表。

表 3-10　74LS148 逻辑功能表

输入									输出					功能
S'	I_0'	I_1'	I_2'	I_3'	I_4'	I_5'	I_6'	I_7'	Y_2'	Y_1'	Y_0'	Y_S'	Y_{EX}'	
1	×	×	×	×	×	×	×	×	1	1	1	1	1	禁止编码
0	1	1	1	1	1	1	1	1	1	1	1	0	1	无编码输入
0	×	×	×	×	×	×	×	0	0	0	0	1	0	对 I_7' 编码
0	×	×	×	×	×	×	0	1	0	0	1	1	0	对 I_6' 编码
0	×	×	×	×	×	0	1	1	0	1	0	1	0	对 I_5' 编码
0	×	×	×	×	0	1	1	1	0	1	1	1	0	对 I'_4 编码
0	×	×	×	0	1	1	1	1	1	0	0	1	0	对 I_3' 编码
0	×	×	0	1	1	1	1	1	1	0	1	1	0	对 I_2' 编码
0	×	0	1	1	1	1	1	1	1	1	0	1	0	对 I_1' 编码
0	0	1	1	1	1	1	1	1	1	1	1	1	0	对 I_0' 编码

74LS148 功能说明：

1）S' 为输入使能端，当S' 输入高电平时，编码器不工作，所有输出端为高电平，当S' 输入低电平时，编码器工作。

2）编码器工作（S' 输入低电平）时，输入端$I'_0 \sim I'_7$为信号输入端，输入信号低电平（0 信号）有效，端口I'_7的优先级最高，$Y'_2 \sim Y'_0$的输出是对输入信号的编码。

3）编码器工作时，若$I'_0 \sim I'_7$输入端均无输入信号（均高电平），Y'_S输出低电平，Y'_{EX}输出高电平，其余Y'_S输出高电平，Y'_{EX}输出低电平。这两个输出端可用于编码器的扩展。

2. 编码器的扩展

用两片 74LS148 优先编码器扩展为 16 线—4 线优先编码器。如图 3-12 所示，将 16 个低电平输入信号$A'_0 \sim A'_{15}$编码为 16 个 4 位二进制代码 0000～1111。其中的A'_{15}优先权最高，A'_0的优先权最低。

现将 8 个优先权高的输入信号$A'_8 \sim A'_{15}$接到第 1 片的输入端$A'_0 \sim A'_7$，而将 8 个优先权低的输入信号$A'_0 \sim A'_7$接到第 2 片的输入端$I'_0 \sim I'_7$。

按照优先顺序的要求，只有$A'_8 \sim A'_{15}$均无输入信号时，才允许对$A'_0 \sim A'_7$的输入信号编码。因此，只要把第 1 片的“无编码信号输入”信号Y'_S作为第 2 片的选通输入信号S' 就行了。

此外，当第 1 片有编码信号输入时它的$Y'_{EX}=0$，无编码信号输入时$Y'_{EX}=1$，正好可以用它作为输出编码的第四位，以区分 8 个高优先权输入信号和 8 个低优先权输入信号的编码。

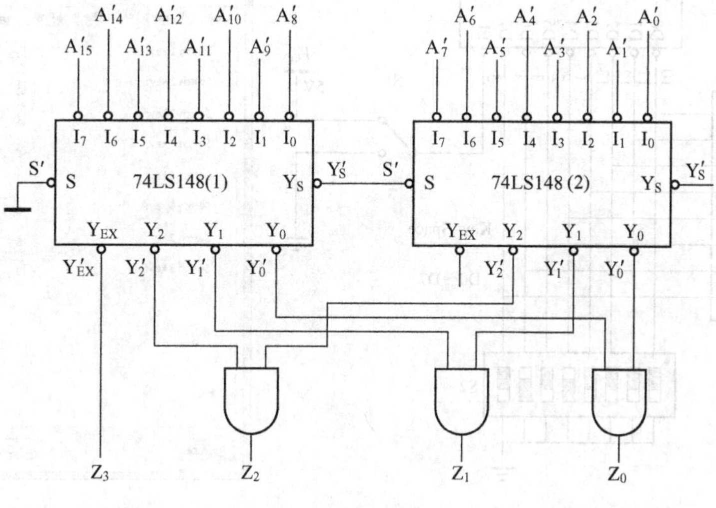

图 3-12　两片 74LS148 优先编码器扩展为 16 线—4 线优先编码器

四、计算机仿真实验内容

1. 74LS148 的逻辑功能测试

1）创建如图 3-13 所示的 74LS148 逻辑功能仿真电路。在元器件库中单击（Group）TTL 按钮，列表中选择（Family）74LS，元器件列表（Component）选中 74LS148D，单击

"OK"按钮，确认取出 74LS148 编码器 U1。注意在软件 Multisim 12 中芯片的引脚命名和原理部分或其他书籍有所不同，但只要是引脚号相同，就表示同一个引脚。

2）其他元器件可参照以下说明取用。

- S1 单刀双掷开关：（Group）Basic→（Family）SWITCH →（Component）SPDT。
- S2 拨码开关：（Group）Basic→（Family）SWITCH→（Component）DSWPK_8。
- R1 排阻：（Group）Basic→（Family）RPACK→（Component）8Line_Bussed。
- EO、A0、A1、A2、GS 电平指示灯：（Group）Indicators→（Family）PROBE→（Component）PROBE_DIG_RED。
- 电源 V_{CC}：（Group）Sourses→（Family）POWER_SOURSES→（Component）VCC。
- 地 GND：（Group）Sourses→（Family）POWER_SOURSES→（Component）GROUND。

3）双击拨码开关 S2，设置 D_0～D_7 的快捷键为 0～7，如图 3-14 所示。

4）按照表 3-11 设置 EI、D_0～D_7，测试并记录数据，总结每组数据功能。

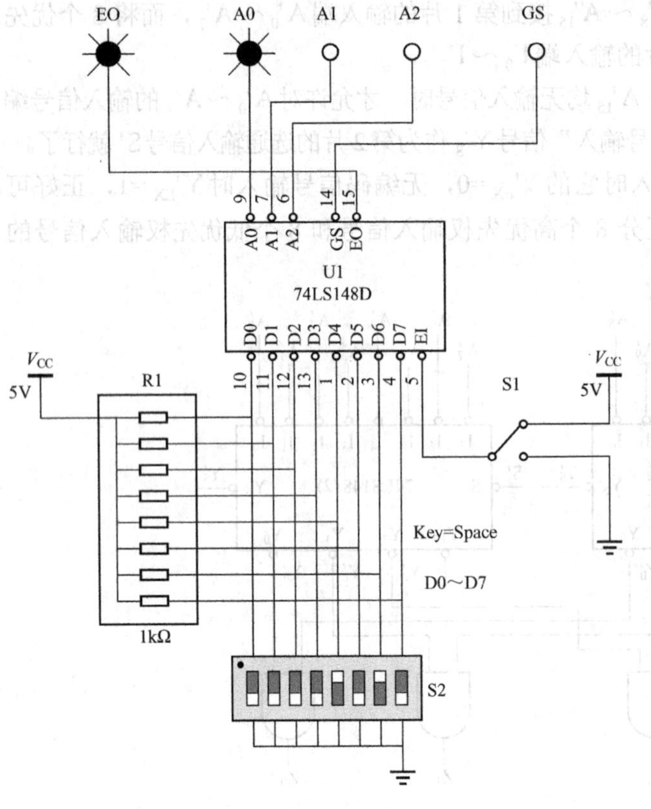

图 3-13　74LS148 逻辑功能仿真电路

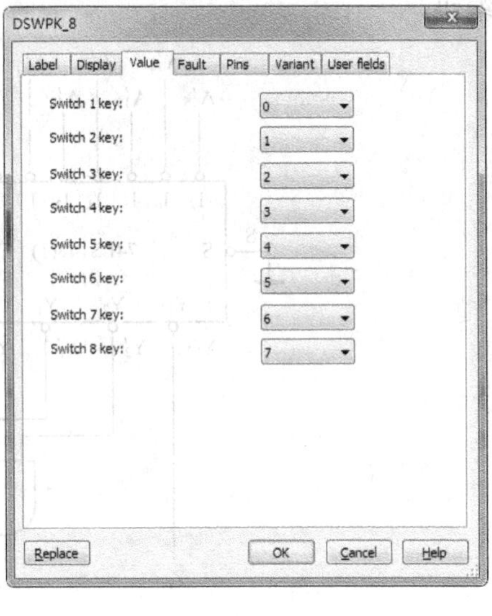

图 3-14　拨码开关快捷键设置

2. 编码器的扩展

用同样的方法创建电路，按编码器扩展电路如图 3-15 所示调入相关元件，把输入 D_0～D_{15} 设置成表 3-12 中的不同的数据。观察输出 A_3～A_0、EO、GS，将测试结果填入表 3-12 中，并总结每组数据是对哪一位进行编码。

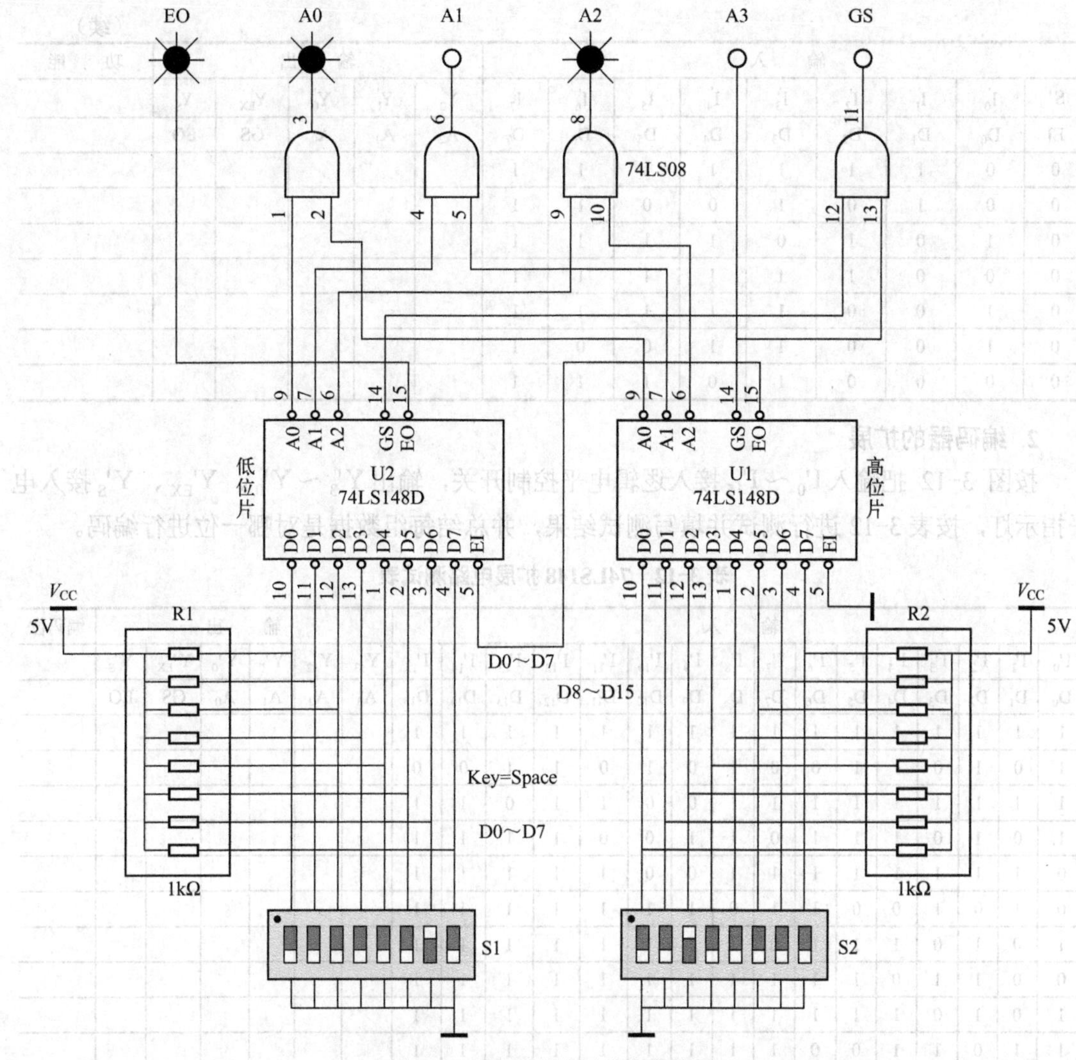

图 3-15　编码器扩展仿真电路图

五、实验室操作实验内容

1. 优先编码器 74LS148 的逻辑功能测试

将 74LS148 的输入端 S'、I_0'～I_7' 接入逻辑电平控制开关、输出端 Y_2'～Y_0'、Y_{EX}'、Y_S' 接入电平指示灯，按表 3-11 测试并填写测试结果，并总结其功能。

表 3-11　74LS148 逻辑功能测试表

输入									输出					功能
S'	I_0'	I_1'	I_2'	I_3'	I_4'	I_5'	I_6'	I_7'	Y_2'	Y_1'	Y_0'	Y_{EX}'	Y_S'	
EI	D_0	D_1	D_2	D_3	D_4	D_5	D_6	D_7	A_2	A_1	A_0	GS	EO	
1	1	0	1	0	1	1	0	0						
0	1	1	1	1	1	1	1	1						
0	1	0	1	0	1	1	1	0						

（续）

输入									输出					功能
S'	I'_0	I'_1	I'_2	I'_3	I'_4	I'_5	I'_6	I'_7	Y'_2	Y'_1	Y'_0	Y'_{EX}	Y'_S	
EI	D_0	D_1	D_2	D_3	D_4	D_5	D_6	D_7	A_2	A_1	A_0	GS	EO	
0	0	1	1	1	1	1	1	1						
0	0	1	0	1	0	0	1	1						
0	1	0	1	0	1	1	1	1						
0	0	0	1	1	1	1	1	1						
0	1	0	0	1	1	1	1	1						
0	1	0	0	1	1	0	0	1						
0	0	0	0	1	0	1	1	1						

2. 编码器的扩展

按图 3-12 把输入 $I'_0 \sim I'_{15}$ 接入逻辑电平控制开关，输出 $Y'_3 \sim Y'_0$、Y'_{EX}、Y'_S 接入电平指示灯，按表 3-12 进行测试并填写测试结果，并总结每组数据是对哪一位进行编码。

表 3-12　74LS148 扩展电路测试表

输入																输出						编码位
I'_0	I'_1	I'_2	I'_3	I'_4	I'_5	I'_6	I'_7	I'_8	I'_9	I'_{10}	I'_{11}	I'_{12}	I'_{13}	I'_{14}	I'_{15}	Y'_3	Y'_2	Y'_1	Y'_0	Y'_{EX}	Y'_S	
D_0	D_1	D_2	D_3	D_4	D_5	D_6	D_7	D_8	D_9	D_{10}	D_{11}	D_{12}	D_{13}	D_{14}	D_{15}	A_3	A_2	A_1	A_0	GS	EO	
1	1	1	1	1	1	1	1	1	1	1	1	1	1	1	1							
1	0	1	0	1	1	0	0	1	0	1	0	1	1	0	0							
1	1	1	1	1	1	1	1	1	0	0	1	1	0	1	1							
1	0	1	0	1	1	1	0	1	1	0	0	1	1	1	1							
0	1	1	1	1	1	1	1	1	0	0	1	1	1	1	1							
0	1	0	1	0	0	1	1	0	1	1	1	1	1	1	1							
1	0	1	0	1	1	1	0	1	1	1	1	1	1	1	1							
0	0	1	1	0	1	1	1	1	1	1	1	1	1	1	1							
1	0	1	0	1	1	1	1	1	1	1	1	1	1	1	1							
1	1	0	1	1	0	0	1	1	1	1	1	1	1	1	1							
0	1	1	1	1	1	1	1	1	1	1	1	1	1	1	1							

六、思考题

1．如 74LS148 的编码输出 $Y'_2\ Y'_1\ Y'_0$ 为 010，表示对哪一位输入进行编码？

2．通过输出端怎样判断编码器 74LS148 有无编码输入数据？

3．如果编码器 74LS148 的两个数据输入端 I'_0 和 I'_5 同时有效（都为 0），编码器将对哪个数据进行编码，编码输出 $Y'_2\ Y'_1\ Y'_0$ 为多少？

实验 3.3　译码器及其应用

一、实验目的

1．掌握中规模集成译码器的逻辑功能的测试方法及扩展使用。

2．掌握数码管及译码驱动器的使用。

二、实验设备及材料

1. 装有 Multisim 12 的计算机。
2. 数字电路实验箱。
3. 函数信号发生器。
4. 双通道示波器。
5. 数字万用表。
6. 74LS138×2、CC4511、共阴极七段数码管 LC5011、电阻 510Ω×7。

三、实验原理

译码是编码的逆过程，把二进制码还原成给定的信息符号（数符、字符或运算符等）。能完成译码功能的电路叫译码器。译码器输入二进制数码的位数 n 与输出端数 m 之间的关系为：$m \leqslant 2^n$，若 $m=2^n$ 称为全译码，$m<2^n$ 称为非全译码。

译码器是一个多输入、多输出的组合逻辑电路。它的作用是把给定的代码进行“翻译”，变成相应的状态，使输出通道中相应的一路有信号输出。译码器在数字系统中有广泛的用途，不仅用于代码的转换、终端的数字显示，还用于数据分配，存储器寻址和组合控制信号等。不同的功能可选用不同种类的译码器。

译码器可分为通用译码器和显示译码器两大类。前者又可分为变量译码器和代码变换译码器。

1. 变量译码器 74LS138

变量译码器（又称二进制译码器），对应于输入的每一位二进制码，译码器只有确定的一条输出线有信号输出。这类译码芯片有 2 线—4 线译码器 74LSl39，3 线—8 线译码器 74LSl38、74LS137、74LS237、74LS238、74LS538，4 线—16 线译码器 MC74154、MC74159、4514、4515 等。

以 3 线—8 线译码器 74LS138 为例进行分析，其逻辑符号如图 3-16a 所示，图 3-16b 为其引脚图。其中 A_2、A_1、A_0 为地址输入端，$Y'_0 \sim Y'_7$ 为译码输出端，S_1、S_2'、S_3' 为使能端。

表 3-13　74LS138 功能表

输入					输出							
使能		选择										
S_1	$S_2'+S_3'$	A_2	A_1	A_0	Y'_0	Y'_1	Y'_2	Y'_3	Y'_4	Y'_5	Y'_6	Y'_7
0	×	×	×	×	1	1	1	1	1	1	1	1
×	1	×	×	×	1	1	1	1	1	1	1	1
1	0	0	0	0	0	1	1	1	1	1	1	1
1	0	0	0	1	1	0	1	1	1	1	1	1
1	0	0	1	0	1	1	0	1	1	1	1	1
1	0	0	1	1	1	1	1	0	1	1	1	1
1	0	1	0	0	1	1	1	1	0	1	1	1
1	0	1	0	1	1	1	1	1	1	0	1	1
1	0	1	1	0	1	1	1	1	1	1	0	1
1	0	1	1	1	1	1	1	1	1	1	1	0

当S_1=1，$S'_2+S'_3$=0 时，器件使能，地址码所指定的输出端有信号（为 0）输出，其他所有输出端均无信号（全为 1）输出。当S_1=0、$S'_2+S'_3$ =X 时，或S_1=X、$S'_2+S'_3$=1 时，译码器被禁止，所有输出同时为 1。

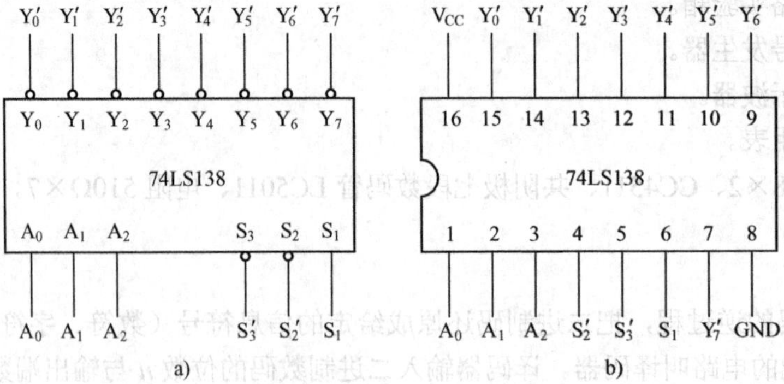

图 3-16　3－8 线译码器 74LS138 逻辑符号及引脚图

二进制译码器实际上也是负脉冲输出的脉冲分配器。若利用使能端中的一个输入端输入数据信息，器件就成为一个数据分配器（又称多路分配器），如图 3-17 所示。若从S_1输入端输入数据信息，$S'_2=S'_3$=0，地址码所对应的输出是S_1数据信息的反码；若从S'_2端输入数据信息，令S_1=1，S'_3=0，地址码所对应的输出就是S'_2端数据信息的原码。若数据信息是时钟脉冲，则数据分配器便成为时钟脉冲分配器。

根据输入地址的不同组合译出唯一的地址，故可用作地址译码器。接成多路分配器，可将一个信号源的数据信息传输到不同的地点。

二进制译码器还能方便地实现逻辑函数，如图 3-18 所示，实现的逻辑函数为

$$Z=(Y'_0Y'_1Y'_2Y'_7)'=Y_0+Y_1+Y_2+Y_7=A'B'C'+AB'C'+A'BC'+ABC$$

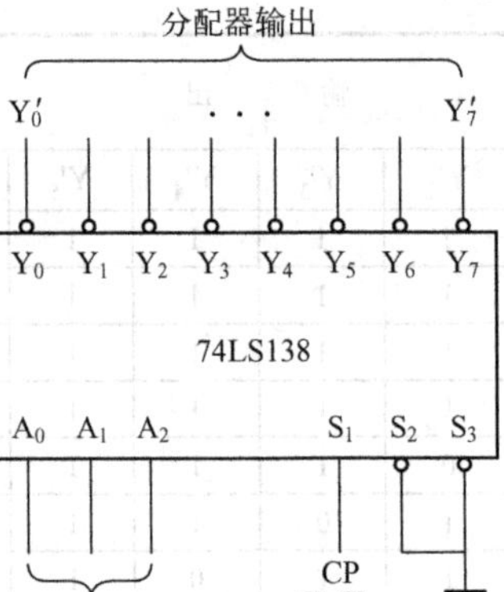

图 3-17　脉冲分配器

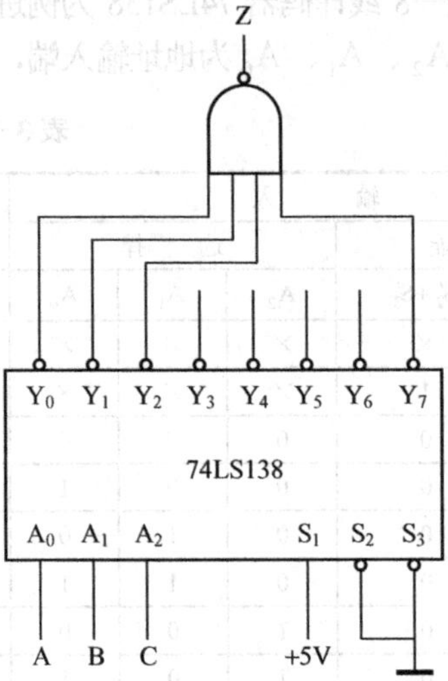

图 3-18　实现逻辑函数

利用使能端能方便地将两片 74LS138 译码器组合成一个 4/16 译码器，如图 3-19 所示。

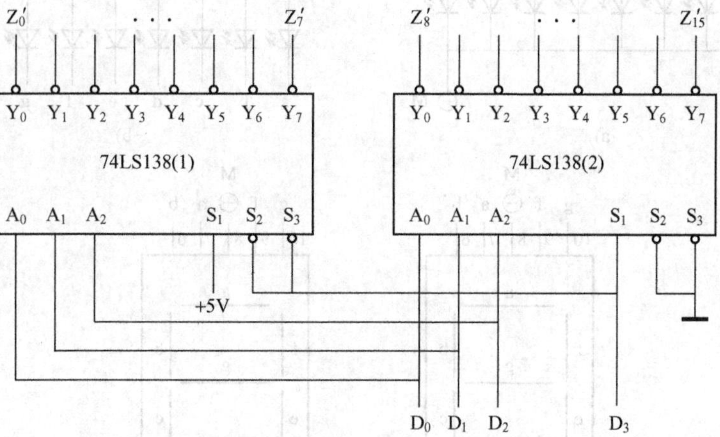

图 3-19 用两片 74LS138 组合成 4/16 译码器

2. 显示译码器

（1）七段 LED 数码管 LC5011

在数字系统中，经常需要将数字、文字和符号的二进制编码翻译成人们习惯的形式以便直观地显示和查看。显示器的产品很多，如荧光数码管、半导体显示器、液晶显示和辉光数码管等。显示方式一般有三种；重叠式显示、点阵式显示和分段式显示。重叠式显示：它是将不同的字符电极重叠起来，要显示某字符时，只需使相应的电极发亮即可，如荧光数码管就是如此。点阵式显示是利用一定的规律进行排列、组合以显示不同的数字。例如火车站里显示列车车次、始发时间的显示屏就是利用点阵方式显示的。分段式显示：即数码由分布在同一平面上的若干段发光的笔划组成。如电子手表、数字电子钟的显示就是用分段式显示。

LED 数码管是目前最常用的分段式数字显示器，图 3-20a、b 为共阴极数码管和共阳极数码管的电路，3-20c 为两种不同形式的引出脚功能图。

LC5011 共阴极数码管内部实际上是一个八段发光二极管负极连在一起的电路，如图 3-20a 所示。当在 a～g、h 段加上正向电压时，发光二极管发光。比如显示二进制数 0101（即十进制数 5），应使显示器的 a、f、g、c、d 段加上高电平。同理，共阳极显示应在各段加上低电平，则相应各段就发光，如图 3-20b 所示。

LED 数码管要显示 BCD 码所表示的十进制数字就需要有一个专门的译码器，该译码器不但要完成译码功能，还要有相当的驱动能力。

（2）BCD — 七段显示译码驱动器 CC4511

显示译码器型号有 74LS47（共阳），CC4511（共阴）等，本实验采用 CC4511 BCD 码锁存/七段译码/驱动器，驱动共阴极 LED 数码管。图 3-21 为 CC4511 的引脚排列。

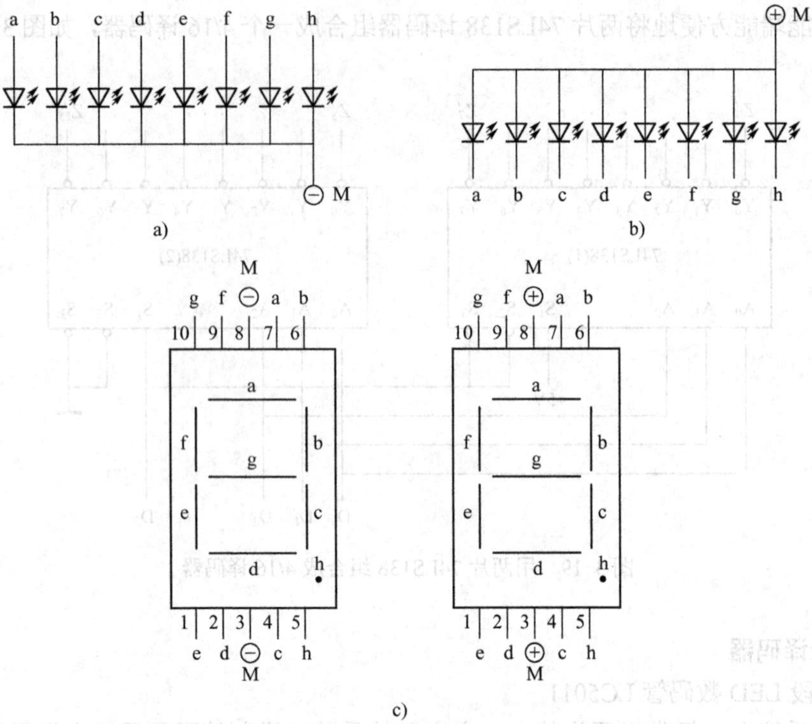

图 3-20　LED 数码管

a) 共阴连接（“1”电平驱动）　b) 共阳连接（“0”电平驱动）　c) 符号及引脚功能

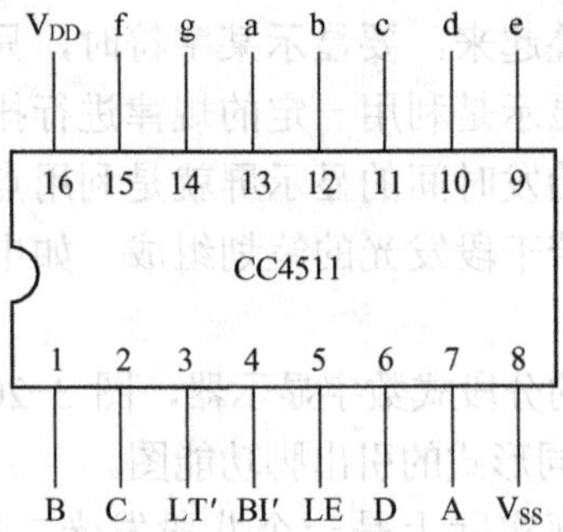

图 3-21　CC4511 引脚排列

其中：A、B、C、D——BCD 码输入端。

a、b、c、d、e、f、g——译码输出端，当输出为“1”时有效，用来驱动共阴极 LED 数码管。

LT'——测灯输入端，LT'=“0”时，译码输出全为“1”。

BI'——消隐输入端，BI'=“0”时，译码输出全为“0”。

LE——锁定端，LE=“1”时译码器处于锁定（保持）状态，译码输出保持在 LE=0 时的数值，LE=0 为正常译码。

表 3-14 为 CC4511 功能表。由于 CC4511 内接有上拉电阻，故只需在输出端与数码管每一端之间串入限流电阻即可工作。译码器还有拒伪码功能，当输入码超过 1001 时，输出全为“0”，数码管熄灭。

CC4511 与 LED 数码管的连接如图 3-22 所示。

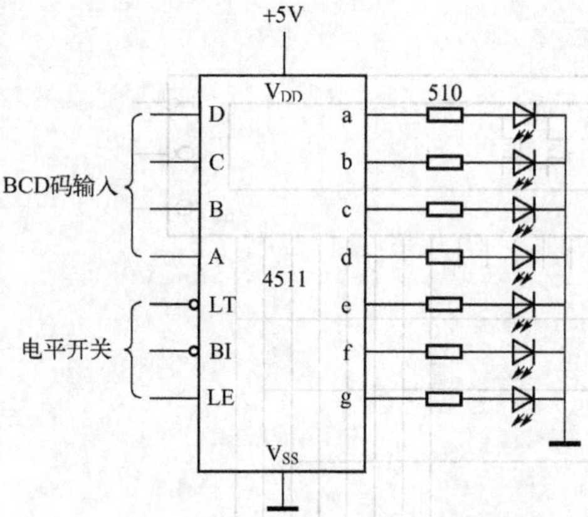

图 3-22　CC4511 与 LED 数码管连接图

表 3-14　CC4511 功能表

输入							输出							
LE	BI'	LT'	D	C	B	A	a	b	c	d	e	f	g	显示字形
×	×	0	×	×	×	×	1	1	1	1	1	1	1	8
×	0	1	×	×	×	×	0	0	0	0	0	0	0	消隐
0	1	1	0	0	0	0	1	1	1	1	1	1	0	0
0	1	1	0	0	0	1	0	1	1	0	0	0	0	1
0	1	1	0	0	1	0	1	1	0	1	1	0	1	2
0	1	1	0	0	1	1	1	1	1	1	0	0	1	3
0	1	1	0	1	0	0	0	1	1	0	0	1	1	4
0	1	1	0	1	0	1	1	0	1	1	0	1	1	5
0	1	1	0	1	1	0	0	0	1	1	1	1	1	6
0	1	1	0	1	1	1	1	1	1	0	0	0	0	7
0	1	1	1	0	0	0	1	1	1	1	1	1	1	8
0	1	1	1	0	0	1	1	1	1	0	0	1	1	9
0	1	1	1	0	1	0	0	0	0	0	0	0	0	消隐
0	1	1	1	0	1	1	0	0	0	0	0	0	0	消隐
0	1	1	1	1	0	0	0	0	0	0	0	0	0	消隐
0	1	1	1	1	0	1	0	0	0	0	0	0	0	消隐
0	1	1	1	1	1	0	0	0	0	0	0	0	0	消隐
0	1	1	1	1	1	1	0	0	0	0	0	0	0	消隐
1	1	1	×	×	×	×	锁存							锁存

四、计算机仿真实验内容

1．74LS138 译码器逻辑功能测试

1）创建电路。在 TTL 门电路元件库中选择译码器 74LS138，选择命令调入电源 Sourses→POWER_SOURSES→VCC、地 Sourses→POWER_SOURSES→GROUND、单刀双掷开关 Basic→SWITCH→SPDT、电平指示灯 Indicators→PROBE→PROBE_DIG_RED。在仪器仪表栏拖出"Word generator（字信号发生器）"和"Logical analyzer（逻辑分析仪）"，放置于工作区，调整元件到合适位置并进行连线。输入信号的 3 位二进制代码由字信号发生器产生，输入信号、输出信号波形由逻辑分析仪显示，如图 3-23 所示。

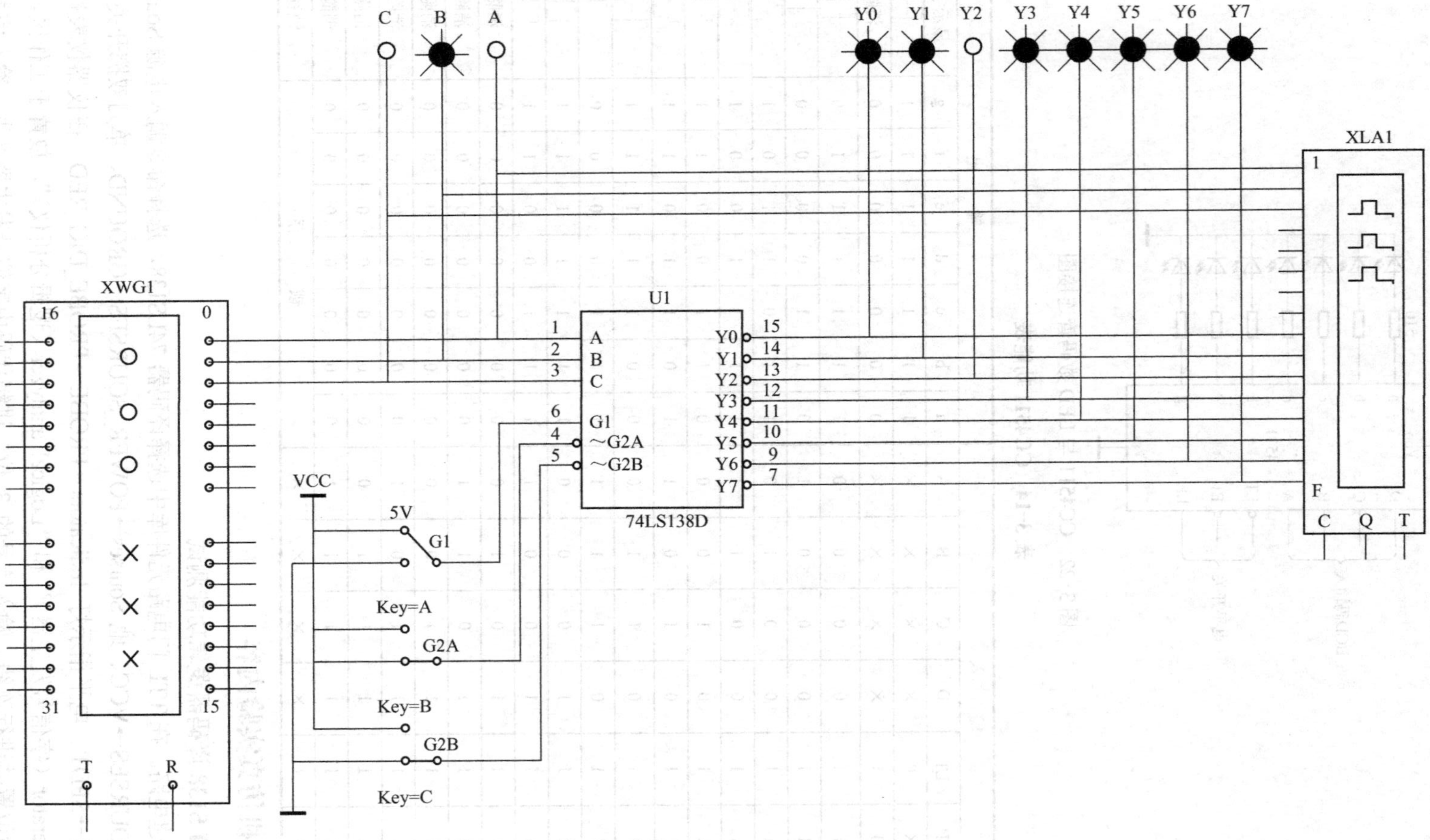

图3-23　74LS138逻辑功能测试仿真电路

2）双击字信号发生器，设置数据控制方式为“Cycle”（循环控制方式），设置数字显示方式为“Binary”（二进制数），频率设置为 1kHz，在数据显示区末三位为“111”处单击右键，单击“Set Final Position”按钮置该数据为终止数据，如图 3-24 所示。单击该控制面板上“Set（设置）”按钮，打开设置对话框，选择“Up counter（递增编码方式）”，再单击“OK”按钮，如图 3-25 所示。

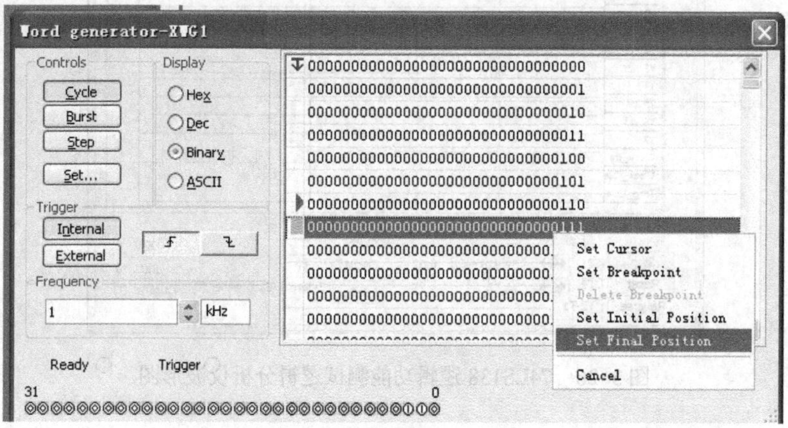

图 3-24　字信号发生器控制面板图

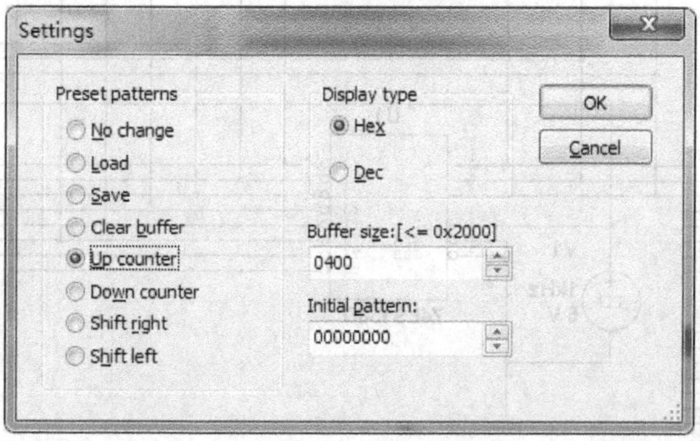

图 3-25　字信号发生器数据控制方式设置

3）双击逻辑分析仪即可打开逻辑分析仪面板，记录其波形图，可观察到输入输出信号的对应波形，如图 3-26 所示，在游标 1 处，CBA 为 010，输出只有 Y_2 为 0，其余为 1；在游标 2 处，CBA 为 011，输出只有 Y_3 为 0，其余为 1。修改频率为 10Hz，通过指示灯观察实验结果。记录于表 3-15 中，并总结其实现的功能。

2. 由 74LS138 组成的脉冲分配器

1）另建一文件，复制上述文档，并进行修改。由片选端 G_1 输入一个 1kHz 的脉冲信号 Sourses→SIGNAL_VOLTAGE_SOURSES→CLOCK_VOLTAGE,片选～G_{2A}、～G_{2B} 接地，如图 3-27 所示。字信号发生器内触发频率改为 100Hz。

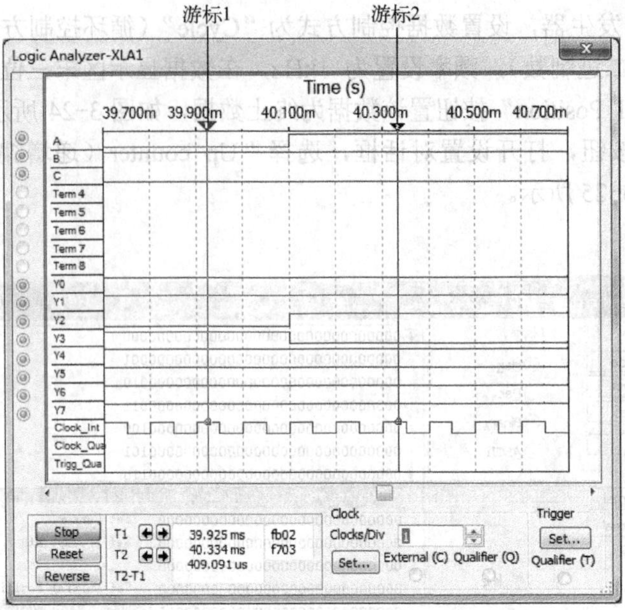

图 3-26　74LS138 逻辑功能测试逻辑分析仪波形图

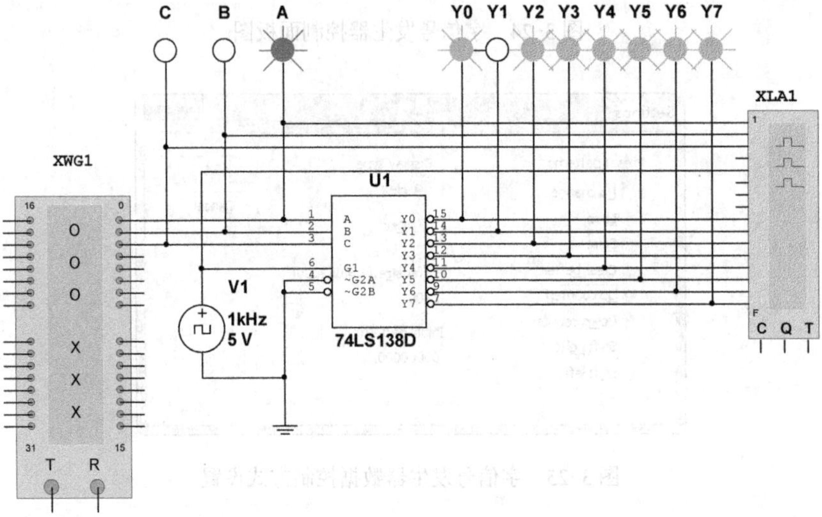

图 3-27　脉冲分配器仿真电路图

2）仿真运行。双击逻辑分析仪即可打开逻辑分析仪面板，记录其波形图如图 3-28 所示。观察其脉冲分配与地址码的关系，并且观察输出脉冲与输入脉冲 V_1 的相位关系。

3．CC4511 的逻辑功能测试

1）创建电路。调入 CMOS→CMOS_5V→4511BD_5V，选择命令调入电源 Sourses→POWER_SOURSES→VCC、地 Sourses→POWER_SOURSES→GROUND、单刀双掷开关 Basic→SWITCH→SPDT、电平指示灯 Indicators→PROBE→PROBE_DIG_RED，共阴极数码管 Indicators→HEX_DISPLAY→SEVEN_SEG_COM_K,电阻 Basic→RESISTOR。在仪器仪表栏拖出字信号发生器，放置于工作区。输入信号的 4 位二进制代码由字信号发生器产

生，如图 3-29 所示。

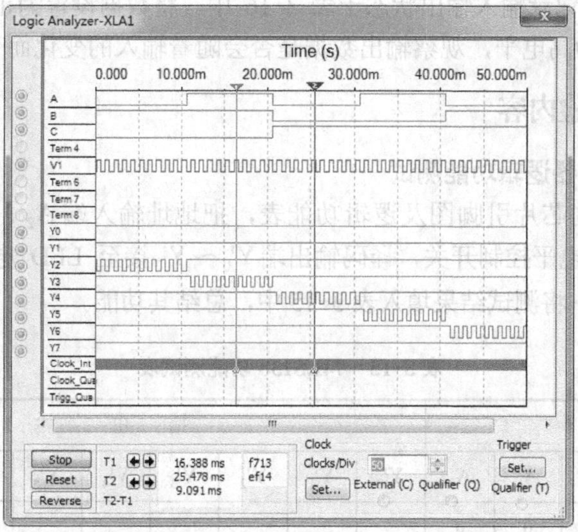

图 3-28　逻辑分析仪测试脉冲分配器波形图

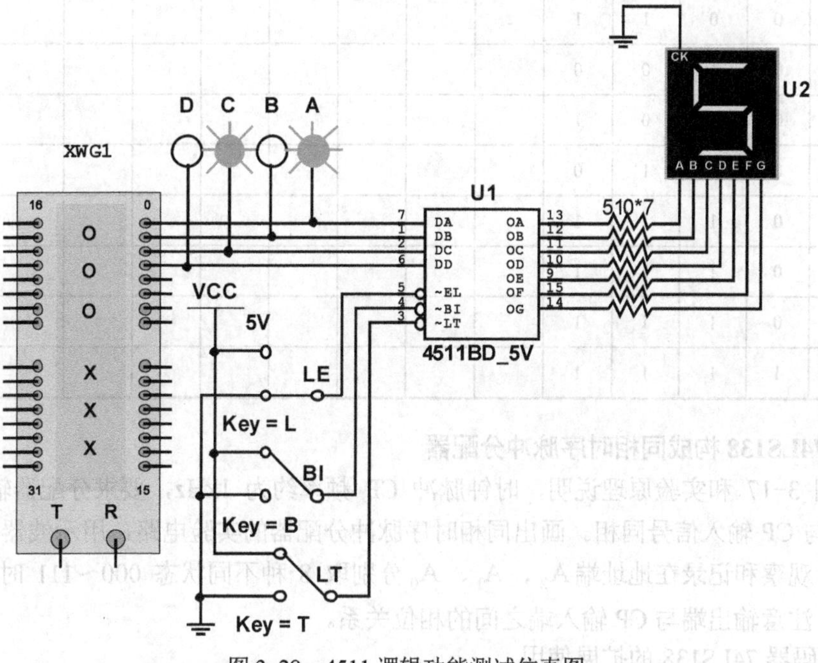

图 3-29　4511 逻辑功能测试仿真图

2）双击字信号发生器，设置数据控制方式为“Cycle（循环控制方式）”，设置数字显示方式为“Binary（二进制数）”，频率设置为 100Hz，在数据显示区末四位为“1111”处单击右键，单击“Set Final Position”按钮置该数据为终止数据。单击该控制面板上“Set（设置）”按钮，打开设置对话框，选择“Up counter(递增编码方式)”，再单击“OK”按钮完成设置。

3）仿真运行。设置～BI、～LT 为不同的电平，记录显示的字形。将～EL 设置成 0，～BI、～LT 设置成 1，记录输入输出状态于表 3-16 中。将数据设置为正常译码状态，如显示为 5，再将 EL 设置为高电平，观察输出数据是否会随着输入的变化而变化，总结其功能。

五、实验室操作实验内容

1. 74LS138 译码器逻辑功能测试

根据 74LS138 的芯片引脚图及逻辑功能表，把地址输入端 A_2、A_1、A_0 以及使能端 S_1、S'_2、S'_3 接入逻辑电平控制开关，译码输出端 Y'_0～Y'_7 接至 LED 电平指示灯，逐项测试 74LS138 的逻辑功能，将测试结果填入表 3-15 中，总结其功能。

表 3-15　74LS138 功能测试表

输入						输出								功能
S_1	S'_2	S'_3	A_2	A_1	A_0	Y'_0	Y'_1	Y'_2	Y'_3	Y'_4	Y'_5	Y'_6	Y'_7	
1	0	0	0	0	0									
1	0	0	0	0	1									
1	0	0	0	1	0									
1	0	0	0	1	1									
1	0	0	1	0	0									
1	0	0	1	0	1									
1	0	0	1	1	0									
1	0	0	1	1	1									
0	0	0	1	1	1									
1	1	0	1	1	1									
1	0	1	1	1	1									

2. 用 74LS138 构成同相时序脉冲分配器

参照图 3-17 和实验原理说明，时钟脉冲 CP 频率约为 1kHz，要求分配器输出端 Y'_0～Y'_7 的信号与 CP 输入信号同相。画出同相时序脉冲分配器的实验电路，用示波器观察输入与输出波形，观察和记录在地址端 A_2、A_1、A_0 分别取 8 种不同状态 000～111 时，Y'_0～Y'_7 端的输出，注意输出端与 CP 输入端之间的相位关系。

一. 译码器 74LS138 的扩展使用

用两片 74LS138 组合成一个 4 线—16 线译码器，如图 3-19 所示，并进行实验，输入 D_0～D_3 接逻辑电平控制开关，输出 Z'_0～Z'_{15} 接 LED 电平指示灯，观察实验现象，总结输入输出关系。

3. 数据拨码开关、BCD — 七段显示译码器 CC4511 以及数码管 LC5011 的使用

如图 3-22 所示，在实验装置的芯片座子上插上 CC4511 和共阴极数码管 LC5011 各一

个，CC4511 的输入端 DCBA 二进制数码选用数据拨码开关的输出端 DCBA（四组中选一组)，测灯输入端LT'、消隐输入端BI'、锁定端 LE 接电平开关，译码输出端 a、b、c、d、e、f、g 与数码管对应段之间串联一个限流电阻。观察输出与输入之间的关系，记录于表 3-16 中，并说明其功能。注意：最后一行的测试，是在前一行的基础上，改变 LE=1，再改变 DCBA 的值，观察输出数据是否改变。

表 3-16　4511 逻辑功能测试记录表

输　入							输　出							
LE	BI'	LT'	D	C	B	A	a	b	c	d	e	f	g	显示字形
×	×	0	×	×	×	×								
×	0	1	×	×	×	×								
0	1	1	0	0	0	0								
0	1	1	0	0	0	1								
0	1	1	0	0	1	0								
0	1	1	0	0	1	1								
0	1	1	0	1	0	0								
0	1	1	0	1	0	1								
0	1	1	0	1	1	0								
0	1	1	0	1	1	1								
0	1	1	1	0	0	0								
0	1	1	1	0	0	1								
0	1	1	1	0	1	0								
0	1	1	1	0	1	1								
0	1	1	1	1	0	0								
0	1	1	1	1	0	1								
0	1	1	1	1	1	0								
0	1	1	1	1	1	1								
0	1	1	0	1	0	1								
1	1	1	0	0	0	1								

六、思考题

1．CC4511 的拒伪码功能体现在哪里？

2．怎样用数字万用表判断共阴极数码管的好坏？

3．共阴极数码管和共阳极数码管的区别在哪里？

4．用 74LS138 构成脉冲分配器时，如 $A_2A_1A_0$=101，哪个输出端会有波形输出？

实验 3.4　数据选择器及其应用

一、实验目的

1．掌握中规模集成数据选择器的逻辑功能的测试方法。

2．掌握用数据选择器构成组合逻辑电路的方法。

二、实验设备及材料

1．装有 Multisim 12 的计算机。

2．数字电路实验箱。

3．数字万用表。

4．74LS151、74LS153、74LS00。

三、实验原理

数据选择器又叫“多路开关”。数据选择器在地址码（或叫选择控制）电位的控制下，从几个数据输入中选择一个并将其送到一个公共的输出端。数据选择器的功能类似一个单刀多掷开关，如图 3-30 所示，图中有八路数据 D_0～D_7，通过选择控制信号 A_2～A_0（地址码）从八路数据中选中某一路数据送至输出端 Y。

数据选择器是逻辑设计中应用十分广泛的逻辑器件，它有 2 选 1、4 选 1、8 选 1、16 选 1 等类别。

1．8 选 1 数据选择器 74LS151

74LS151 为互补输出的 8 选 1 数据选择器，引脚排列如图 3-31 所示，功能见表 3-17。

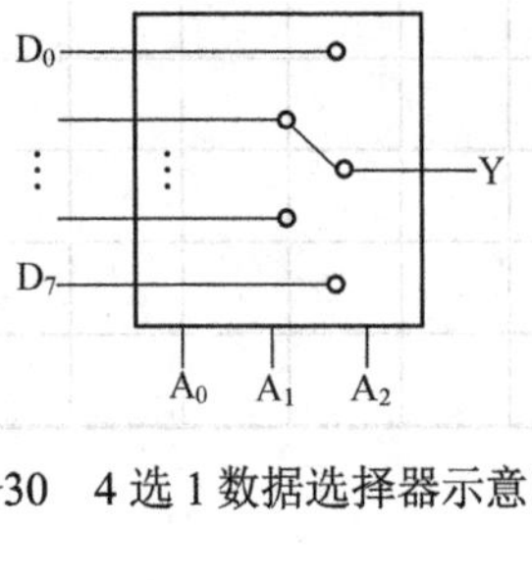

图 3-30　4 选 1 数据选择器示意图

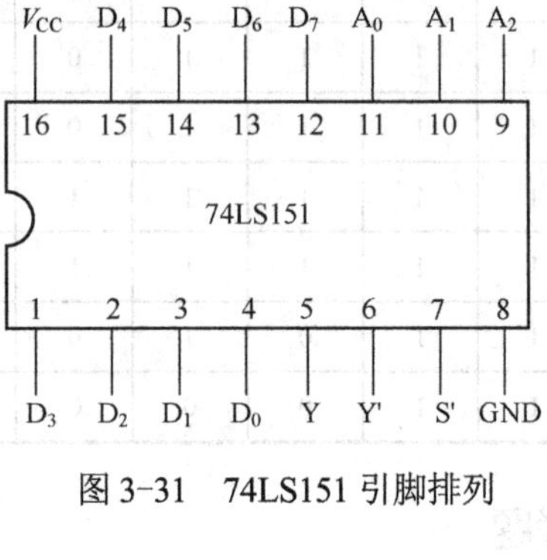

图 3-31　74LS151 引脚排列

表 3-17　74LS151 功能表

输入				输出
S′	A_2	A_1	A_0	Y
1	×	×	×	0
0	0	0	0	D_0
0	0	0	1	D_1

（续）

输入				输出
S′	A_2	A_1	A_0	Y
0	0	1	0	D_2
0	0	1	1	D_3
0	1	0	0	D_4
0	1	0	1	D_5
0	1	1	0	D_6
0	1	1	1	D_7

选择控制端（地址端）为 A_2～A_0，按二进制译码，从 8 个输入数据 D_0～D_7 中，选择一个需要的数据送到输出端 Y，S′为使能端，低电平有效。

1）使能端S′=1 时，不论 A_2～A_0 状态如何，均无输出（Y=0），多路开关被禁止。

2）使能端S′=0 时，多路开关正常工作，根据地址码 $A_2A_1A_0$ 的状态，选择 D_0～D_7 中某一个通道的数据输送到输出端 Y。

如：$A_2A_1A_0$=000，则选择 D_0 数据到输出端，即 $Y=D_0$。

如：$A_2A_1A_0$=001，则选择 D_1 数据到输出端，即 $Y=D_1$，其余类推。

2．双 4 选 1 数据选择器 74LS153

所谓双 4 选 1 数据选择器就是在一块集成芯片上有两个 4 选 1 数据选择器。引脚排列如图 3-32 所示，功能见表 3-18。

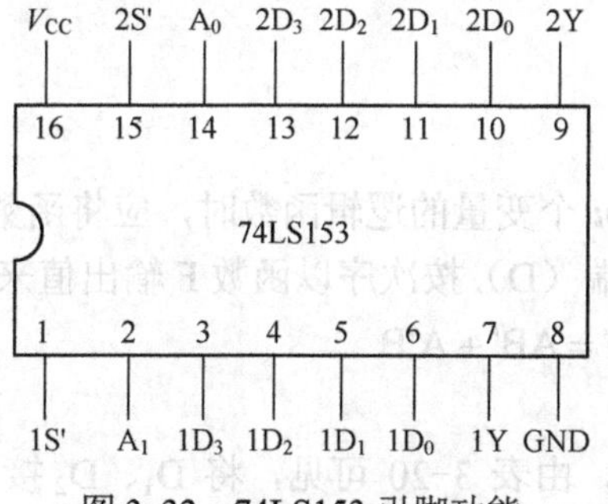

图 3-32　74LS153 引脚功能

表 3-18　74LS153 功能表

输入			输出
S′	A_1	A_0	Y
1	×	×	0
0	0	0	D_0
0	0	1	D_1
0	1	0	D_2
0	1	1	D_3

1S′、2S′为两个独立的使能端；A_1、A_0 为共用的地址输入端；$1D_0$～$1D_3$ 和 $2D_0$～$2D_3$ 分别为两个 4 选 1 数据选择器的数据输入端；1Y、2Y 为两个输出端。

1）当使能端 1S′（2S′）=1 时，多路开关被禁止，无输出，Y=0。

2）当使能端 1S′（2S′）=0 时，多路开关正常工作，根据地址码 A_1、A_0 的状态，将相应的数据 D_0～D_3 送到输出端 Y。

如：A_1A_0=00，则选择 D_0 数据到输出端，即 $Y=D_0$。

如：A_1A_0=01，则选择 D_1 数据到输出端，即 $Y=D_1$，其余类推。

数据选择器的用途很多，例如多通道传输、数码比较、并行码变串行码，以及实现逻辑函数等。

3．数据选择器的应用——实现逻辑函数

例 1：用 8 选 1 数据选择器 74LS151 实现函数

$$F = AB' + A'C + BC'$$

采用 8 选 1 数据选择器 74LS151 可实现任意三输入变量的组合逻辑函数。

作出函数 F 的真值表，见表 3-19，将函数 F 功能表与 8 选 1 数据选择器的功能表相比较，可知：

1）将输入变量 C、B、A 作为 8 选 1 数据选择器的地址码 A_2、A_1、A_0。

2）使 8 选 1 数据选择器的各数据输入 D_0～D_7 分别与函数 F 的输出值一一对应。

即：$A_2A_1A_0$=CBA,

D_0=D_7=0，D_1=D_2=D_3=D_4=D_5=D_6=1

可得
$$F = AB' + A'C + BC'$$

则 8 选 1 数据选择器的输出 Y 便实现了函数 $F = AB' + A'C + BC'$。接线图如图 3-33 所示。

表 3-19　函数 F 的真值表

输 入			输 出
C	B	A	F
0	0	0	0
0	0	1	1
0	1	0	1
0	1	1	1
1	0	0	1
1	0	1	1
1	1	0	1
1	1	1	0

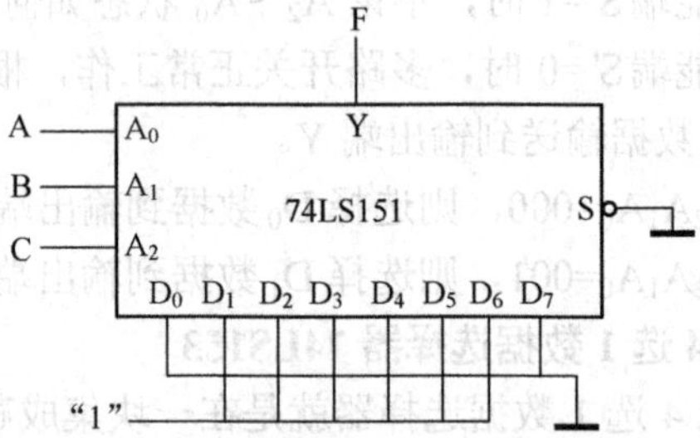

图 3-33　74LS151 实现函数 $F = AB' + A'C + BC'$

显然，采用具有 *n* 个地址端的数据选择器实现 *n* 个变量的逻辑函数时，应将函数的输入变量加到数据选择器的地址端（A），选择器的数据端（D）按次序以函数 F 输出值来赋值。

例 2：用 8 选 1 数据选择器 74LS151 实现函数 $F = AB' + A'B$

（1）列出函数的真值表如表 3-20 所示。

（2）将 B、A 加到地址端 A_1、A_0，而 A_2 接地，由表 3-20 可见，将 D_1、D_2 接“1”及 D_0、D_3 接地，其余数据输入端 D_4～D_7 都接地，则 8 选 1 数据选择器的输出 Y，便实现了函数 $F = AB' + A'B$

接线图如图 3-34 所示。

表 3-20　真值表

输入		输出
B	A	F
0	0	0
0	1	1
1	0	1
1	1	0

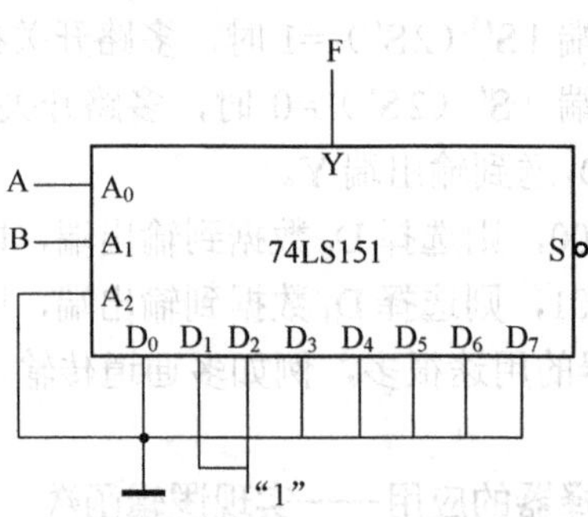

图 3-34　74LS151 实现函数 $F = AB' + A'B$

显然，当函数输入变量数小于数据选择器的地址端（A）时，应将不用的地址端及不用的数据输入端（D）都接地。

例 3：用 4 选 1 数据选择器 74LS153 实现函数

$$F = A \oplus B \oplus C_i'$$

首先列出上述函数的真值表如（表 3-21）。函数 F 有三个输入变量 A、B、C_i，而数据选择器有两个地址端 A_1、A_0，少于函数输入变量个数，在设计时可选 A 接 A_1，B 接 A_0。将函数功能表改画成表 3-22 的形式，由表 3-22 可知当将输入变量 A、B、C_i 中的 A、B 接数据选择器的地址端 A_1、A_0 时

$$D_0 = D_3 = C_i,\ D_1 = D_2 = C_i'$$

表 3-21　真值表

输入			输出
A	B	C_i	F
0	0	0	0
0	0	1	1
0	1	0	1
0	1	1	0
1	0	0	1
1	0	1	0
1	1	0	0
1	1	1	1

表 3-22　改进真值表

输入			输出	选中数据端
A	B	C_i	F	
0	0	0	0	$D_0=C_i$
		1	1	
0	1	0	1	$D_1=C'_i$
		1	0	
1	0	0	1	$D_2=C'_i$
		1	0	
1	1	0	0	$D_3=C_i$
		1	1	

则 4 选 1 数据选择器的输出便实现了函数 $F = A \oplus B \oplus C_i'$，接线图如图 3-35 所示。

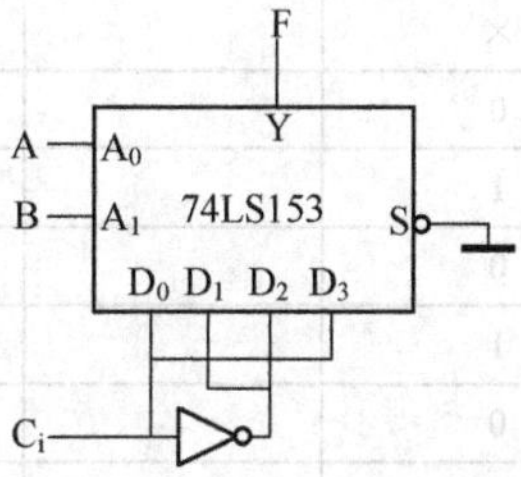

图 3-35　用 4 选 1 数据选择器实现函数 $F = A \oplus B \oplus C_i$

四、计算机仿真实验内容

1. 8 选 1 数据选择器 74LS151 的逻辑功能

1）创建电路。在 TTL 门电路元件库中选择 8 选 1 数据选择器 74LS151，调入电源 Sourses→POWER_SOURSES→VCC、地 Sourses→POWER_SOURSES→GROUND、单刀双掷开关 Basic→SWITCH→SPDT、电平指示灯 Indicators→PROBE→PROBE_DIG_RED，把 D_0～D_3 接低电平，D_4～D_7 接高电平。建立如图 3-36 所示电路。

2）仿真运行，测试电路，将数据记录于表 3-23 中，并说明其功能。

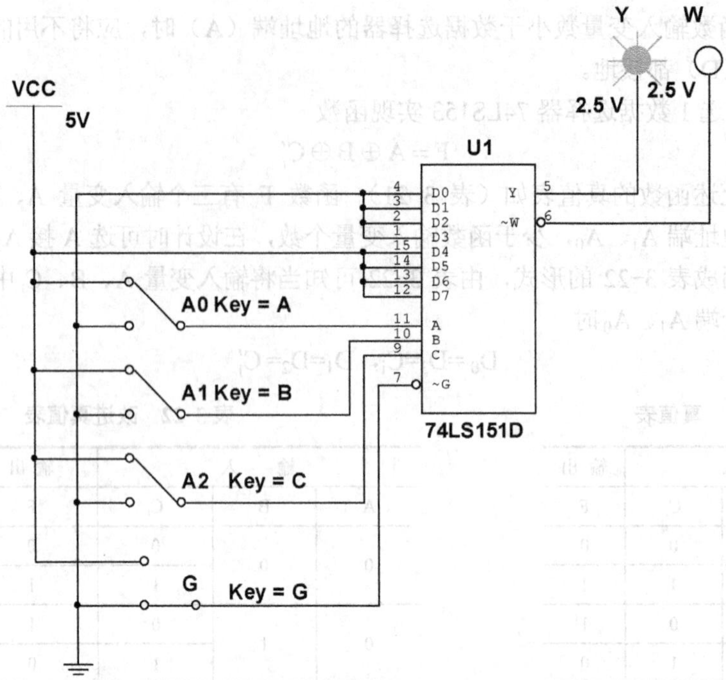

图 3-36　8 选 1 数据选择器 74LS151 逻辑功能仿真电路图

表 3-23　74LS151 逻辑功能测试记录表

输入				输出		功能说明
~G	C	B	A	Y	~W	
1	×	×	×			
0	0	0	0			
0	0	0	1			
0	0	1	0			
0	0	1	1			
0	1	0	0			
0	1	0	1			
0	1	1	0			
0	1	1	1			

2．仿照例 3，用双 4 选 1 数据选择器 74LS153 实现函数全加器。

提示：例 3 已设计出全加器的和 S，要求列出进位的输出 C_o 真值表，写出进位输出 C_o 的逻辑表达式，以 74LS153 的第二组输出 Y 作为进位输出 C_o。

五、实验室操作实验内容

1．测试数据选择器 74LS151 的逻辑功能

根据 74LS151 功能表及引脚排列，将输入端接入逻辑电平控制开关，输出接入 LED 电平显示端口，并把测试结果记录于表 3-24 中。

表 3-24 74LS151 逻辑功能测试记录表

输入												输出	功能说明
S′	A_2	A_1	A_0	D_0	D_1	D_2	D_3	D_4	D_5	D_6	D_7	Y	
1	×	×	×	×	×	×	×	×	×	×	×		
0	0	0	0	1	0	0	0	0	0	0	0		
0	0	0	1	0	0	0	0	0	1	1	1		
0	0	1	0	0	0	1	0	1	1	1	1		
0	0	1	1	1	1	0	1	0	1	0	1		
0	1	0	0	0	1	0	0	1	0	1	1		
0	1	0	1	0	0	1	1	1	0	1	0		
0	1	1	0	0	0	0	1	1	1	1	1		
0	1	1	1	1	1	1	1	1	0	0	0		

2．测试 74LS153 的逻辑功能

测试方法同上，选择一组数据选择器进行测试，将测试结果记录于表 3-25 中。

表 3-25 74LS153 逻辑功能测试记录表

输入							输出	功能说明
S′	A_1	A_0	D_0	D_1	D_2	D_3	Y	
1	×	×	×	×	×	×		
0	0	0	1	0	0	0		
0	0	1	0	0	0	1		
0	1	0	0	1	1	0		
0	1	1	1	0	1	1		

3．用 8 选 1 数据选择器 74LS151 设计三输入多数表决电路

仿照实验原理中的例 1 进行设计，写出设计步骤，画出电路图，并安装调试。

4．用双 4 选 1 数据选择器 74LS153 实现全加器

仿照实验原理中的例 2 进行设计，写出设计步骤，画出电路图，并安装调试。

六、思考题

1．用 8 选 1 数据选择器来实现逻辑函数时，如果逻辑函数中只有两个变量，那么数据选择器地址端多余的端子怎么处理？

2．用 4 选 1 数据选择器来实现逻辑函数时，如果逻辑函数中有三个变量，而数据选择器地址端只有两个变量，怎样得到第三个变量？

实验 3.5 触发器及其应用

一、实验目的

1．掌握基本 RS、JK、D 等触发器的逻辑功能的测试方法。

2．掌握集成触发器之间的转换使用方法。

二、实验设备及材料

1．装有 Multisim 12 的计算机。

2．数字电路实验箱。

3．数字万用表。

4．双通道示波器。

5．74LS112、74LS74、74LS00。

三、实验原理

触发器具有两个稳定状态，用以表示逻辑状态“1”和“0”，在一定的外界信号作用下，可以从一个稳定状态翻转到另一个稳定状态，它是一个具有记忆功能的二进制信息存储器件，是构成各种时序电路的最基本的逻辑单元。

1．基本 RS 触发器

图 3-37 为由两个与非门交叉耦合构成的基本 RS 触发器，它是无时钟控制低电平直接触发的触发器。基本 RS 触发器具有置“0”、置“1”和“保持”三种功能。通常称 S'_D 为置“1”端，因为 $S'_D=0$（$R'_D=1$）时触发器被置“1”；R'_D 为置“0”端，因为 $R'_D=0$（$S'_D=1$）时触发器被置“0”；当 $R'_D=S'_D=1$ 时状态保持；$R'_D=S'_D=0$ 时，触发器输出状态不定，应避免此种情况，表 3-26 为基本 RS 触发器的功能表。

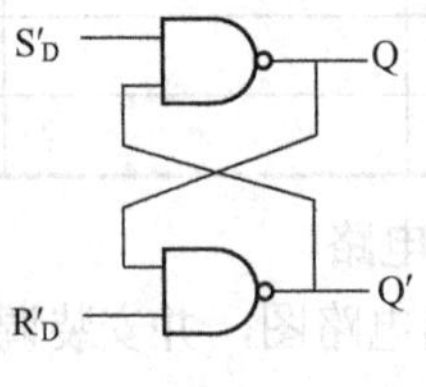

图 3-37　基本 RS 触发器

表 3-26　基本 RS 触发器功能表

R'_D	S'_D	Q	Q*	功能
0	1	0 1	0	置 0
1	0	0 1	1	置 1
1	1	0 1	Q	保持
0	0	0 1	φ	不定

注：Q——初态；Q*——次态；φ——不定状态

基本 RS 触发器也可以用两个“或非门”组成，此时为高电平触发有效。

2．JK 触发器

在输入信号为双端的情况下，JK 触发器是功能完善、使用灵活和通用性较强的一种触发器。本实验采用 74LS112 双 JK 触发器，是下降沿触发的边沿触发器。引脚功能及逻辑符号如图 3-38 所示。

JK 触发器的状态方程为

$$Q^* = JQ' + K'Q$$

J 和 K 为数据输入端，CP 为脉冲输入端，下降沿有效，S'_D 和 R'_D 为异步置位和异步复位端，低电平有效，Q 与 Q' 为两个互补输出端。通常把 Q=0、$Q'=1$ 的状态定为触发器“0”状态；而把 Q=1、$Q'=0$ 的状态定为触发器“1”状态。

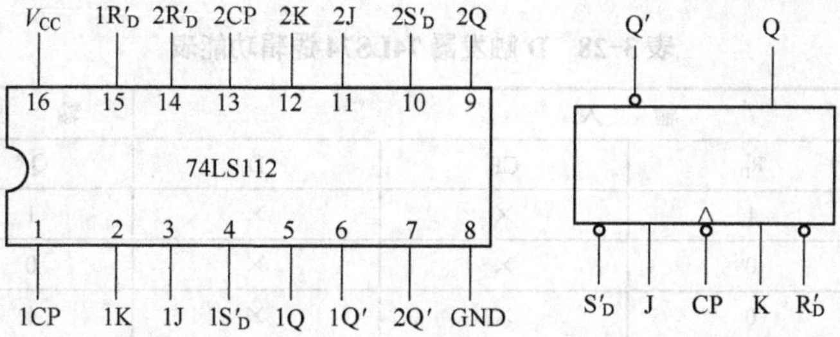

图 3-38　74LS112 双 JK 触发器引脚排列及逻辑符号

74LS112 的逻辑功能见表 3-27。

表 3-27　74LS112 逻辑功能表

输入					输出	功能
S_D'	R_D'	CP	J	K	Q^*	
0	1	×	×	×	1	异步置位
1	0	×	×	×	0	异步复位
0	0	×	×	×	φ	不定
1	1	↓	0	0	Q	保持
1	1	↓	0	1	0	置 0
1	1	↓	1	0	1	置 1
1	1	↓	1	1	Q'	翻转

注：×——任意态；↓——下降沿；φ——不定状态；Q——初态；Q*——次态

JK 触发器常被用作缓冲存储器、移位寄存器和计数器。

3．D 触发器

在输入信号为单端的情况下，使用 D 触发器最方便，其状态方程为

$$Q^* = D$$

其输出状态的更新发生在 CP 脉冲的上升沿，故又称为上升沿触发的边沿触发器，触发器的状态只取决于时钟到来前 D 端的状态，D 触发器的应用很广，可用作数字信号的寄存、移位寄存、分频和波形发生等。D 触发器有很多型号，可供各种用途的需要选用，如双 D——74LS74、四 D——74LS175、六 D——74LS174 等。

图 3-39 为双 D——74LS74 的引脚排列及逻辑符号，功能见表 3-28。

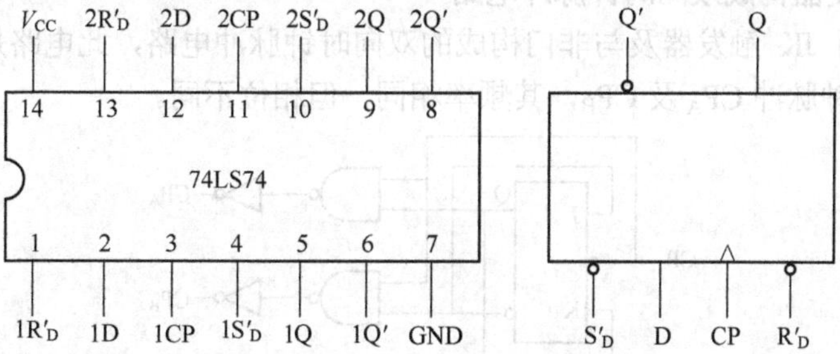

图 3-39　74LS74 的引脚排列及逻辑符号

表 3-28　D 触发器 74LS74 逻辑功能表

输入				输出	功　能
S_D'	R_D'	CP	D	Q*	
0	1	×	×	1	异步置位
1	0	×	×	0	异步复位
0	0	×	×	φ	不定
1	1	↑	1	1	置 1
1	1	↑	0	0	置 0

4. 触发器之间的相互转换

在集成触发器的产品中，每一种触发器都有自己固定的逻辑功能。但可以利用转换的方法获得具有其他功能的触发器。例如将 JK 触发器的 J、K 两端连在一起，并将它命名为 T 端，就得到 T 触发器，如图 3-40a 所示。其状态方程为：$Q^* = TQ' + T'Q = T \oplus Q$。若将 T 触发器的 T 端置“1”，如图 3-40b 所示，即得 T' 触发器，在 T' 触发器的 CP 端每来一个脉冲信号，触发器的状态就翻转一次，故称之为翻转触发器，广泛用于计数电路中。

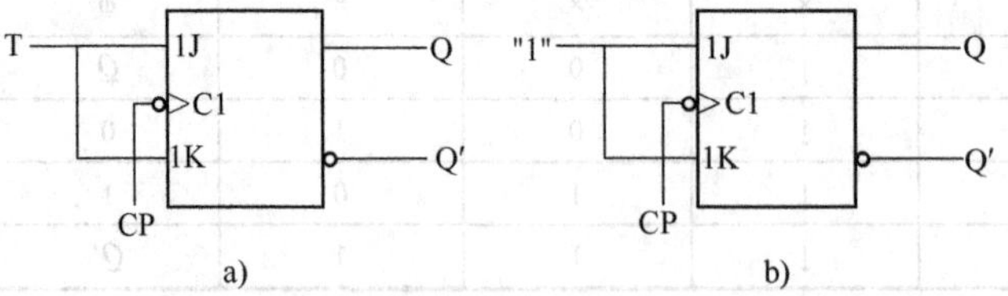

图 3-40　JK 触发器转换为 T、T' 触发器

a) T 触发器　b) T' 触发器

同样，若将 D 触发器 Q′ 端与 D 端相连，便转成 T' 触发器，如图 3-41 所示。JK 触发器也可转换为 D 触发器，如图 3-42 所示。

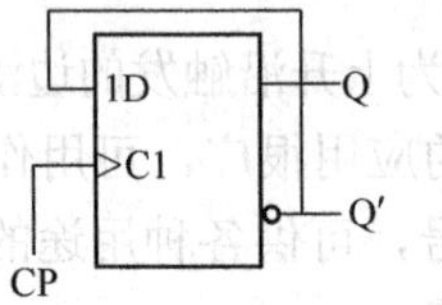

图 3-41　D 触发器转成 T'触发器

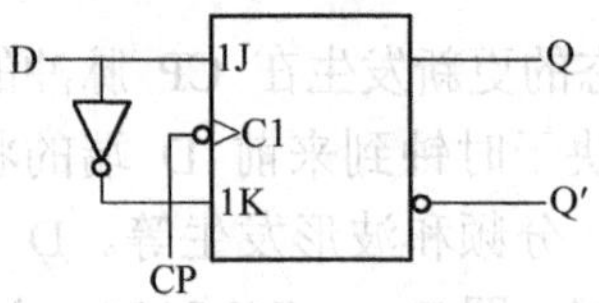

图 3-42　JK 触发器转成 D 触发器

5. 由 JK 触发器构成双向时钟脉冲电路

图 3-43 是用 JK 触发器及与非门构成的双向时钟脉冲电路，此电路是用来将时钟脉冲 CP 转换成两相时钟脉冲 CP_A 及 CP_B，其频率相同，但相位不同。

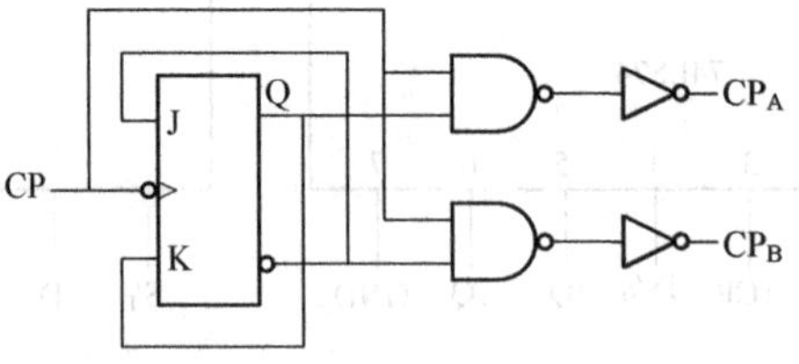

图 3-43　双相时钟脉冲电路

四、计算机仿真实验内容

1．基本 RS 触发器仿真实验

1）创建电路。在 TTL 门电路元件库中选择四 2 输入与非门 74LS00，调入电源 Sourses→POWER_SOURSES→VCC、地 Sourses→POWER_SOURSES→GROUND，单刀双掷开关 Basic→SWITCH→SPDT、电平指示灯 Indicators→PROBE→PROBE_DIG_RED，放置于工作区，连接电路如图 3-44 所示。

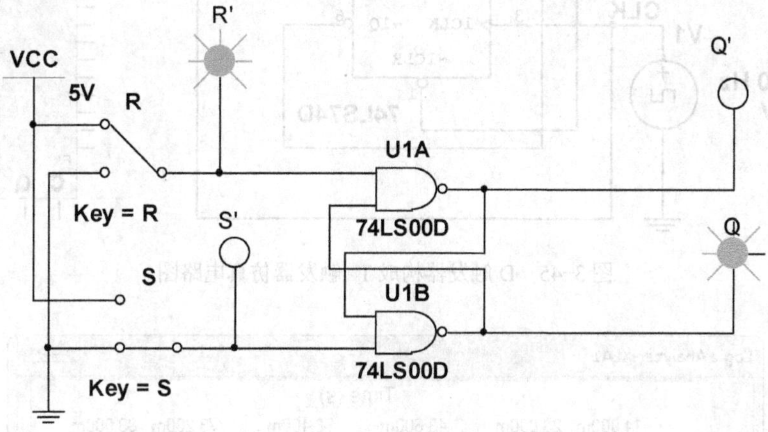

图 3-44　基本 RS 触发器逻辑功能测试仿真电路图

2）单击仿真运行按钮，切换开关 R 和 S，使之处于相应的输入状态，观察指示灯的变化，把测试结果填入表 3-29 中，并验证基本 RS 触发器的逻辑功能。

表 3-29　基本 RS 触发器功能记录表

输　入		输　出		功　能
S'	R'	Q	Q'	
0	1			
1	0			
1	1			
0	0			

2．由 D 触发器构成 T' 触发器的仿真实验

1）创建电路。在 TTL 门电路元件库中选择 D 触发器 74LS74，调入电源 Sourses→POWER_SOURSES→VCC、地 Sourses→POWER_SOURSES→GROUND，时钟脉冲 Sourses→SIGNAL_VOLTAGE_SOURSES→CLOCK_VOLTAGE。在仪器仪表栏拖出逻辑分析仪，放置于工作区，连接电路如图 3-45 所示。输入信号、输出信号波形由逻辑分析仪显示。

2）双击时钟脉冲源，设置频率为 100Hz。

3）仿真运行。双击逻辑分析仪，观察输入与输出波形如图 3-46 所示。可以观察到当输入为上升沿时，输出状态发生翻转，输出是输入的二分频。

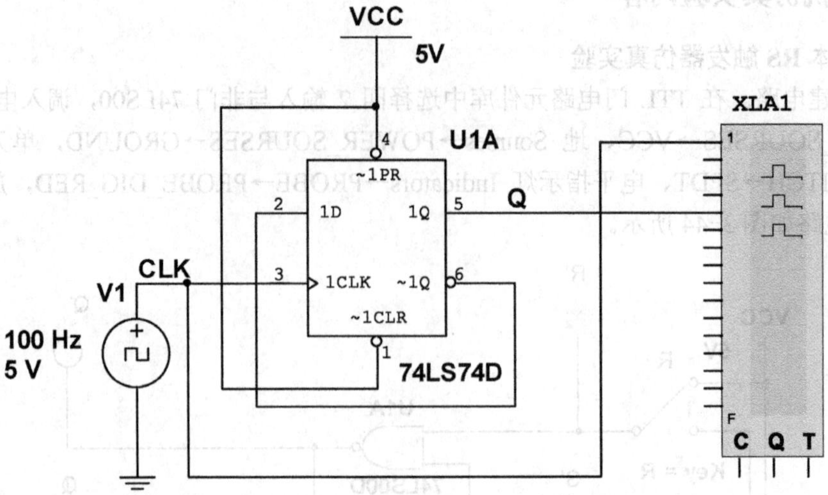

图 3-45　D 触发器构成 T' 触发器仿真电路图

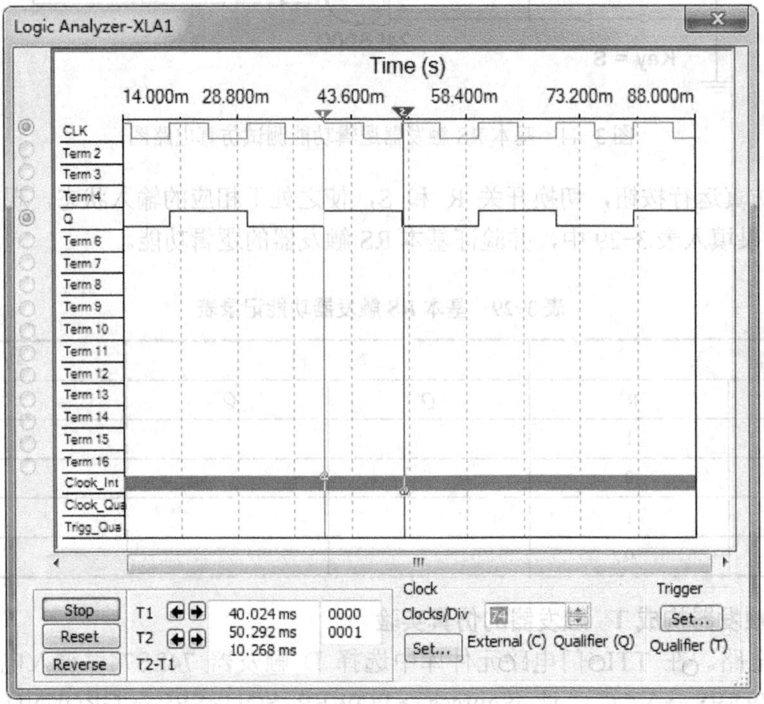

图 3-46　D 触发器构成 T' 触发器仿真波形图

3．双向时钟脉冲仿真实验

1）分析如图 3-43 所示的双向时钟脉冲电路，写出输出 CP_A 和 CP_B 的逻辑表达式。

2）从 TTL 元件库中调入 74LS112、74LS00、74LS04，调入电源和地，时钟脉冲源，在仪器仪表栏拖出逻辑分析仪，创建电路如图 3-47 所示。

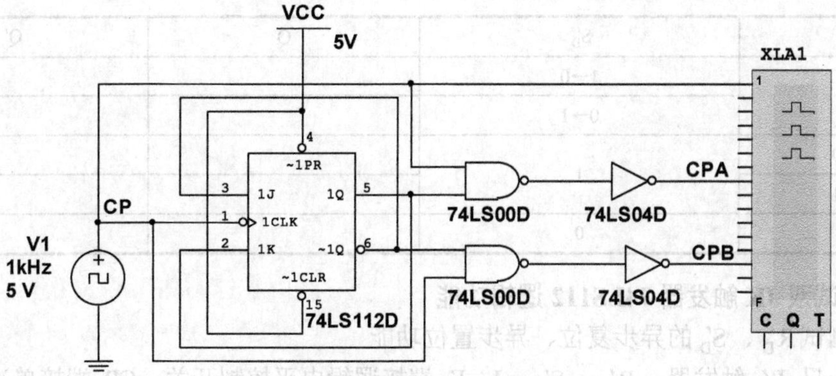

图 3-47　双向时钟脉冲仿真电路图

3）仿真运行。双击逻辑分析仪，观察输入与输出波形如图 3-48 所示。可以观察到输出 CP_A、CP_B 与输入 CP 之间的相位关系。

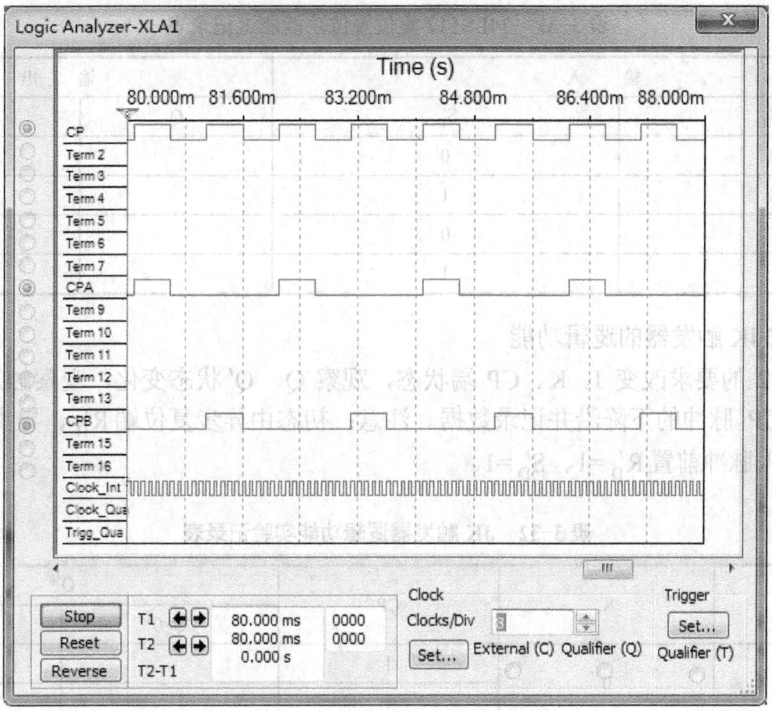

图 3-48　双向时钟脉冲仿真波形图

五、实验室操作实验内容

1. 测试基本 RS 触发器的逻辑功能

如图 3-37 所示，将输入端 R_D'、S_D' 接入逻辑电平控制开关，输出 Q、Q′接至 LED 电平指示灯，测试基本 RS 触发器的逻辑功能，将测试结果记录于表 3-30 中。

表 3-30　基本 RS 触发器实验记录表

R'_D	S'_D	Q	Q'
1	1→0		
	0→1		
1→0	1		
0→1			
0	0		

2．测试双 JK 触发器 74LS112 逻辑功能

（1）测试R'_D、S'_D的异步复位、异步置位功能

任取一只 JK 触发器，R'_D、S'_D、J、K 端接逻辑电平控制开关，CP 端接单次脉冲源，Q、Q'端接至 LED 电平指示灯。要求改变R'_D、S'_D（J、K、CP 处于任一状态），并在$R'_D=0$（$S'_D=1$）或$S'_D=0$（$R'_D=1$）作用期间任意改变 J、K 及 CP 的状态，观察 Q、Q'状态，记录于表 3-31 中。

表 3-31　74LS112 复位置位功能测试记录表

输入		输出	
R'_D	S'_D	Q	Q'
0	0		
0	1		
1	0		
1	1		

（2）测试 JK 触发器的逻辑功能

按表 3-32 的要求改变 J、K、CP 端状态，观察 Q、Q'状态变化，观察触发器状态更新是否发生在 CP 脉冲的下降沿并记录数据。注意：初态由异步复位端R'_D、异步置位端S'_D设置，CP 端输入脉冲前置$R'_D=1$、$S'_D=1$。

表 3-32　JK 触发器逻辑功能实验记录表

J	K	CP	Q^*	
			Q=0	Q=1
0	0	↑		
		↓		
0	1	↑		
		↓		
1	0	↑		
		↓		
1	1	↑		
		↓		

将 JK 触发器的 J、K 端都接高电平“1”，构成 T' 触发器，如图 3-40b 所示。

在 CP 端输入 1Hz 连续脉冲，观察 Q 端的变化。

在 CP 端输入 1kHz 连续脉冲，用双通道示波器观察 CP、Q、Q′ 端波形，注意相位关系并描绘波形。

3．测试双 D 触发器 74LS74 的逻辑功能

（1）测试R'_D、S'_D的异步复位、异步置位功能

任取一只 D 触发器，R'_D、S'_D、D 端接逻辑电平控制开关，CP 端接单次脉冲源，Q、Q′ 端接至 LED 电平指示灯。要求改变R'_D、S'_D（D、CP 处于任一状态），并在R'_D=0（S'_D=1）或S'_D=0（R'_D=1）作用期间，任意改变 D 及 CP 的状态，观察 Q、Q′ 状态，记录于表 3-33 中。

表 3-33　D 触发器 74LS74 逻辑功能测试记录表

输　入		输　出	
S'_D	R'_D	Q	Q′
0	0		
0	1		
1	0		
1	1		

（2）测试 D 触发器的逻辑功能

按表 3-34 要求进行测试，并观察触发器状态更新是否发生在 CP 脉冲的上升沿并记录数据。注意：初态由异步复位端R'_D、异步置位端S'_D设置，CP 端输入脉冲前置R'_D=1、S'_D=1。

表 3-34　D 触发器实验记录表

D	CP	Q*	
		Q=0	Q=1
0	↑		
	↓		
1	↑		
	↓		

将 D 触发器的 Q′ 端与 D 端相连接，如图 3-41 所示，构成 T′ 触发器。输入 CP 取 1kHz 方波，观察输出 Q 与输入 CP 之间的关系，记录两者的波形。

4．双向时钟脉冲电路

根据图 3-43 搭接实验线路，CP 输入 1kHz 方波，把实验结果按图 3-49 进行描绘。

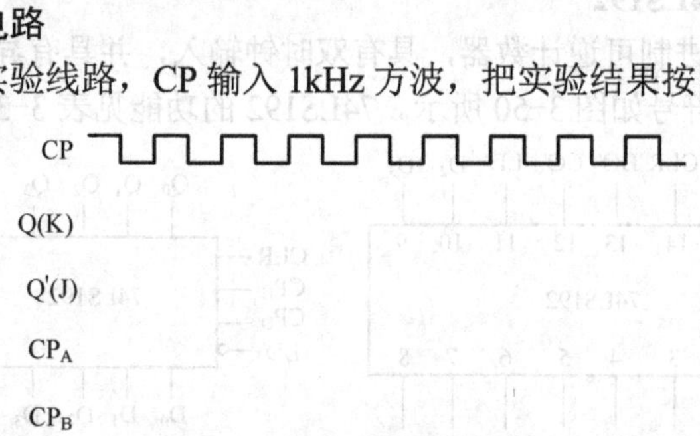

图 3-49　双相时钟脉冲电路波形图

六、思考题

1．74LS112、74LS74 的状态更新分别发生在什么时刻？

2．只要 JK、D 触发器有有效脉冲输入，触发器的输出端就一定发生改变吗？

3．怎样设置 JK、D 触发器的初态？

4．在双相时钟脉冲电路中，CP、CP_A、CP_B 的频率有什么关系？

实验 3.6 计数器及其应用

一、实验目的

1．掌握中规模集成计数器的使用及其功能测试方法。

2．掌握计数器的扩展使用及其测试方法。

3．掌握用置位法和复位法实现任意进制计数器及其测试方法。

二、实验设备及材料

1．装有 Multisim 12 的计算机。

2．数字电路实验箱。

3．数字万用表。

4．74LS192×2、74LS00、74LS20。

三、实验原理

计数器是一个用以实现计数功能的时序部件，它不仅可用来计脉冲数，还常用作数字系统的定时、分频和执行数字运算以及其他特定的逻辑功能。

计数器种类很多。按构成计数器中的各触发器是否使用一个时钟脉冲源来分，有同步计数器和异步计数器。根据计数制的不同，可分为二进制计数器、十进制计数器和任意进制计数器。根据计数的增减趋势，又分为加法、减法和可逆计数器。还有可预置数和可编程序功能计数器等。目前，无论是 TTL 还是 CMOS 集成电路，都有品种较齐全的中规模集成计数器。使用者只要借助于器件手册提供的功能表和工作波形图以及引脚图，就能正确地运用这些器件。

1．十进制计数器 74LS192

74LS192 是同步十进制可逆计数器，具有双时钟输入，并具有异步清零和异步置数等功能，其引脚排列及逻辑符号如图 3-50 所示。74LS192 的功能见表 3-35。

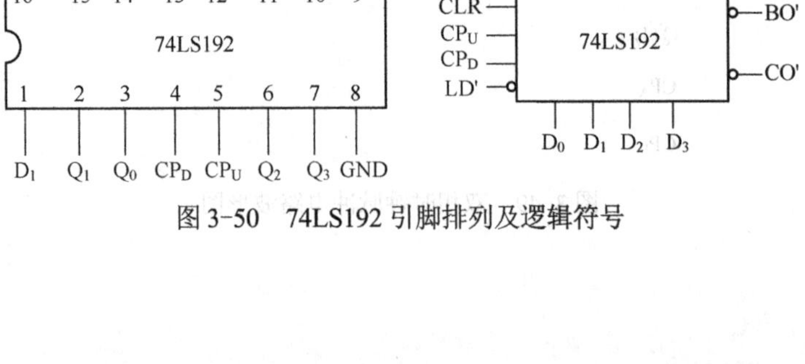

图 3-50　74LS192 引脚排列及逻辑符号

图 3-50 中：

LD′——置数端；　CP$_U$——加计数脉冲输入端；　CP$_D$——减计数脉冲输入端；

CLR——清零端；　CO′——进位输出端；　BO′——借位输出端；

$D_3D_2D_1D_0$——计数器数据输入端；　$Q_3Q_2Q_1Q_0$——计数器数据输出端。

表 3-35　74LS192 的逻辑功能表

输入								输出			
CLR	LD′	CP$_U$	CP$_D$	D_3	D_2	D_1	D_0	Q_3	Q_2	Q_1	Q_0
1	×	×	×	×	×	×	×	0	0	0	0
0	0	×	×	d	c	b	a	d	c	b	a
0	1	↑	1	×	×	×	×	加计数			
0	1	1	↑	×	×	×	×	减计数			

当清零端 CLR 为高电平“1”时，计数器直接清零；CLR 为低电平，则执行其他功能。

当 CLR 为低电平，置数端 LD′ 也为低电平时，数据直接从置数端 $D_3D_2D_1D_0$ 置入计数器。

当 CLR 为低电平，LD′ 为高电平时，执行计数功能。执行加计数时，减计数端 CP$_D$ 接高电平，计数脉冲由 CP$_U$ 输入；在计数脉冲上升沿进行 8421 码十进制加法计数。执行减计数时，加计数端 CP$_U$ 接高电平，计数脉冲由 CP$_D$ 输入，表 3-36 为 8421 码十进制加、减计数器的状态转换表。

表 3-36　8421 码十进制加、减计数器状态转换表

加计数 →

输入脉冲数		0	1	2	3	4	5	6	7	8	9
输出	Q_3	0	0	0	0	0	0	0	0	1	1
	Q_2	0	0	0	0	1	1	1	1	0	0
	Q_1	0	0	1	1	0	0	1	1	0	0
	Q_0	0	1	0	1	0	1	0	1	0	1

减计数 ←

2. 计数器的级联使用

由于一个十进制计数器只能表示 0～9 十个数，为了扩大计数器范围，常用多个十进制计数器级联使用。

同步计数器往往设有进位（或借位）输出端，故可选用其进位（或借位）输出信号驱动下一级计数器。

图 3-51 是由 74LS192 利用进位输出 CO′ 控制高一位的 CP$_U$ 端构成加计数级联图。

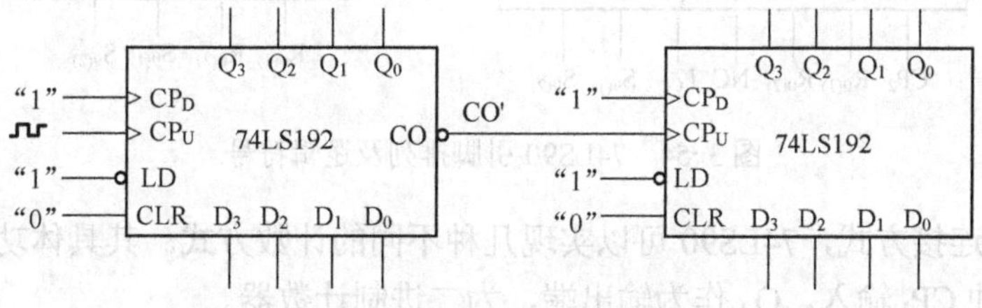

图 3-51　74LS192 级联电路

3. 实现任意进制计数器

（1）用复位法获得任意进制计数器

假定已有 N 进制计数器，而需要得到一个 M 进制计数器时，只要 M<N，用复位法使计数器计数到 M 时置“0”，即获得 M 进制计数器。如图 3-52 所示为一个由 74LS192 十进制计数器接成的六进制计数器，计数范围为 0～5。

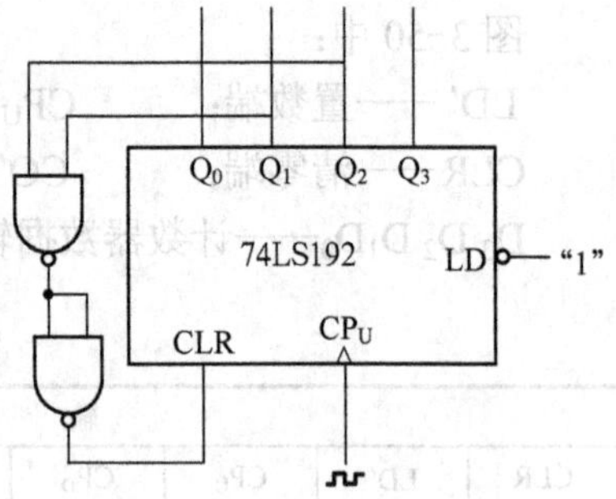

图 3-52　六进制计数器

（2）用预置功能获得 M 进制计数器

图 3-53 是一个特殊十二进制的计数器电路方案。在数字钟里，对时位的计数序列 1、2、…11、12、1…是十二进制的，且无数据“0”。如图 3-53 所示，当计数到 13 时，通过与非门产生一个清零信号，使 74LS192(2)（小时十位）直接置成 0000，而 74LS192(1)（小时个位）直接置成 0001，从而实现了 1～12 计数。

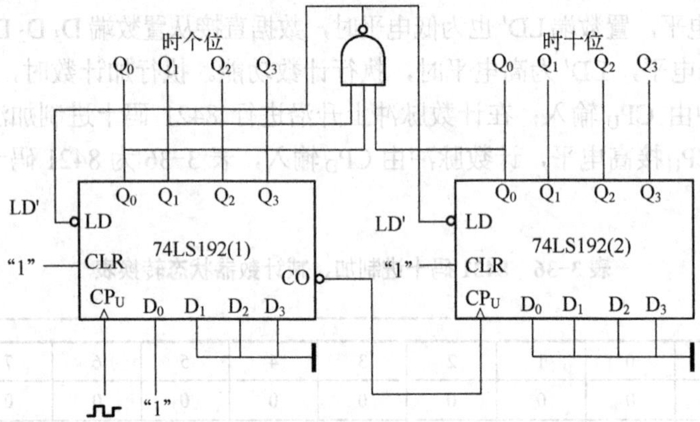

图 3-53　特殊 12 进制计数器

4. 二-五-十进制加法计数器 74LS90

74LS90 是二-五-十进制加法计数器，它既可以作为二进制加法计数器，又可以作五进制和十进制加法计数器。

图 3-54 为 74LS90 引脚排列和逻辑符号，表 3-37 为其功能表。

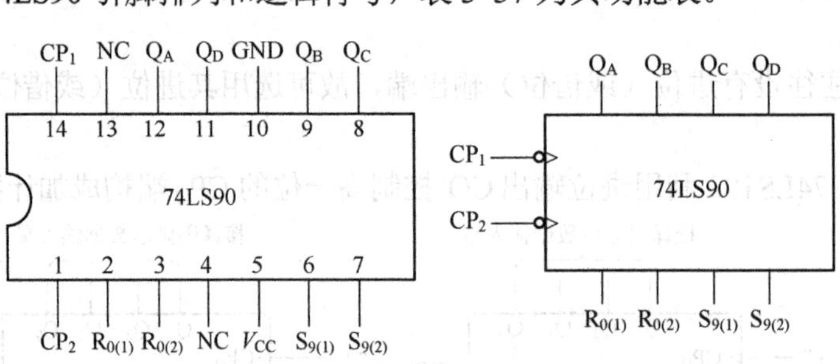

图 3-54　74LS90 引脚排列及逻辑符号

通过不同的连接方式，74LS90 可以实现几种不同的计数方式。其具体功能如下：

1）计数脉冲 CP_1 输入，Q_A 作为输出端，为二进制计数器。

2）计数脉冲 CP_2 输入，$Q_DQ_CQ_B$ 作为输出端，为五进制计数器。

3）若将 CP_2 和 Q_A 相连，计数脉冲由 CP_1 输入，$Q_DQ_CQ_BQ_A$ 作为输出端，则构成 8421 码十进制加法计数器。

4）若将 CP_1 和 Q_D 相连，计数脉冲由 CP_2 输入，$Q_AQ_DQ_CQ_B$ 作为输出端，则构成 5421 码十进制加法计数器。

5）异步清零、异步置 9 功能。具体操作方式如下：

a）异步清零

若 $R_0(1)$、$R_0(2)$均为“1”，$S_9(1)$、$S_9(2)$中有“0”时，则实现异步清零功能，$Q_DQ_CQ_BQ_A$=0000。

b）异步置 9 功能

若 $S_9(1)$、$S_9(2)$均为“1”，$R_0(1)$、$R_0(2)$中有“0”时，则实现置 9 功能，$Q_DQ_CQ_BQ_A$=1001。

表 3-37　74LS90 功能表

输入						输出				功能
清 0		置 9		时钟		Q_D	Q_C	Q_B	Q_A	
$R_{0(1)}$	$R_{0(2)}$	$S_9(1)$	$S_9(2)$	CP_1	CP_2					
1	1	0	×	×	×	0	0	0	0	清 0
		×	0							
0	×	1	1	×	×	1	0	0	1	置 9
×	0									
0 ×	× 0	0 ×	× 0	↓	1	Q_A 输出				二进制计数器
				1	↓	$Q_DQ_CQ_B$ 输出				五进制计数器
				↓	Q_A	$Q_DQ_CQ_BQ_A$ 输出 8421BCD 码				十进制计数器
				Q_D	↓	$Q_AQ_DQ_CQ_B$ 输出 5421BCD 码				十进制计数器

5．4 线-7 线译码器/驱动器 74LS48

74LS48 是 4 线-7 线译码器/驱动器。其逻辑功能见表 3-38。74LS48 引脚图如图 3-55 所示。当输入信号从 0000 至 1111 共 16 种不同状态时，其相应的显示字形见表 3-38。

其各引脚含义如下：

DCBA：译码数据输入端；

BI′/RBO′：消隐输入（低电平有效）/动态灭零输出端（低电平有效）；

LT′：灯测试输入端（低电平有效）；

RBI′：动态灭零输入端（低电平有效）；

a～g：七段输出。输出端（a～g）为高电平有效，可驱动共阴极数码管。

其基本功能如下。

1）消隐功能：当 BI′ 为低电平时，不管其它输入端状态如何，a～g 均为低电平。

2）测灯功能：当 BI′ 为高电平或开路，LT′ 为低电平时，可使 a～g 均为高电平。

3）正常译码功能：当 *BI′* 为高电平或开路，LT′ 为高电平或开路时，1～15 可正常译码。

4）0 显示功能：当 LT′ 为高电平或开路时，RBI′ 为高电平或开路，DCBA=0000 时，0 正常显示。

5）0 消隐功能：当 LT′ 为高电平时或开路，RBI′ 为低电平，DCBA=0000 时，0 消隐。

注意：74LS48 与 74LS248 的引出端排列、功能和电特性均相同，差别仅在显示 6 和 9 时，74LS248 所显示的 6 和 9 比 74LS48 多出上杠和下杠。

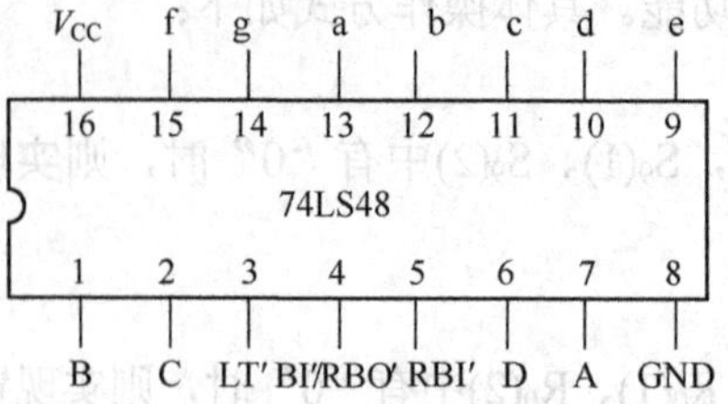

图 3-55　74LS48 引脚图

表 3-38　74LS48 逻辑功能表

十进制或功能	输入			BI′/RBO′	输出	显示字型
	LT′	RBI′	D C B A		a b c d e f g	
0	1	1	0 0 0 0	1	1 1 1 1 1 1 0	
1	1	×	0 0 0 1	1	0 1 1 0 0 0 0	
2	1	×	0 0 1 0	1	1 1 0 1 1 0 1	
3	1	×	0 0 1 1	1	1 1 1 1 0 0 1	
4	1	×	0 1 0 0	1	0 1 1 0 0 1 1	
5	1	×	0 1 0 1	1	1 0 1 1 0 1 1	
6	1	×	0 1 1 0	1	0 0 1 1 1 1 1	
7	1	×	0 1 1 1	1	1 1 1 0 0 0 0	
8	1	×	1 0 0 0	1	1 1 1 1 1 1 1	
9	1	×	1 0 0 1	1	1 1 1 0 0 1 1	
10	1	×	1 0 1 0	1	0 0 0 1 1 0 1	
11	1	×	1 0 1 1	1	0 0 1 1 0 0 1	
12	1	×	1 1 0 0	1	0 1 0 0 0 1 1	
13	1	×	1 1 0 1	1	1 0 0 1 0 1 1	
14	1	×	1 1 1 0	1	0 0 0 1 1 1 1	
15	1	×	1 1 1 1	1	0 0 0 0 0 0 0	全灭
消隐	×	×	× × × ×	0	0 0 0 0 0 0 0	全灭
灭零	1	0	0 0 0 0	0	0 0 0 0 0 0 0	全灭
灯测试	0	×	× × × ×	1	1 1 1 1 1 1 1	

四、计算机仿真实验内容

1．74LS90 组成的十进制计数器电路

1）创建电路。在 TTL 门电路元件库中选择非门 74LS90，选择命令调入电源 Sourses→POWER_ SOURSES→VCC、地 Sourses→POWER_SOURSES→GROUND、时钟脉冲 Sourses→SIGNAL_VOLTAGE_SOURSES→CLOCK_VOLTAGE、数码管 Indicators→HEX_DISPLAY→DCD_HEX、指示灯 Indicators→PROBE→ PROBE_ORANGE。根据 74LS90 的功能表，把清 0 端 R_{01}、R_{02}、置 9 端 R_{91}、R_{92} 都接地，IN_B 与 Q_A 相接，从 IN_A 输入脉冲信号，输出接数码管显示。如图 3-56 所示。

2）双击脉冲源 V_1，修改频率为 10Hz。

3）仿真运行。观察数据变化是发生在输入脉冲的上升沿还是下降沿，并观察输出数据变化情况。

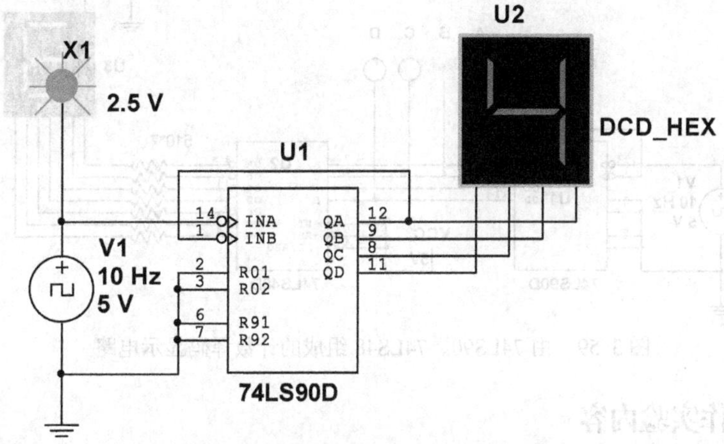

图 3-56　74LS90 组成的 8421 十进制加计数器

4）根据 74LS90 的功能表，用 74LS90 可以组成五进制加计数器如图 3-57 所示；组成 5421 十进制加计数器如图 3-58 所示。绘制相应的电路图并仿真运行，观察仿真实验现象，并说明输出数据的含义。

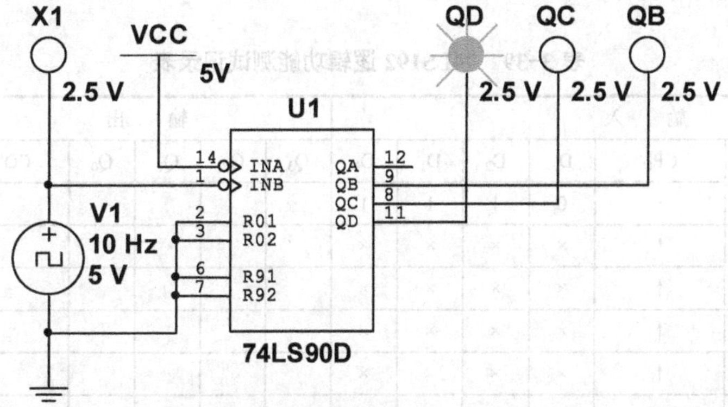

图 3-57　74LS90 组成的五进制加计数器

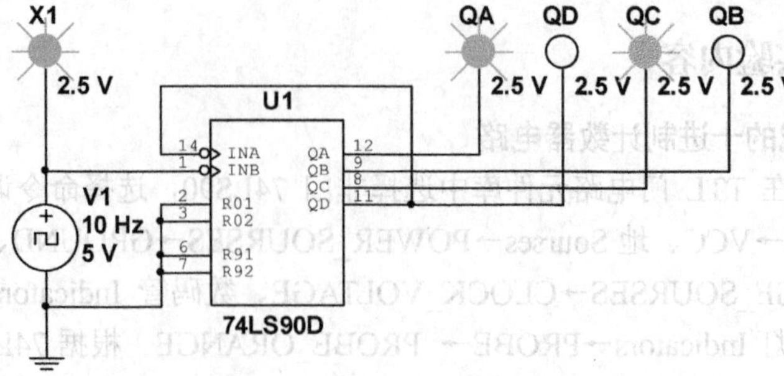

图 3-58　74LS90 组成的 5421 十进制加计数器

2．由 74LS90、74LS48 组成的计数译码显示电路

在图 3-56 的基础上加入译码器 74LS48，即可得到计数译码显示电路如图 3-59 所示。仿真运行，记录输出数据的变化情况。

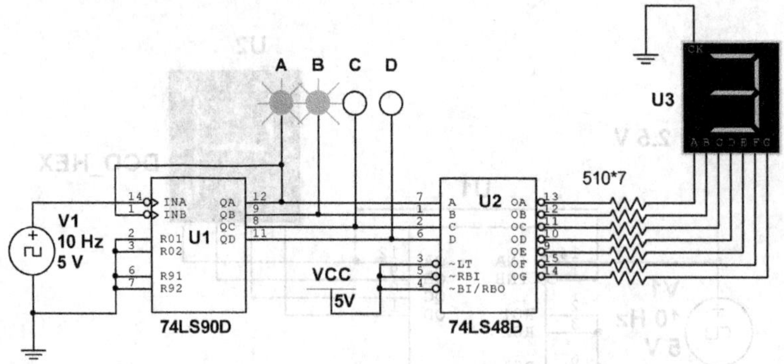

图 3-59　由 74LS90、74LS48 组成的计数译码显示电路

五、实验室操作实验内容

1．74LS192 同步十进制可逆计数器的逻辑功能测试

根据 74LS192 的逻辑功能表和引脚排列，输入端 CLR、LD'、D_3～ D_0 接逻辑电平控制开关，CP_D 接高电平，CP_U 接“上升沿”手动脉冲，输出端 Q_3～Q_0、CO' 接至电平指示灯，把测试结果记录于表 3-39 中。再把 CP_U 和 CP_D 对调一下，也就是 CP_D 接脉冲，CP_U 接高电平，观察一下减计数的规律。

表 3-39　74LS192 逻辑功能测试记录表

输　入							输　出					功 能 说 明
CLR	LD′	CP_U	D_3	D_2	D_1	D_0	Q_3	Q_2	Q_1	Q_0	CO′	
0	0	×	0	1	1	1						
0	1	↑	×	×	×	×						
0	1	↑	×	×	×	×						
0	1	↑	×	×	×	×						
0	1	↑	×	×	×	×						
0	1	↑	×	×	×	×						
1	×	×	×	×	×	×						

2. 计数器的级联

如图 3-51 所示，用两片 74LS192 组成两位十进制加法计数器，输入 1Hz 连续计数脉冲，进行由 00～99 累加计数，说明其计数规律；两位十进制加法计数器改为两位十进制减法计数器，实现由 99～00 递减计数，说明其计数规律。

3. 复位法实现数字钟秒和分设计

在数字钟中，秒和分的计数都是从 0～59 的 60 进制计数。仿照图 3-52，设计一个秒或分的 60 进制计数器，画出电路图，并安装调试。分析实验结果，排除实验过程中出现的故障。

4. 置数法实现日历计数

在日历上，每个月的天数不同，如二月只有 28 天，其计数范围为 1～28。仿照图 3-53，设计二月的日历计数器，画出电路图，并安装调试。分析实验结果，排除实验过程中出现的故障。

六、思考题

1. 74LS192 作加法计数时，CP_U，CP_D 分别应接什么？

2. 74LS192 作加法计数时，设 CP_U 频率为 1Hz，则十个脉冲中，CO' 为低电平的时间为多少？

3. 如果要求计数范围为 3～42，可以用复位法吗？可以用置位法吗？如果能，应怎样接线。

4. 用复位法设计一个数字钟 60 进制计数器并进行实验时，个位 CLR 可以接低电平吗？当计数到 59 时，十位的进位端有输出吗？

实验 3.7　移位寄存器及其应用

一、实验目的

1. 掌握中规模 4 位双向移位寄存器逻辑功能的测试方法。
2. 熟悉移位寄存器的应用——构成环形计数器及其测试方法。
3. 了解移位寄存器的扩展及其测试方法。

二、实验设备及材料

1. 装有 Multisim 12 的计算机。
2. 数字电路实验箱。
3. 数字万用表。
4. 74LS194×2。

三、实验原理

1. 移位寄存器

移位寄存器是一个具有移位功能的寄存器，是指寄存器中所存的代码能够在移位脉冲的作用下依次左移或右移。既能左移又能右移的称为双向移位寄存器，只需要改变左、右移的控制信号便可实现双向移位要求。根据移位寄存器存取信息的方式不同分为：串入串出、串入并出、并入串出、并入并出四种形式。

本实验选用的 4 位双向通用移位寄存器，型号为 74LS194，其逻辑符号及引脚排列如图 3-60 所示。

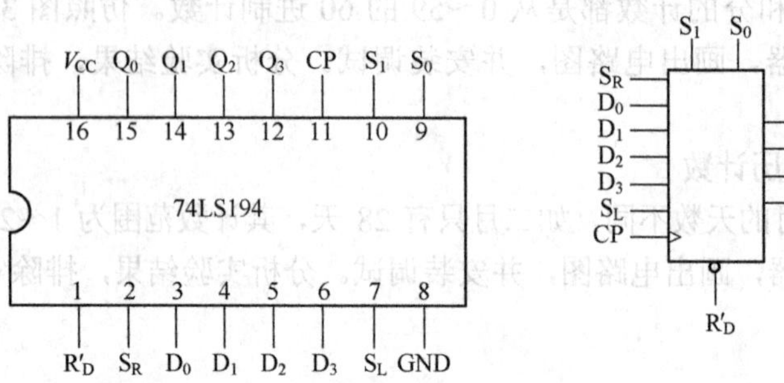

图 3-60　74LS194 的引脚功能及逻辑符号

其中，D_0～D_3 为并行输入端；Q_0～Q_3 为并行输出端；S_R 为右移串行输入端，S_L 为左移串行输入端；S_1、S_0 为操作模式控制端；R'_D 为直接无条件清零端；CP 为时钟脉冲输入端。

74LS194 有 5 种不同操作模式：即并行送数寄存、右移（方向由 $Q_0 \rightarrow Q_3$）、左移（方向由 $Q_3 \rightarrow Q_0$）、保持及清零。S_1、S_0 和 R'_D 端的控制作用见表 3-40。

表 3-40　74LS194 功能表

功能	输入										输出			
	R'_D	S_1	S_0	CP	S_L	S_R	D_0	D_1	D_2	D_3	Q_0	Q_1	Q_2	Q_3
清除	0	×	×	×	×	×	×	×	×	×	0	0	0	0
送数	1	1	1	↑	×	×	a	b	c	d	a	b	c	d
右移	1	0	1	↑	×	D_{SR}	×	×	×	×	D_{SR}	Q_0	Q_1	Q_2
左移	1	1	0	↑	D_{SL}	×	×	×	×	×	Q_1	Q_2	Q_3	D_{SL}
保持	1	0	0	↑	×	×	×	×	×	×	Q_0^n	Q_1^n	Q_2^n	Q_3^n

2．环形计数器

如图 3-61 所示，把移位寄存器的输出反馈到它的串行输入端，把输出端 Q_3 和右移串行输入端 S_R 相连接，设初始状态 $Q_0Q_1Q_2Q_3$=1000，则在时钟脉冲作用下 $Q_0Q_1Q_2Q_3$ 将依次变为 0100→0010→0001→1000……，见表 3-41，可见它是一个具有四个有效状态的计数器，这种类型的计数器通常称为环行计数器。图 3-61 电路可以由各个输出端输出在时间上有先后顺序的脉冲，因此也可作为顺序脉冲发生器。

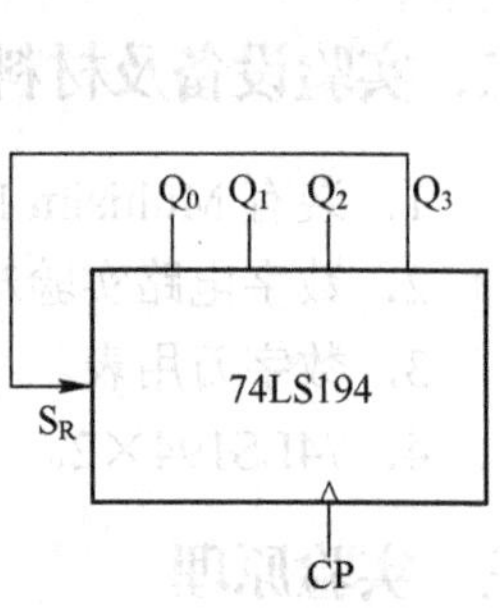

图 3-61　环形计数器

表 3-41　环形计数器状态表

CP	Q_0	Q_1	Q_2	Q_3
0	1	0	0	0
1	0	1	0	0
2	0	0	1	0
3	0	0	0	1

四、计算机仿真实验内容

1．双向移位寄存器 74LS194 的逻辑功能仿真实验

1）创建电路。在 TTL 门电路元件库中选择双向移位寄存器 74LS194 及其他相关元件，调入字信号发生器、逻辑分析仪，连接电路如图 3-62 所示。

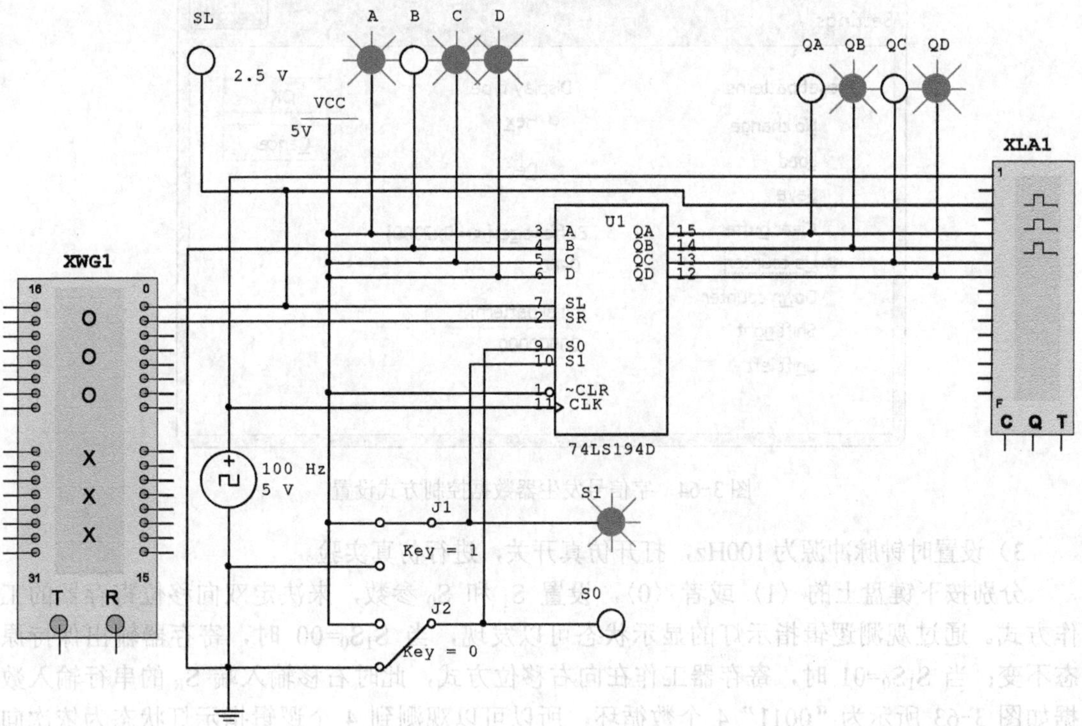

图 3-62　74LS194 的逻辑功能仿真电路图

2）双击字信号发生器，设置数字显示方式为二进制数 Binary，频率设置为 100Hz，在数据显示区末两位为“11”处单击右键，单击“Set Final Position”按钮置该数据为终止数据，另外设置数据控制方式为循环控制方式“Cycle”，如图 3-63 所示。单击控制面板上的“Set”按钮，打开设置对话框，选择“Up counter”（递增编码方式）选项，再单击“OK”按钮完成设置，如图 3-64 所示。

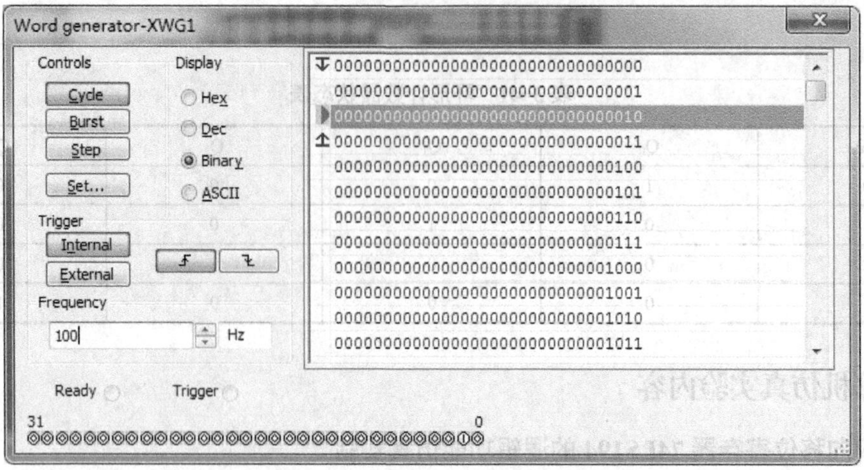

图 3-63　字信号发生器控制面板图

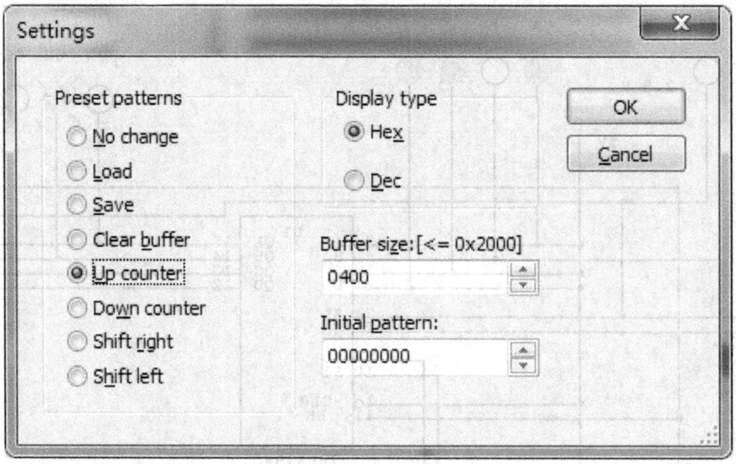

图 3-64　字信号发生器数据控制方式设置

3）设置时钟脉冲源为 100Hz，打开仿真开关，进行仿真实验。

分别按下键盘上的〈1〉或者〈0〉，设置 S_1 和 S_0 参数，来决定双向移位寄存器的工作方式。通过观测逻辑指示灯的显示状态可以发现，当 S_1S_0=00 时，寄存器输出保持原态不变；当 S_1S_0=01 时，寄存器工作在向右移位方式，此时右移输入端 S_R 的串行输入数据如图 3-63 所示为“0011”4 个数循环，所以可以观测到 4 个逻辑指示灯状态为依次向右同时点亮两盏指示灯；当 S_1S_0=10 时，寄存器工作在向左移位方式，此时左移输入端 S_L 的串行输入数据如图 3-63 所示为“0101”4 个数循环，所以可以观测到 4 个逻辑指示灯分 Q_AQ_C 和 Q_BQ_D 两组间隔点亮；当 S_1S_0=11 时，工作在并行输入方式，可观测到并行输出端 $Q_AQ_BQ_CQ_D$ 的 4 个指示灯的状态与输入端 ABCD 的 4 个指示灯的状态一一对应且完全相同。

最后打开逻辑分析仪观测时序图，如图 3-65 所示为左移情况，仿真结果与工作原理完全符合。分析游标 1 和游标 2 处的工作过程。另截取右移情况的波形图，并进行分析。

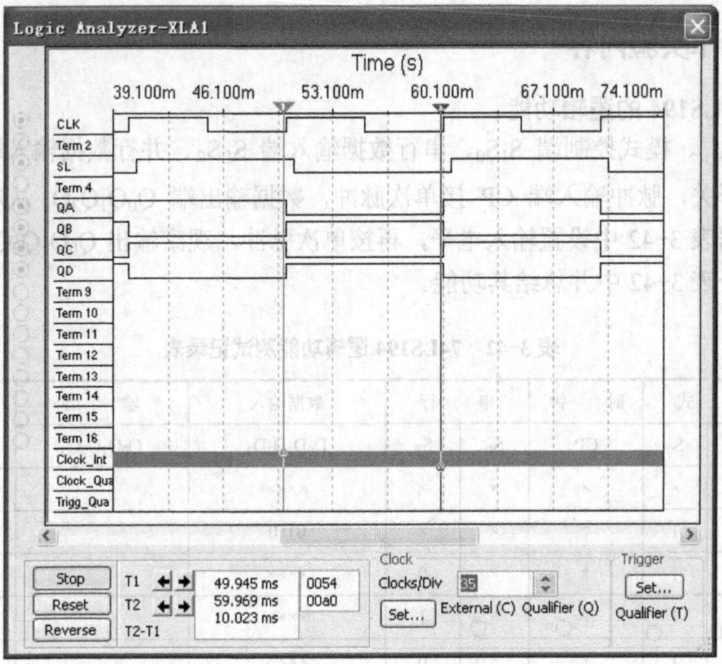

图 3-65　74LS194 逻辑功能测试波形图

2．环形计数器仿真实验

创建环形计数器电路如图 3-66 所示。先置 S_1S_0=11，置入起始数据 $Q_AQ_BQ_CQ_D$=0100；再置 S_1S_0=01，实现右移，将输出的指示灯变化情况记录于表 3-43 中；再置 S_1S_0=10，实现左移，说明输出的指示灯变化情况。

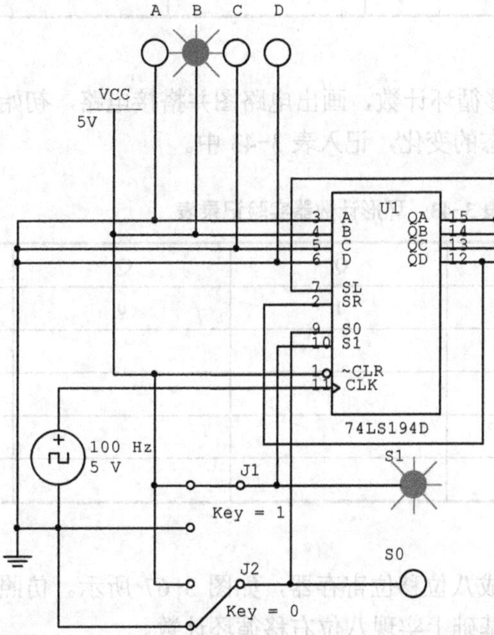

图 3-66　环形计数器仿真电路图

五、实验室操作实验内容

1．测试 74LS194 的逻辑功能

将清除端R'_D、模式控制端 S_1S_0、串行数据输入端 S_LS_R、并行数据输入端 $D_0D_1D_2D_3$ 接逻辑电平控制开关，脉冲输入端 CP 接单次脉冲，数据输出端 $Q_0Q_1Q_2Q_3$ 从左至右依次接电平指示灯。根据表 3-42 中设置输入电平，再按单次脉冲，观察输出 $Q_0Q_1Q_2Q_3$ 的数据，并把测试结果记录于表 3-42 中并总结其功能。

表 3-42　74LS194 逻辑功能测试记录表

清　除	模　式		时　钟	串　行		数据输入	输　出	功能总结
R'_D	S_1	S_0	CP	S_L	S_R	$D_0D_1D_2D_3$	$Q_0Q_1Q_2Q_3$	
0	×	×	×	×	×	××××		
1	1	1	↑	×	×	0110		
1	0	1	↑	×	0	××××		
1	0	1	↑	×	1	××××		
1	0	1	↑	×	0	××××		
1	0	1	↑	×	0	××××		
1	1	0	↑	1	×	××××		
1	1	0	↑	1	×	××××		
1	1	0	↑	1	×	××××		
1	1	0	↑	1	×	××××		
1	0	0	↑	×	×	××××		

2．环形计数器

仿照图 3-61 接线，实现左移循环计数，画出电路图并搭接电路，初始状态由 S_1S_0 送数功能来设置。观察寄存器输出状态的变化，记入表 3-43 中。

表 3-43　环形计数器实验记录表

CP	Q_0	Q_1	Q_2	Q_3
0	0	1	0	0
1				
2				
3				
4				

3．移位寄存器的扩展

将双向四位移位寄存器扩展成八位移位寄存器，如图 3-67 所示。仿照 74LS194 逻辑功能的测试方法进行测试，并在此基础上实现八位右移循环计数。

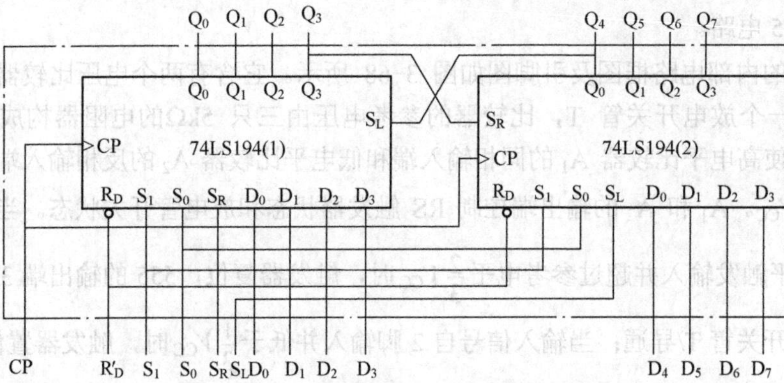

图 3-67 扩展后的移位寄存器

六、思考题

1．在对 74LS194 进行送数后，若要使输出端改成另外的数据，是否一定要使寄存器清零？

2．使寄存器 74LS194 循环左移，应怎样接线?

3．分析表 3-42 的实验结果，总结移位寄存器 74LS194 的逻辑功能并写入表格功能总结一栏中。

4．根据实验室操作内容 2）的结果，画出 4 位环形计数器的状态转换图及波形图。

实验 3.8 555 时基电路应用

一、实验目的

1．熟悉 555 型集成时基电路结构、工作原理及其特点。

2．掌握 555 型集成时基电路的三种基本应用。

二、实验设备及材料

1．装有 Multisim 12 的计算机。

2．数字电路实验箱。

3．函数信号发生器。

4．双通道示波器。

5．555 定时器、二极管 1N4148、电阻 5.1kΩ×2、电阻 10kΩ、电阻 100kΩ、电容 0.01μF×2。

三、实验原理

1．555 定时器

这里所用的 555 定时器，是一种数字、模拟混合型的中规模集成电路，应用十分广泛。它是一种产生时间延迟和多种脉冲信号的电路，由于内部电压标准使用了三个 5kΩ的精密电阻，故取名 555 电路。

555 电路的内部电路框图及引脚图如图 3-68 所示。它含有两个电压比较器，一个基本 RS 触发器，一个放电开关管 T，比较器的参考电压由三只 5kΩ的电阻器构成的分压器提供。他们分别使高电平比较器 A_1 的同相输入端和低电平比较器 A_2 的反相输入端的参考电平为$\frac{2}{3}V_{CC}$和$\frac{1}{3}V_{CC}$。A_1 和 A_2 的输出端控制 RS 触发器状态和放电管开关状态。当输入信号自 6 脚，即高电平触发输入并超过参考电平$\frac{2}{3}V_{CC}$时，触发器复位，555 的输出端 3 脚输出低电平，同时放电开关管 T/导通；当输入信号自 2 脚输入并低于$\frac{1}{3}V_{CC}$时，触发器置位，555 的 3 脚输出高电平，同时放电开关管 T/截止。

RST 是复位端（4 脚），当 RST=0 时，555 输出低电平；平时 RST 端开路或接 V_{CC}。

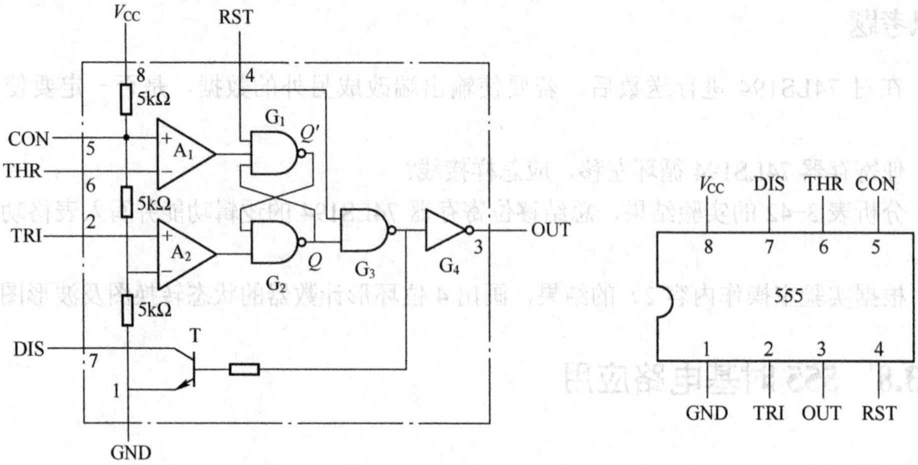

图 3-68　555 定时器内部框图及引脚图

CON 是控制电压端（5 脚），平时输出$\frac{2}{3}V_{CC}$作为比较器 A_1 的参考电平，当 5 脚外接一个输入电压，即改变了比较器的参考电平，从而实现对输出的另一种控制，在不接外加电压时，通常接一个 0.01μF 的电容器到地，起滤波作用，以消除外来的干扰，确保参考电平的稳定。555 定时器的功能表见表 3-44。

表 3-44　555 定时器的功能表

输　入			输　出	
RST	THR	TRI	OUT	T 状态
0	×	×	低	导通
1	$>(2/3)V_{CC}$	$>(1/3)V_{CC}$	低	导通
1	$<(2/3)V_{CC}$	$>(1/3)V_{CC}$	不变	不变
1	$<(2/3)V_{CC}$	$<(1/3)V_{CC}$	高	截止
1	$>(2/3)V_{CC}$	$<(1/3)V_{CC}$	高	截止

T 为放电管，当 T 导通时，将给接于 7 脚的电容器提供低阻放电通路。

555 定时器主要是与电阻、电容构成的放电电路，并由两个比较器来检测电容器上的电压，以确定输出电平的高低和放电开关管的通断。能方便地构成从微秒到数十分钟的延时电路，可方便地构成单稳态触发器、多谐振荡器、施密特触发器等脉冲产生或波形变换电路。

2．构成单稳态触发器

图 3-69a 为定时器和外接定时元件 R、C 构成的单稳态触发器。触发电路由 C_1、R_1、D 构成，其中 D 为钳位二极管，稳态时 555 电路输入端处于电源电平，内部放电开关管 T 导通，输出端 OUT 输出低电平，当有一个外部负脉冲触发信号经 C_1 加到 2 端。并使 2 端电位瞬时低于 $\frac{1}{3}V_{CC}$，低电平比较器动作，单稳态电路即开始一个暂态过程，电容 C 开始充电，V_C 按指数规律增长。当 U_C 充电到 $\frac{2}{3}V_{CC}$ 时，高电平比较器动作，比较器 A_1 翻转，输出 U_o 从高电平返回低电平，放电开关管 T 重新导通，电容 C 上的电荷很快经放电开关管放电，暂态结束，恢复稳态，为下一个触发脉冲的来到作好准备。波形图如图 3-69b 所示。

暂稳态的持续时间 T_w（即为延时时间）决定于外接 R、C 值的大小。

$$T_w=1.1RC$$

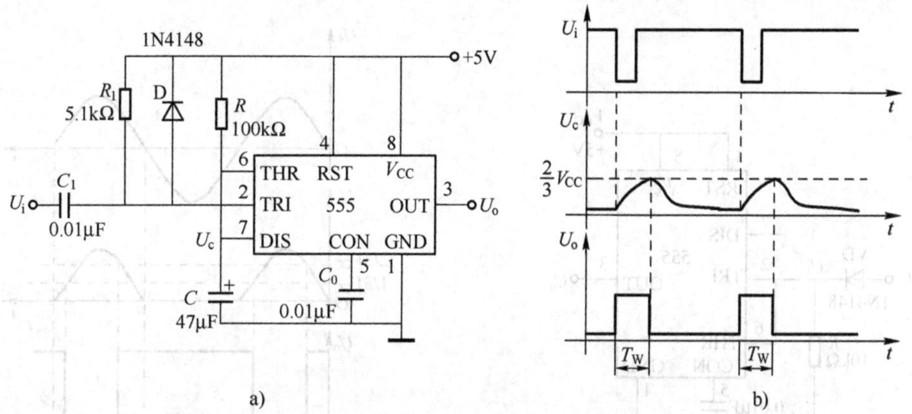

图 3-69　555 构成的单稳态触发器

通过改变 R、C 的大小，可使延时时间在几个微秒到几十分钟之间变化。当这种单稳态电路作为计时器时，可直接驱动小型继电器，并可以使用复位端（4 脚）接地的方法来中断暂态，重新计时。

3．构成多谐振荡器

如图 3-70a 所示为由 555 定时器和外接元件 R_1、R_2、C 构成的多谐振荡器，脚 2 与脚 6 直接相连。电路没有稳态，仅存在两个暂稳态，电路亦不需要外加触发信号，利用电源 V_{CC} 通过 R_1、R_2 向 C 充电，以及 C 通过 R_2 向放电端 7 脚放电，使电路产生振荡。电容 C 在 $\frac{1}{3}V_{CC}$ 和 $\frac{2}{3}V_{CC}$ 之间充电和放电，其波形如图 3-70b 所示。输出信号的时间参数是

$$T=T_{w1}+T_{w2},\qquad T_{w1}=0.7(R_1+R_2)C,\qquad T_{w2}=0.7R_2C$$

555 电路要求 R_1 与 R_2 均应大于或等于 1kΩ，但 R_1+R_2 应小于或等于 3.3MΩ。

外部元件的稳定性决定了多谐振荡器的稳定性，555 定时器配以少量的元件即可获得较高精度的振荡频率和具有较强的功率输出能力，因此这种形式的多谐振荡器应用很广。

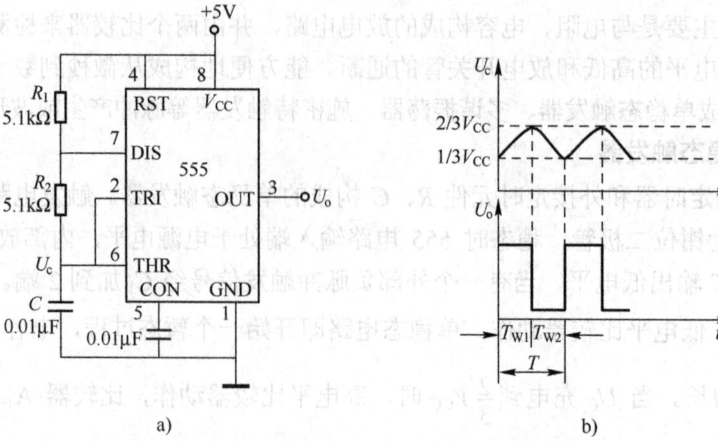

图 3-70　555 构成的多谐振荡器电路图及波形图

4. 组成施密特触发器

电路如图 3-71，只要将引脚 2、6 连在一起作为信号输入端，即得到施密特触发器。图 3-72 示出了 U_s、U_i 和 U_o 的波形图。

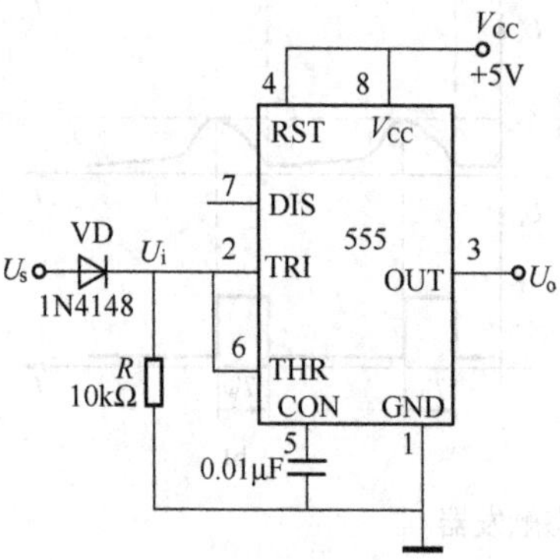

图 3-71　555 构成的施密特触发器

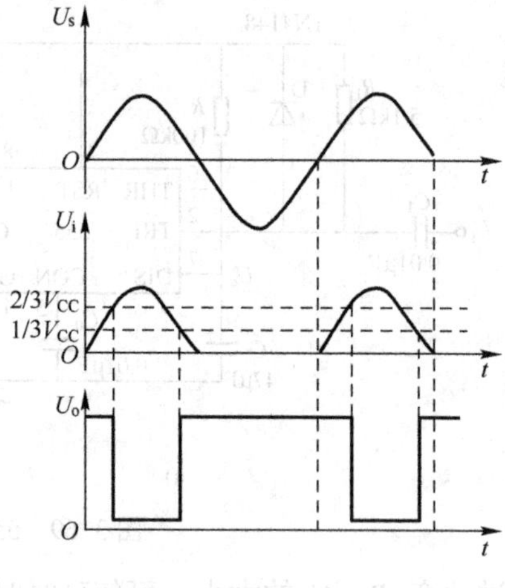

图 3-72　波形变换图

设被整形变换的电压为正弦波 U_S，其正半波通过二极管 VD 同时加到 555 定时器的 2 脚和 6 脚，得 U_i 为半波整流波形。当 U_i 上升到 $\frac{2}{3}V_{CC}$ 时，U_o 从高电平翻转为低电平；当 U_i 下降到 $\frac{1}{3}V_{CC}$ 时，U_o 又从低电平翻转为高电平。电路的电压传输特性曲线如图 3-73 所示。

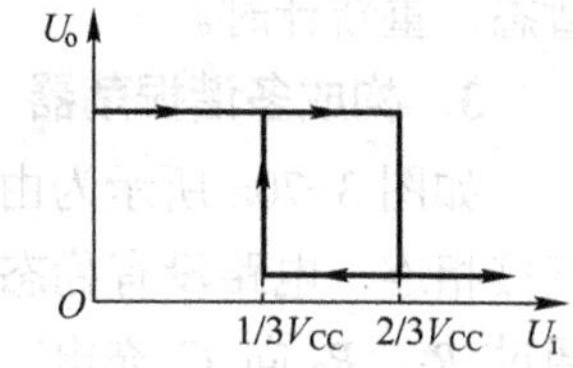

图 3-73　电压传输特性

回差电压为

$$\triangle U=\frac{2}{3}V_{CC}-\frac{1}{3}V_{CC}=\frac{1}{3}V_{CC}$$

四、计算机仿真实验内容

1. 用 555 定时器构成单稳态触发器

1）创建电路。在混合器件库 MIXED 中选择 TIMER 系列中的 LM555CM 元件，如

图 3-74 所示，将 555 调出放置在电子仿真平台上。调出脉冲信号源“Sourses”→“SIGNAL_VOLTAGE_SOURSES”→“CLOCK_VOLTAGE”放置于电子仿真平台上，并将频率设置为 5kHz，占空比设置为 90%，如图 3-75 所示。

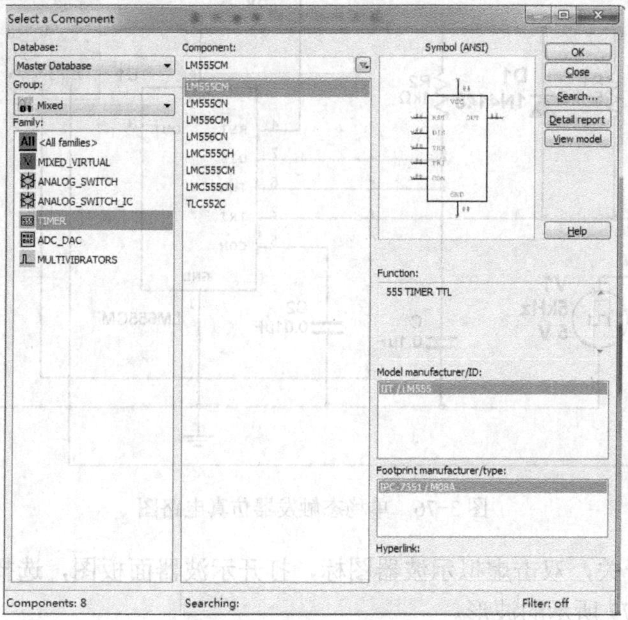

图 3-74　调用时基电路 555

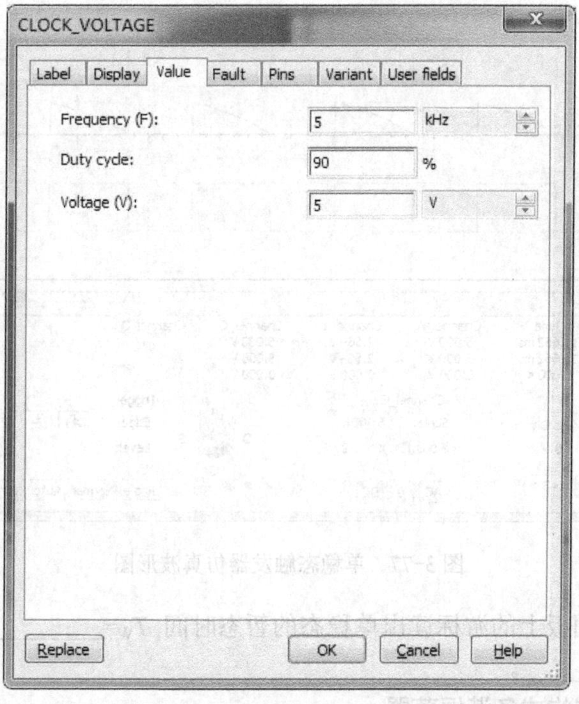

图 3-75　时钟脉冲参数设置

2）从元器件工具条中调出其他元器件，同时调出四踪虚拟示波器，在电子仿真平台上建立单稳态触发仿真电路如图 3-76 所示。

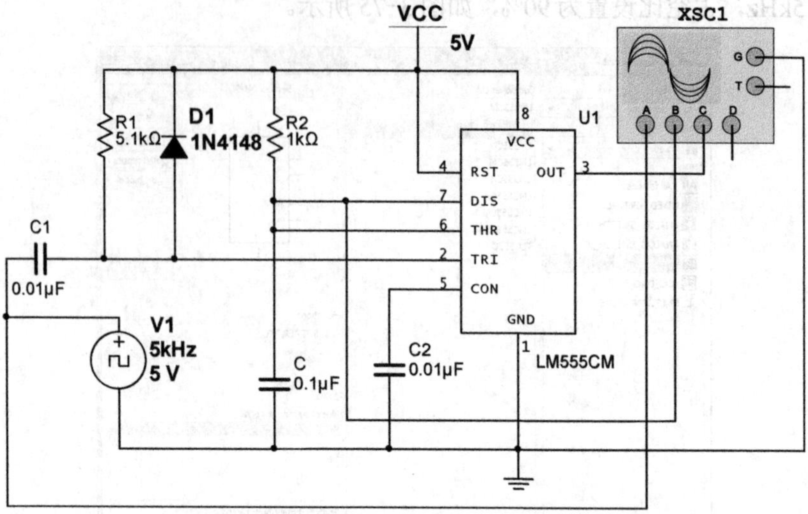

图 3-76　单稳态触发器仿真电路图

3）开启仿真开关，双击虚拟示波器图标，打开示波器面板图，选择合适的参数设置，可以观察到如图 3-77 所示的波形。

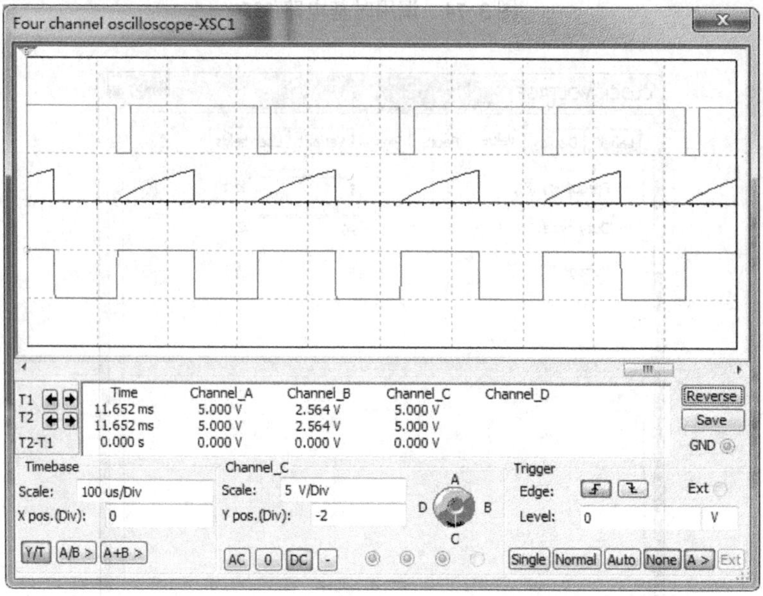

图 3-77　单稳态触发器仿真波形图

4）利用示波器面板上的游标读出单稳态的暂态时间 T_W=____________，计算理论值的暂态时间 T_W=____________。

2．用 555 定时器构成多谐振荡器

1）创建电路。在元件库中选择 LM555CM、电阻、电容、电位器、电源和地及虚拟示波器，放置于电子仿真平台上，建立多谐振荡器仿真电路如图 3-78 所示。

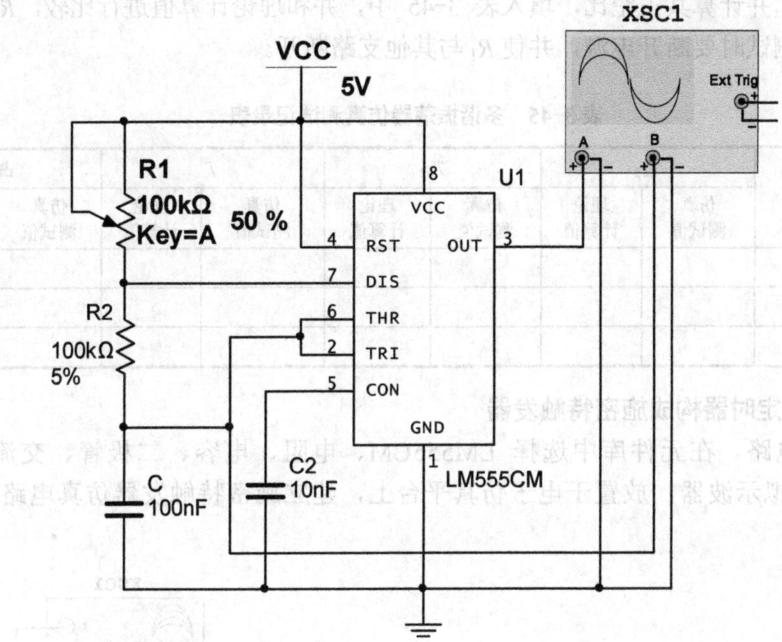

图 3-78　多谐振荡器仿真电路图

2）开启仿真开关，双击虚拟示波器图标，打开示波器面板图，选择合适的参数设置，可以观察到如图 3-79 所示的波形。

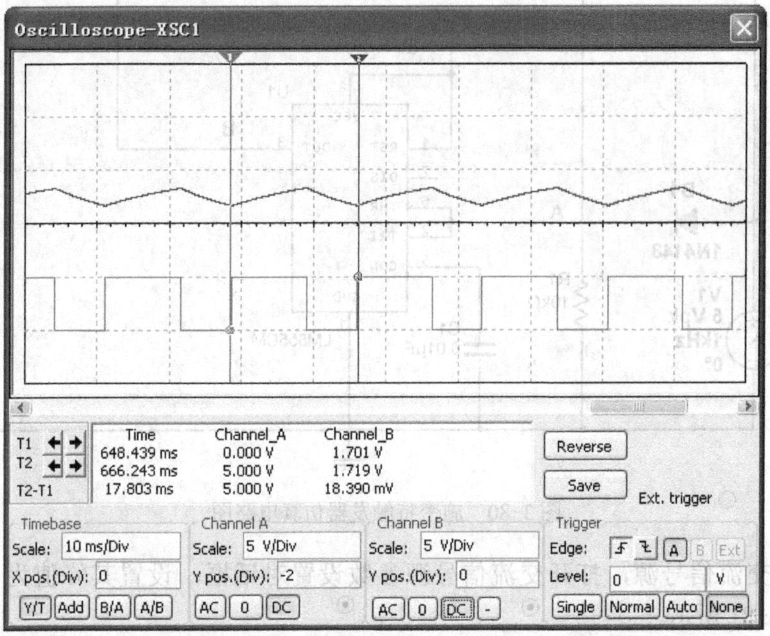

图 3-79　多谐振荡器仿真波形图

3）调节电位器的百分比，可以观察到多谐振荡器产生的矩形波，观察电容器的充电时间和放电时间，并计算其占空比，填入表 3-45 中，并和理论计算值进行比较。R_1 值用万用表测试，注意测试时要断开电源，并使 R_1 与其他支路断开。

表 3-45　多谐振荡器仿真测试记录表

电位器位置	T_{w1}		T_{w2}		T		占空比	
	仿真测试值	理论计算值	仿真测试值	理论计算值	仿真测试值	理论计算值	仿真测试值	理论计算值
30% (R_1=　　　)								
50% (R_1=　　　)								
70% (R_1=　　　)								

3．用 555 定时器构成施密特触发器

1）创建电路。在元件库中选择 LM555CM、电阻、电容、二极管、交流信号源、电源和地及虚拟示波器，放置于电子仿真平台上，建立施密特触发器仿真电路如图 3-80 所示。

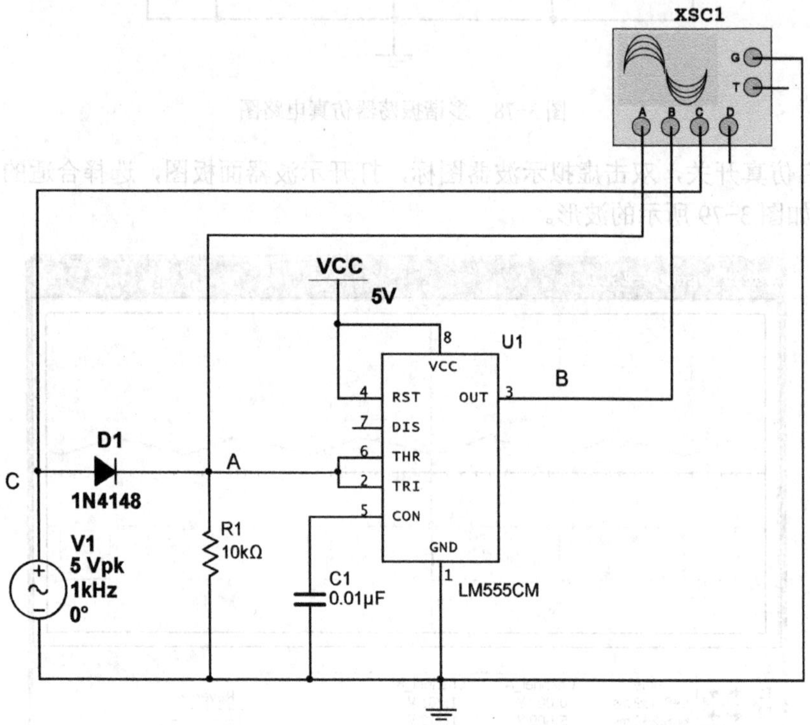

图 3-80　施密特触发器仿真电路图

2）双击交流信号源，打开交流信号源参数设置对话框，设置其峰值为 5V，频率为 1kHz，如图 3-81 所示。

3）开启仿真开关，双击虚拟示波器图标，选择合适的参数设置，可以观察到如图 3-82 所示的波形。

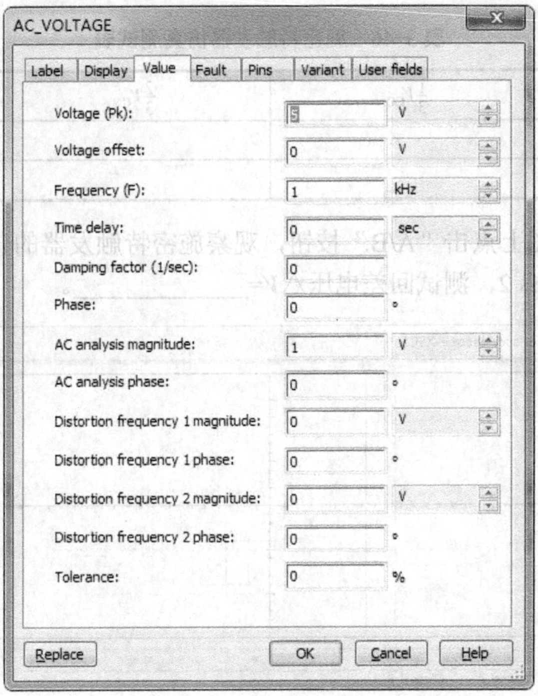

图 3-81　交流信号源参数设置

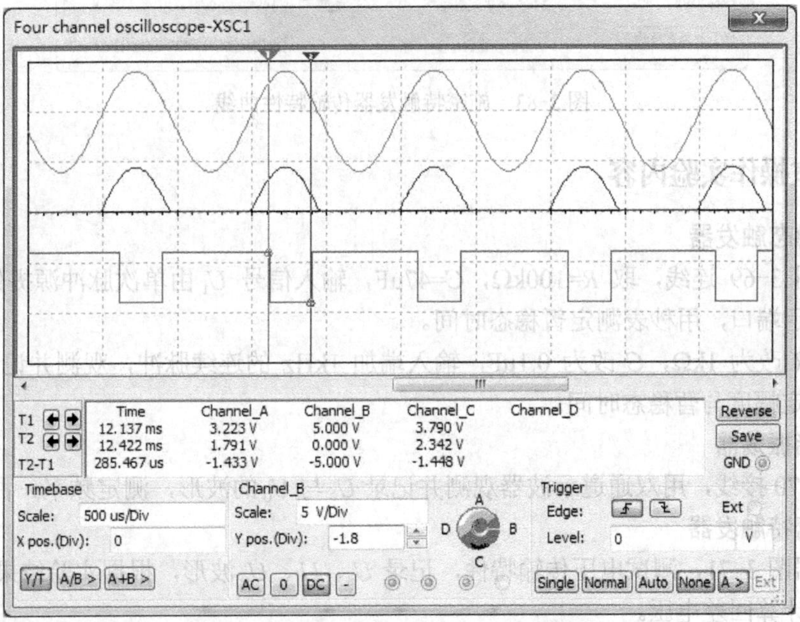

图 3-82　施密特触发器波形图

4）移动示波器面板上的游标，置于输出波形电平跳变的两个位置，读出此时 A 点的电位，算出回差电压$\triangle V$，填入表 3-46 中。并与理论计算值进行比较。

表 3-46　施密特触发器仿真测试表

	$\frac{1}{3}V_{CC}$	$\frac{2}{3}V_{CC}$	$\triangle V$（回差电压）
理论计算值			
仿真测试值			

5）在示波器面板图上点击“A/B”按钮，观察施密特触发器的传输特性曲线如图 3-83 所示。移动游标 1 和游标 2，测试回差电压$\triangle V$=____________。

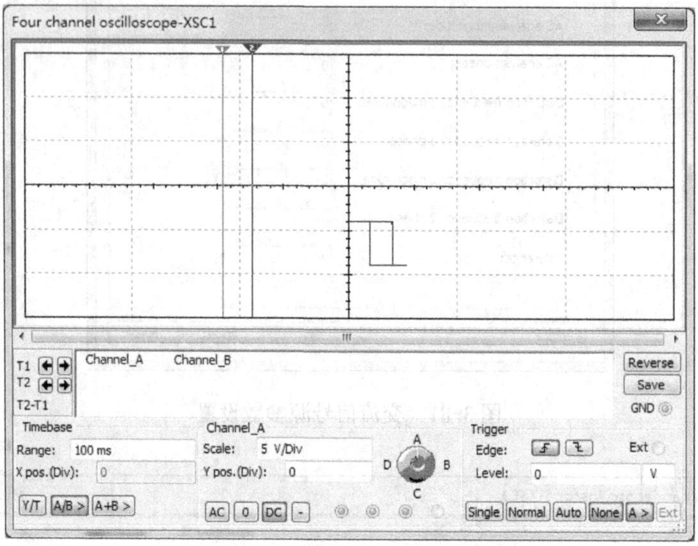

图 3-83　施密特触发器传输特性曲线

五、实验室操作实验内容

1．单稳态触发器

1）按图 3-69 连线，取 R=100kΩ，C=47μF，输入信号 U_i 由单次脉冲源提供，输出 U_o 接至电平显示端口，用秒表测定暂稳态时间。

2）将 R 改为 1kΩ，C 改为 0.1μF，输入端加 1kHz 的连续脉冲，观测并记录波形 U_i，U_c，U_o，测定幅度与暂稳态时间。

2．多谐振荡器

按图 3-70 接线，用双通道示波器观测并记录 U_c 与 U_o 的波形，测定频率、占空比。

3．施密特触发器

1）根据图 3-71，测试电压传输特性，记录 U_s、U_i、U_o 波形，根据实验结果描述电压传输特性，并计算回差电压。

2）在示波器面板上单击“Menu”按钮，将时基改为“X-Y”方式，移动光标，测试施密特触发器的传输特性曲线。

六、思考题

1．在单稳态触发器实验中，二极管 VD 的作用是什么？

2．图 3-70 中的充电支路和放电支路分别是哪条支路，包括哪些元件？根据充电支路和放电支路拟出 T_{W1} 和 T_{W2} 的计算公式。

3．在施密特触发器实验中，如果输入的正弦波峰值为 1V，输出是否还有矩形波输出，为什么？

实验 3.9　D-A 转换器

一、实验目的

1．了解 D-A 转换器的基本工作原理和基本结构。

2．掌握大规模集成 D-A 转换器的功能及其典型应用。

二、实验设备及材料

1．装有 Multisim 12 的计算机。

2．数字电路实验箱。

3．数字万用表。

4．DAC0832、μA741、二极管 1N4148×2、电位器 15kΩ。

三、实验原理

1．D-A 转换

将数字信号转换为模拟信号称为 D-A 转换。实现 D-A 转换的电路称为 D-A 转换器，简写为 DAC（Digital-Analog Converter）。其主要指标有：

（1）分辨率

分辨率是指 D-A 转换器理论上可达到的精度。分辨率可以用输入二进制数码的位数给出，也可用 D-A 转换器能够分辨的最小输出电压与最大输出电压的比值来表示。如 10 位 D-A 转换器的分辨率为：

$$\frac{1}{2^{10}-1}=\frac{1}{1023}\approx 0.001$$

（2）转换误差

转换误差是指 D-A 转换器实际上能达到的转换精度。可以用输出电压满刻度值的百分数表示，也可用最低位有效值的倍数表示。如：转换误差为 0.5LSB，表示输出模拟电压的绝对误差等于当输入数字量的 LSB=1，其余各位均为 0 时输出模拟电压的一半。

（3）转换速度

转换速度通常指建立时间，即输入数字量各位由全 0 变为全 1 或由全 1 变为全 0 时，输出电压达到某一规定值所需要的时间。通常建立时间在 100 ns 至几十微秒之间。

2．D-A 转换器 DAC0832

DAC0832 是采用 CMOS 工艺制成的单片电流输出型 8 位 D-A 转换器。图 3-84 是 DAC0832 的逻辑框图及引脚排列。

器件的核心部分采用倒 T 形电阻网络的 8 位 D-A 转换器，如图 3-85 所示。它由倒 T 形 R—2R 电阻网络、模拟开关、运算放大器和参考电压 V_{REF} 四部分组成。

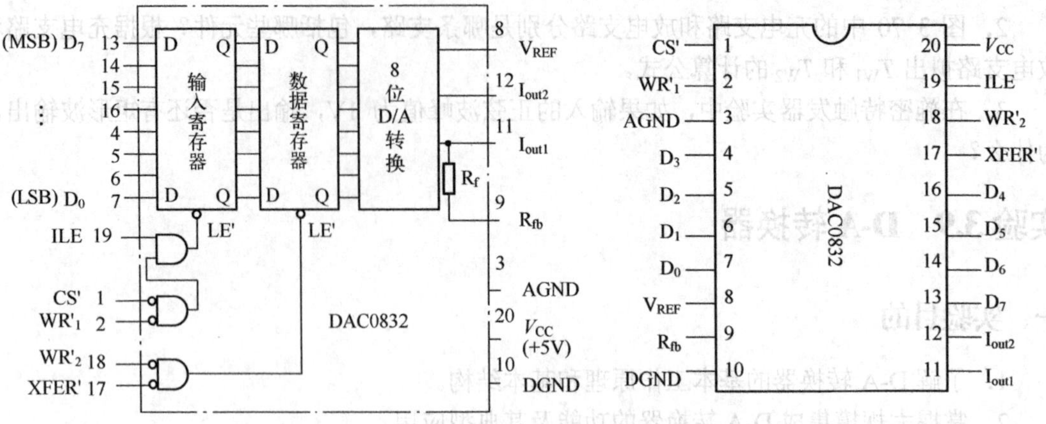

图 3-84　DAC0832 单片 D-A 转换器逻辑框图和引脚排列

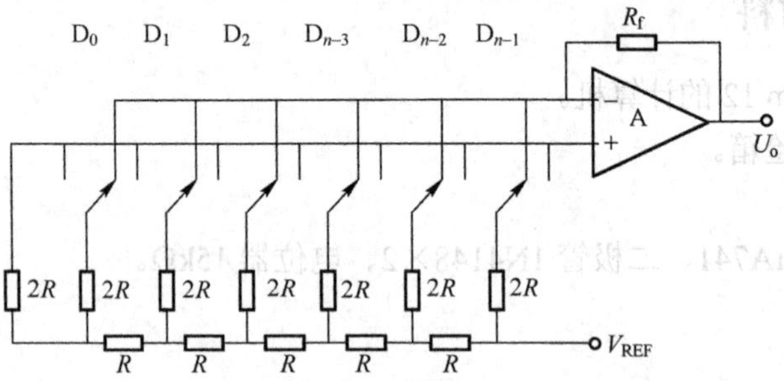

图 3-85　倒 T 形电阻网络 D-A 转换电路

运算放大器的输出电压为

$$U_o = \frac{V_{REF}\cdot R_f}{2^n R}(D_{n-1}\cdot 2^{n-1} + D_{n-2}\cdot 2^{n-2} + ... + D_0\cdot 2^0)$$

由上式可见，输出电压 V_o 与输入的数字量成正比，这就实现了从数字量到模拟量的转换。

一个 8 位的 D-A 转换器，它有 8 个输入端，每个输入端是 8 位二进制数的一位，有一个模拟输出端，输入可有 2^8=256 个不同的二进制组态，输出为 256 个电压之一，即输出电压不是整个电压范围内的任意值，而只能是 256 个可能值。

DAC0832 的引脚功能说明如下：

D_0～D_7：数字信号输入端；

ILE：输入寄存器允许，高电平有效；

CS'：片选信号，低电平有效；

WR_1'：写信号 1，低电平有效；

$XFER'$：传送控制信号，低电平有效；

WR_2'：写信号 2，低电平有效；

I_{out1}，I_{out2}：DAC 电流输出端；

R_{fb}：反馈电阻，是集成在片内的外接运放的反馈电阻；

V_{REF}：基准电压（-10～10）V；

V_{CC}：电源电压（5～15）V；

AGND：模拟地；

DGND：数字地（数字地和模拟地可接在一起使用）。

DAC0832 输出的是电流，要转换为电压，还必须经过一个外接的运算放大器，实验电路如图 3-86 所示。

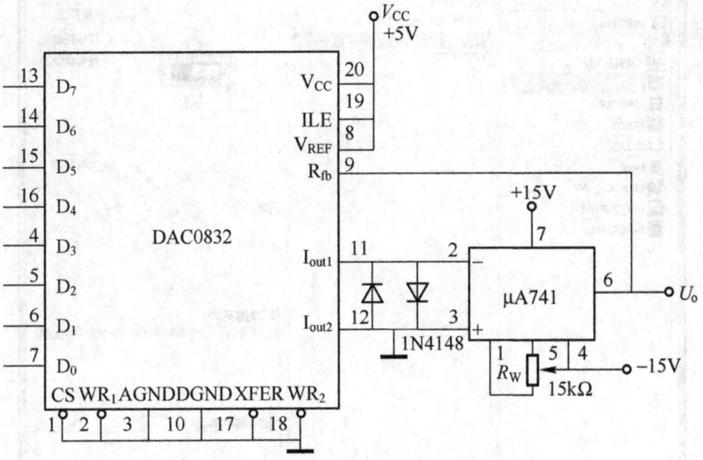

图 3-86　D/A 转换器实验电路

四、计算机仿真实验内容

1. DAC 仿真实验

1）创建电路。在混合器件库 MIXED 中选择 ADC_DAC 系列中的电压输出型 VDAC，如图 3-87 所示，调入仿真工作区。调入电源“Sourses”→“POWER_SOURSES”→“VCC”、地“Sourses”→“POWER_SOURSES”→“GROUND”、直流电源“Sourses”→“POWER_SOURSES”→“DC_POWER”，排阻“Basic”→“RPACK”→“8Line_Bussed”，8 位拨码开关“Basic”→“SWITCH”→“DSWPK_8”。调入直流电压表“Indicators”→“VOLTMETER”→“VOLTMETER_V”，如图 3-88 所示。搭建的 DAC 实验电路如图 3-89 所示。

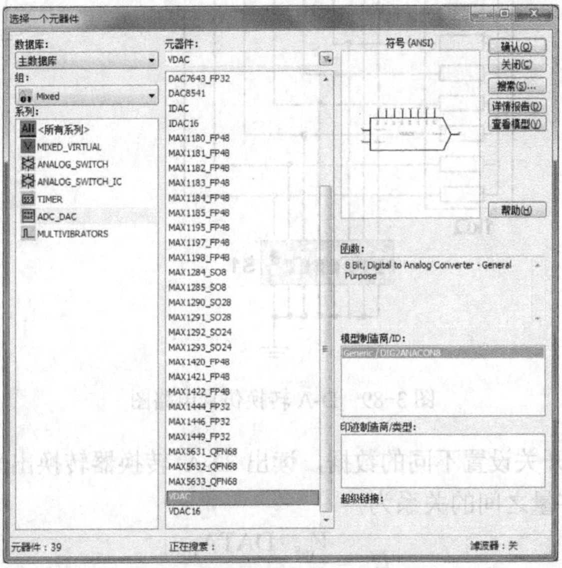

图 3-87　调用 D-A 转换器

图 3-88　调用直流电压表

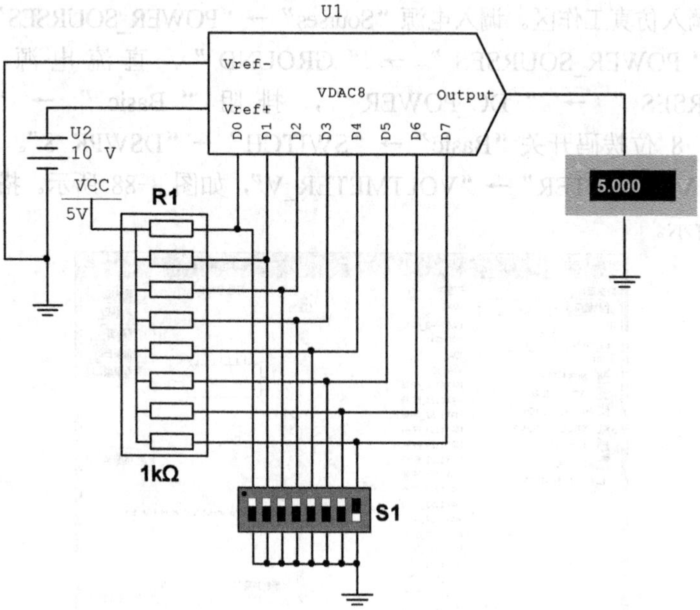

图 3-89　D-A 转换仿真电路图

2）仿真运行。用开关设置不同的数据，读出 D-A 转换器转换出来的电压值。可以观察到输出的模拟量与数字量之间的关系为

$$U_o = \frac{V_{ref} \cdot DATA_{10}}{2^n}$$

式中，U_o 为输出模拟量（电压），V_{ref} 为基准电压，$DATA_{10}$ 为输入二进制数字信号所对应的十进制数码。

3）按照表 3-47 设置 D_0～D_7，测试并把结果记入表 3-47 中，并与理论计算值进行对比。

表 3-47 D-A 转换仿真实验记录表

输入数字量									输出模拟量 U_o/V	
D_7	D_6	D_5	D_4	D_3	D_2	D_1	D_0	对应的十进制数 $DATA_{10}$	仿真测试值	理论计算值
0	0	0	0	0	0	0	0			
0	0	0	0	0	0	0	1			
0	0	0	0	0	0	1	0			
0	0	0	0	0	1	0	0			
0	0	0	0	1	0	0	0			
0	0	0	1	0	0	0	0			
0	0	1	0	0	0	0	0			
0	1	0	0	0	0	0	0			
1	0	0	0	0	0	0	0			
1	1	1	1	1	1	1	1			

2. DAC 实现梯形波

1）创建电路。在混合器件库 MIXED 中选择 ADC_DAC 系列中的电压输出型 VDAC，调入仿真工作区。在 TTL 库中选择 74STD 系列，找到二-八进制计数器 7493N，并搭接成十六进制计数器模式，调入电源“Sourses”→“POWER_SOURSES”→“VCC”、地“Sourses”→“POWER_SOURSES”→“GROUND”、时钟脉冲源“Sourses”→“SIGNAL_VOLTAGE_SOURCE”→“CLOCK_VOLTAGE”、数码管“Indicators”→“HEX_DISPLAY”→“DCD_HEX”。从仪器仪表栏调入示波器。搭建 DAC 实现的梯形波电路如图 3-90 所示。

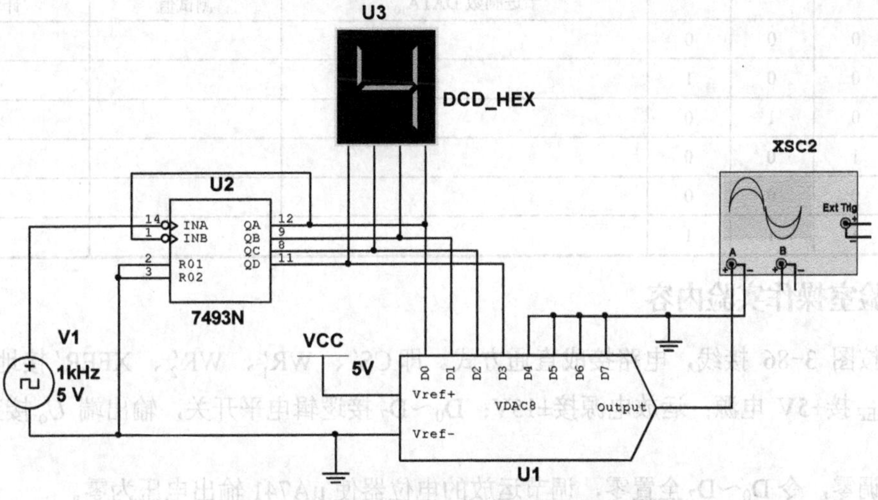

图 3-90 DAC 实现梯形波仿真电路图

74LS93 组成十六进制计数器，计数器的输入时钟脉冲由 1kHz 脉冲信号发生器提供。电路中只有 DAC 的低 4 位输入端接到计数器的输出端，高 4 位输入端接地。这意味着这个 DAC 最多只有 15 级模拟电压输出，而不是通常 8 位 DAC 的 255 级模拟电压输出。计数器在计数到最后一个二进制数 1111 时，将复位到 0000，并开始新一轮计数。因此在示波器曲线图上第 15 级的最大电压值，可确定 DAC 满度输出电压。这个电压将小于全 8 位数码输入时 255 级 DAC 的满度输出电压。

2）仿真运行。打开示波器面板，即可观察到 DAC 输出梯形波如图 3-91 所示。移动游标到相应的位置，观察输出波形的电压值，并记录于表 3-48 中。

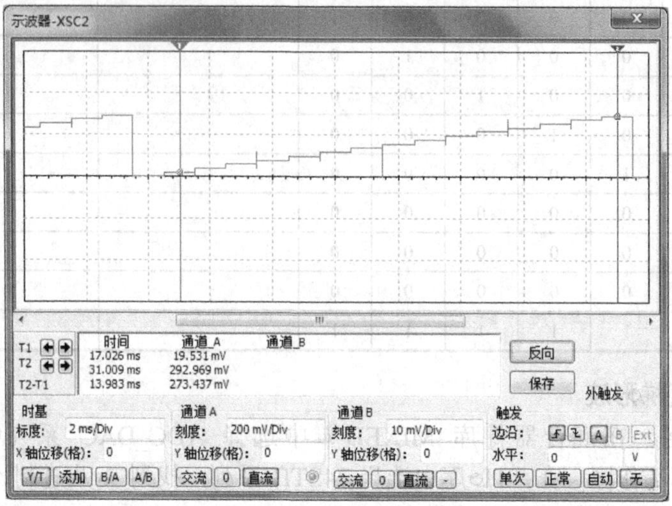

图 3-91　DAC 实现梯形波

表 3-48　梯形波实验记录表

输入数字量					输出模拟量 U_o/V	
D_3	D_2	D_1	D_0	对应的 十进制数 $DATA_{10}$	仿真 测试值	理论 计算值
0	0	0	0			
0	0	0	1			
0	0	1	0			
0	1	0	0			
1	0	0	0			
1	1	1	1			

五、实验室操作实验内容

1．按图 3-86 接线，电路接成直通方式。即 CS′、WR_1'、WR_2'、XFER′ 接地；ILE、Vcc、V_{REF} 接+5V 电源；运放电源接±15V；D_0～D_7 接逻辑电平开关，输出端 U_o 接直流数字电压表。

2．调零，令 D_0～D_7 全置零，调节运放的电位器使 μA741 输出电压为零。

3．按表 3-49 所列的输入数字信号，用直流电压表测量运放的输出电压 U_o，将测量结果填入表 3-49 中，并与理论值进行比较。

4．改 V_{cc} 为 10V，再进行测试，将测试结果填入表 3-49 中。

表 3-49　DAC0832 实验记录表

输入数字量								输出模拟量 U_o/V	
D_7	D_6	D_5	D_4	D_3	D_2	D_1	D_0	V_{cc}=+5V	V_{cc}=+10V
0	0	0	0	0	0	0	0		
0	0	0	0	0	0	0	1		
0	0	0	0	0	0	1	0		
0	0	0	0	0	1	0	0		
0	0	0	0	1	0	0	0		
0	0	0	1	0	0	0	0		
0	0	1	0	0	0	0	0		
0	1	0	0	0	0	0	0		
1	0	0	0	0	0	0	0		
1	1	1	1	1	1	1	1		

六、思考题

1．在 D-A 转换器实验中，外接运算放大器的作用是什么？

2．在 D-A 转换器实验中，怎样调零？

3．在 D-A 转换器实验中，如果 V_{CC} 接+15V，输出模拟量会有什么变化？

实验 3.10　A-D 转换器

一、实验目的

1．了解 A-D 转换器的基本工作原理和基本结构。

2．掌握大规模集成 A-D 转换器的功能及其典型应用。

二、实验设备及材料

1．装有 Multisim 12 的计算机。

2．数字电路实验箱。

3．数字万用表。

4．ADC0809、电阻 1kΩ×10。

三、实验原理

1．A-D 转换

将模拟信号转换为数字信号称为 A-D 转换。实现 A-D 转换的电路称为 A-D 转换器，简写为 ADC（Analog-Digital Converter）。

A-D 转换一般包括采样、保持、量化、编码四个步骤，如图 3-92 所示。

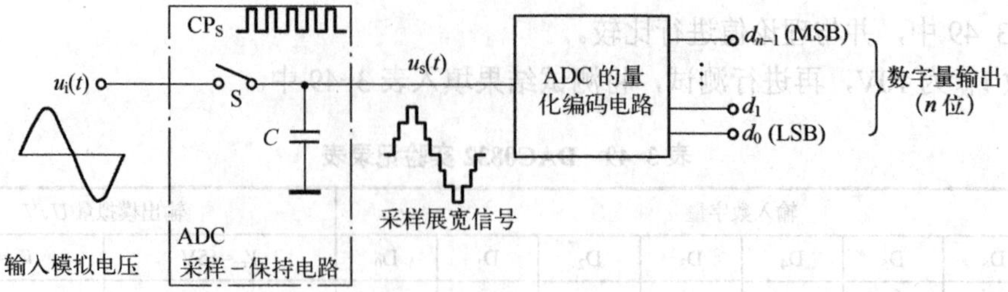

图 3-92　ADC 的组成部分

其主要技术指标有分辨率、转换误差、转换速度。

（1）分辨率

A-D 转换器的分辨率用输出二进制数的位数表示，位数越多，误差越小，转换精度越高。例如，输入模拟电压的变化范围为 0～5V，输出 10 位二进制数可以分辨的最小模拟电压为 $5V\times2^{-10}\approx4.88mV$。

（2）转换误差

通常以输出误差最大值的形式给出，一般多以最低有效位的倍数给出。有时也用满量程输出的百分数给出转换误差。

（3）转换速度

转换速度是指完成一次转换所需的时间。转换时间是指从接到模拟输入信号开始，到输出端得到稳定的数字输出信号所经过的这段时间。

实际应用中，应从系统总的位数、精度要求、输入模拟信号的范围及输入信号极性等方面综合考虑 ADC 的选用。

2．A-D 转换器 ADC0809

ADC0809 是采用 CMOS 工艺制成的单片 8 位 8 通道逐次渐近型 A-D 转换器，其逻辑框图及引脚排列如图 3-93 所示。

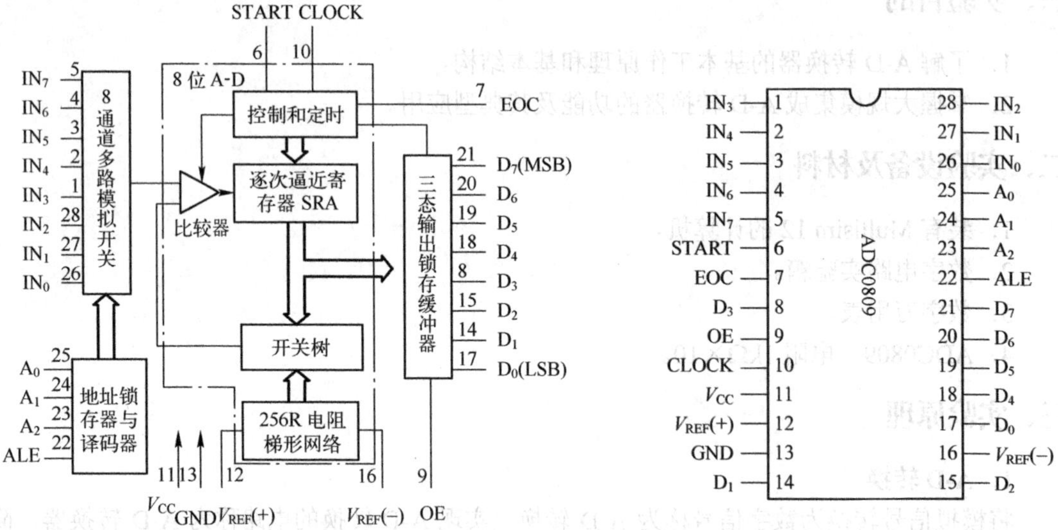

图 3-93　ADC0809 转换器逻辑框图及引脚排列

器件的核心部分是 8 位 A-D 转换器，它由比较器、逐次逼近寄存器、开关树、电阻梯形网络及控制和定时五部分组成。

ADC0809 的引脚功能如下：

IN_0～IN_7：8 路模拟信号输入端；

A_2、A_1、A_0：地址输入端；

ALE：地址锁存允许输入信号，在此脚施加正脉冲，上升沿有效，此时锁存地址码，从而选通相应的模拟信号通道，以便进行 A-D 转换；

START：启动信号输入端，应在此脚施加正脉冲，当上升沿到达时，内部逐次逼近寄存器复位，在下降沿到达后，开始 A-D 转换过程；

EOC：转换结束输出信号（转换结束标志），高电平有效；

OE：输出允许信号，高电平有效；

CLOCK（CP）：时钟信号输入端，频率要求 10kHz～1280kHz，典型值为 640kHz；

V_{CC}：+5V 单电源供电；

$V_{REF}(+)$、$V_{REF}(-)$：基准电压的正极、负极。一般 $V_{REF}(+)$接+5V，$V_{REF}(-)$接地；

D_0～D_7：数字信号输出端。

3．模拟量输入通道选择

8 路模拟开关由 A_2、A_1、A_0 三地址输入端选通 8 路模拟信号中的任何一路进行 A-D 转换，地址译码与模拟输入通道的选通关系见表 3-50。

表 3-50　8 路模拟开关选通关系表

被选模拟通道		IN_0	IN_1	IN_2	IN_3	IN_4	IN_5	IN_6	IN_7
地址	A_2	0	0	0	0	1	1	1	1
	A_1	0	0	1	1	0	0	1	1
	A_0	0	1	0	1	0	1	0	1

4．A-D 转换过程

在启动端（START）加启动脉冲（正脉冲），A-D 转换即开始。如将启动端（START）与转换结束端（EOC）直接相连，转换将是连续的，在用这种转换方式时，开始应在外部加启动脉冲。

四、计算机仿真实验内容

1）创建电路。在混合器件库 MIXED 中选择 ADC_DAC 系列中的 ADC，如图 3-94 所示，调入仿真工作区。选择命令调入电源“Sourses”→“POWER_SOURSES”→“VCC”、地“Sourses”→“POWER_SOURSES”→“GROUND”、时钟脉冲源“Sourses”→“SIGNAL_VOLTAGE_SOURCE”→“CLOCK_VOLTAGE”、电位器“Basic”→“POTENTIOMETER”、直流电压表“Indicators”→“VOLTMETER”→“VOLTMETER_V”。搭建的 ADC 实验电路如图 3-95 所示。

图 3-94　调用 A-D 转换器

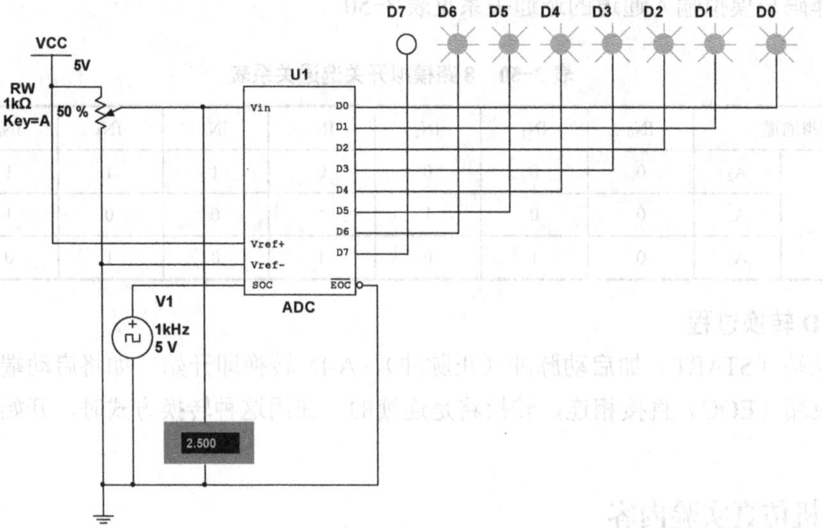

图 3-95　A-D 转换仿真电路图

2）仿真运行。调节电位器 R_W，使输入电压 V_{in} 为不同的模拟量，读出 A-D 转换器转换出来的数字量。可以观察到输出的数字量与模拟量之间的关系为

$$\mathrm{DATA}_{10} = \frac{V_{in}}{V_{ref}} \cdot 2^n$$

式中，V_{in} 为输入模拟量（电压），V_{ref} 为基准电压，DATA_{10} 为输出二进制数字量所对应的十

进制数码。

3）按照表 3-51 设置输入模拟量 V_{in}，并把结果记入表 3-51 中，并与理论计算值进行对比。

表 3-51　A-D 转换仿真实验记录表

输入模拟量 V_{in}（R_W 百分比）	输出数字量								
	D_7	D_6	D_5	D_4	D_3	D_2	D_1	D_0	对应的十进制数 $DATA_{10}$
5V（100%）									
4.5 V（90%）									
4 V（80%）									
3.5 V（70%）									
3 V（60%）									
2.5 V（50%）									
2 V（40%）									
1.5 V（30%）									
1 V（20%）									
0.5 V（10%）									
0 V（0%）									

五、实验室操作实验内容

1）按图 3-96 接线，八路输入模拟信号 1～4.5V，由+5V 电源经电阻 R 分压组成；转换结果 D_0～D_7 接电平指示灯，CP 接连续脉冲，取 f=10kHz；A_0～A_2 地址端接电平控制开关。

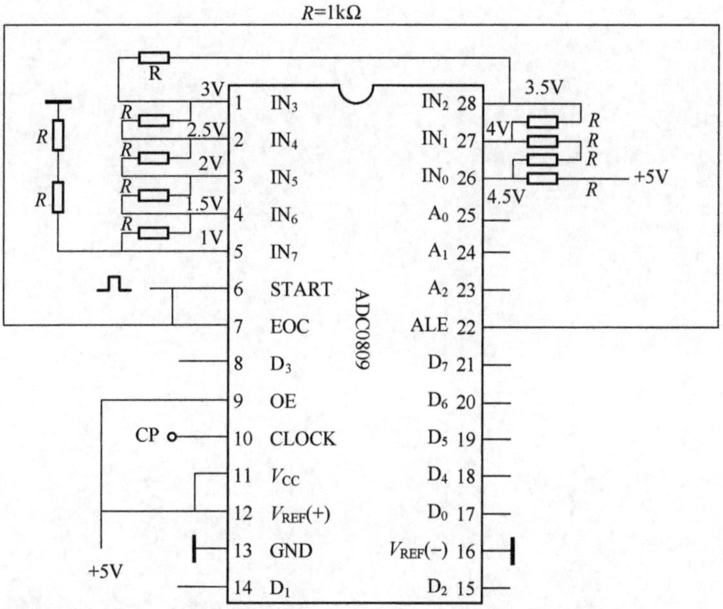

图 3-96　ADC0809 实验线路

2）接通电源后，在启动端（START）加一正单次脉冲，下降沿一到即开始 A-D 转换。

3）按表 3-52 的要求观察，记录 IN_0～IN_7 八路模拟信号的转换结果，并将转换结果换算成十进制数，输入模拟量用数字电压表实测填写。

表 3-52 ADC0809 实验记录表

被选模拟通道	输入模拟量 V_i(V)		地址	输出数字量								
IN	理论	实测	$A_2\ A_1\ A_0$	D_7	D_6	D_5	D_4	D_3	D_2	D_1	D_0	十进制
IN_0	4.5		0 0 0									
IN_1	4.0		0 0 1									
IN_2	3.5		0 1 0									
IN_3	3.0		0 1 1									
IN_4	2.5		1 0 0									
IN_5	2.0		1 0 1									
IN_6	1.5		1 1 0									
IN_7	1.0		1 1 1									

六、思考题

1．在 A-D 转换器实验中，10 个 1kΩ电阻的作用是什么？

2．在 A-D 转换器实验中，对模拟信号的选择是怎么实现的？

第 4 章　基于 Multisim 12 的电子秒表的设计与开发

电子秒表是重要的计时工具，广泛运用于各行各业中。它可应用于对运动物体的速度、加速度的测量实验，还可用来验证牛顿第二定律、机械能守恒定律等物理实验，同时也适用于对时间测量精度要求较高的场合，测定短时间间隔的仪表。作为一种测量工具，电子秒表相对于其他一般的记时工具具有便捷、准确、可比性高等特点，不仅可以提高精确度，而且可以大大减轻操作人员的负担，降低错误率。

4.1　电子秒表的设计要求

1．电子秒表计时范围为 0.0～9.9s。

2．该秒表精度达到 0.02s。

3．该秒表具有启动、停止的功能。

4.2　电子秒表的工作原理

电子秒表的电路方框图如图 4-1 所示，主要由脉冲产生电路、主控制电路、分频电路、计数器电路、译码显示电路等单元电路组成。根据设计要求，需要 10Hz 时钟脉冲信号，由于需要精度达到 0.02s，因此设计一个 50Hz 的时钟脉冲信号再进行分频得到，计数器进行 0～99 的加计数，再通过译码显示模块显示出来，主控制电路控制计数器的清零、重新计数和数据停止。

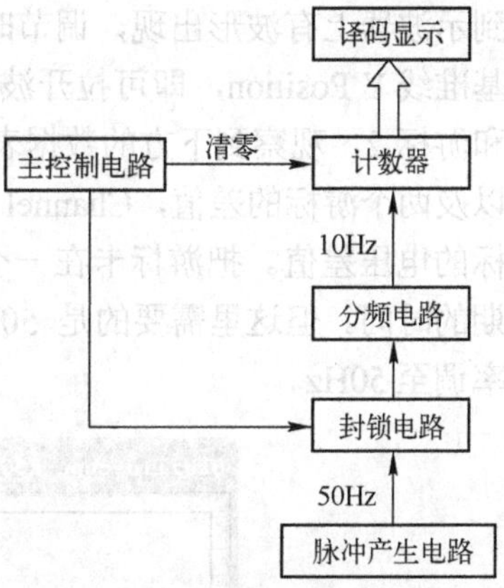

图 4-1　电子秒表的电路方框图

4.3　Multisim 12 在电子秒表设计中的应用

4.3.1　单元电路的设计

1．50Hz 时钟产生电路的设计及仿真

1）创建电路。在元件库“Mixed”→“TIMER”里调入 LM555CM，在“Basic”→“RESISTOR”里调入电阻，在“Basic”→“CAPACITOR”里调入电容，在“Basic”→“POTENTIOMETER”里调入电位器，在“Sources”→“POWER_SOURSES”调入电源和地，设置成相应的参数，连接成如图 4-2 所示的多谐振荡器。并调入示波器观察波形。示波器的两个通道可以用不同的颜色导线来区分，方便波形的观察。

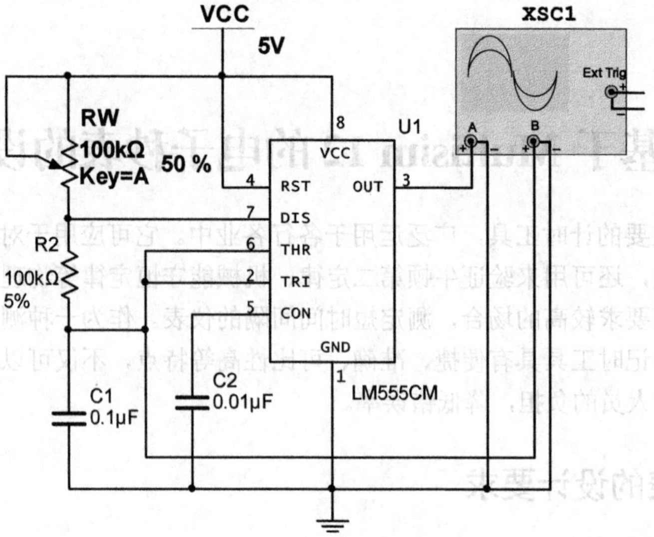

图 4-2　555 组成的多谐振荡器

2）仿真分析。双击示波器，即可打开示波器面板如图 4-3 所示，运行文件，即可观察到示波器上有波形出现，调节时间灵敏度和幅值灵敏度，即可适当缩放波形，适当调整波形基准线 Y Position，即可拉开波形位置，方便观察。在波形屏幕上，有两个游标，拉动游标 1 和游标 2，观察到下方的数据表格里的数据在发生变化，Time 表示时间轴的两个游标的数据以及两个游标的差值，Channel A 和 Channel B 分别表示通道 A 和通道 B 的幅值以及两个游标的电压差值。把游标卡在一个周期的位置，这里观察到的 17.235ms 即是输出波形一个周期的时间。但这里需要的是 50Hz，也就是 20ms。适当调节电位器 R_W 的值，即可把输出频率调至 50Hz。

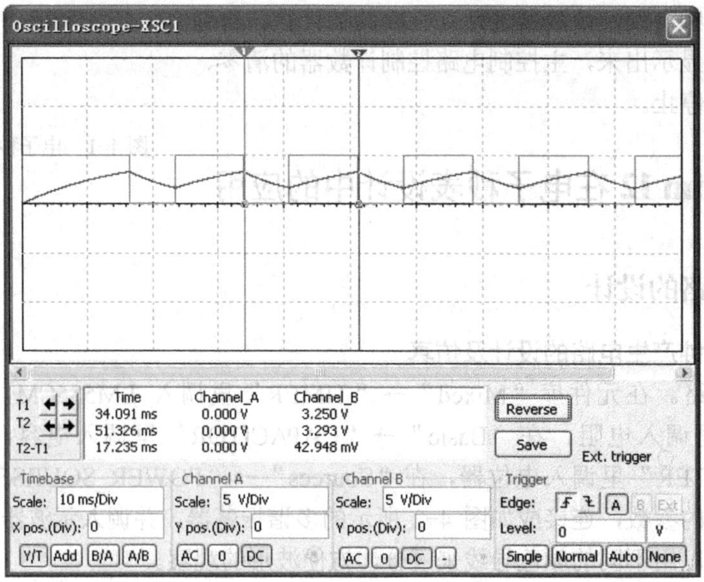

图 4-3　555 多谐振荡器输出波形

3）存储文件。把文件命名为“脉冲产生电路”。

2．控制电路的设计及仿真

控制电路需要控制计数的复位启动，停止计数。这里用基本 RS 触发器和单稳态触发器来设计，如图 4-4 所示。

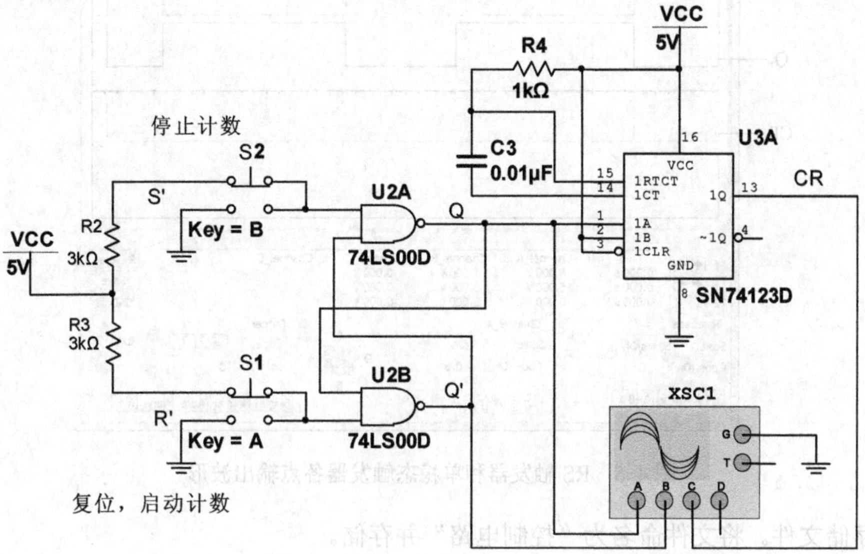

图 4-4　电子秒表控制电路图

图 4-4 中，U2A、U2B 组成的基本 RS 触发器的一路输出 Q 作为单稳态触发器的输入，另一路输出 Q'作为封锁脉冲信号的输入控制信号。

在由 U2A 和 U2B 组成的 RS 触发器中，按动复位按钮开关 S1（接地），则 Q'=1，与非门 U2C 开启（如图 4-9 所示），为计数器启动做好准备；同时 Q=0，Q 输出的负脉冲启动单稳态触发器，使得计数器复位；S1 复位后，Q、Q'状态保持不变。再按停止按钮开关 S2（接地），则 Q 由 0 变为 1，Q'由 1 变 0，与非门 U2C 封锁。

基本 RS 触发器在电子秒表中的职能是启动和停止秒表的工作。

在由 U3A、C3、R4 组成的单稳态触发器，当按 S2 开关，U2A 的 Q 从 1 变为 0，74LS123 的 A 端（1 脚）得到一个下降沿，输出端 Q 端 （13 脚）输出一个正脉冲信号。

1）创建电路。创建如图 4-4 所示的 RS 触发器和单稳态触发器。并调入示波器，改变示波器的不同通道的连线的颜色，观察波形如图 4-5 所示。

单击运行按钮，进行仿真分析，观察仿真结果。

操作说明：

- 按开关 S1，U2B 输入低电平，系统自动运行。观察到示波器屏幕上 RS 触发器的两个输出端电位，U2A(Q)输出 0，U2B(Q')输出 1，这使得单稳态触发器 74LS123 的 A 端得到一个下降沿，单稳态触发器的输出端 Q（13 脚）输出一个正脉冲，去清除计数器的数据。同时，555 输出的脉冲信号通过与非门，计数器正常分频计数。
- 按开关 S2，U2A 输入低电平。观察到示波器屏幕上 RS 触发器的两个输出端电位均翻转，U2A(Q)输出 1，U2B(Q')输出 0，555 输出的脉冲信号不能通过与非门 U2C，计数器停止分频计数。

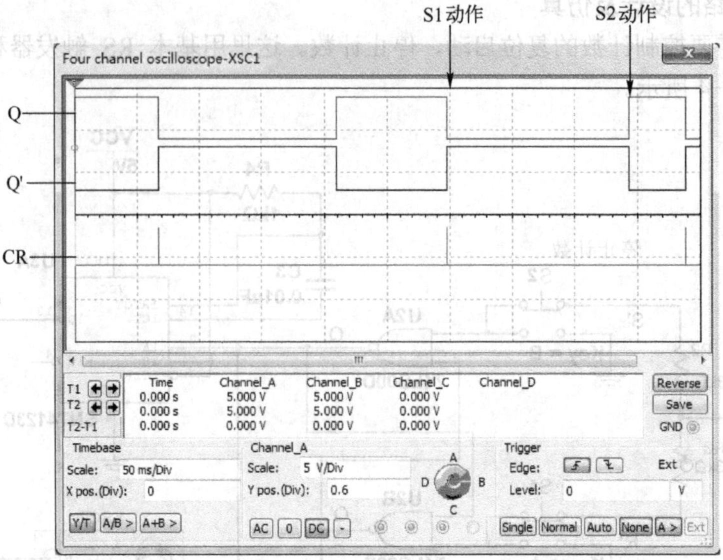

图 4-5　RS 触发器和单稳态触发器各点输出波形

2）存储文件。将文件命名为“控制电路”并存储。

3．分频及计数器电路的设计及仿真

1）创建电路。调入相关元器件，建立如图 4-6 所示的分频及计数器电路。在 Sources→Signal_VOLTAGE_SOURCES 里调入脉冲信号 CLOCK_VOLTAGE，信号频率设置成 50Hz，并调入示波器观察波形。U4 组成的五进制计数器实现五分频的功能，U5 和 U6 组成 100 进制加计数。

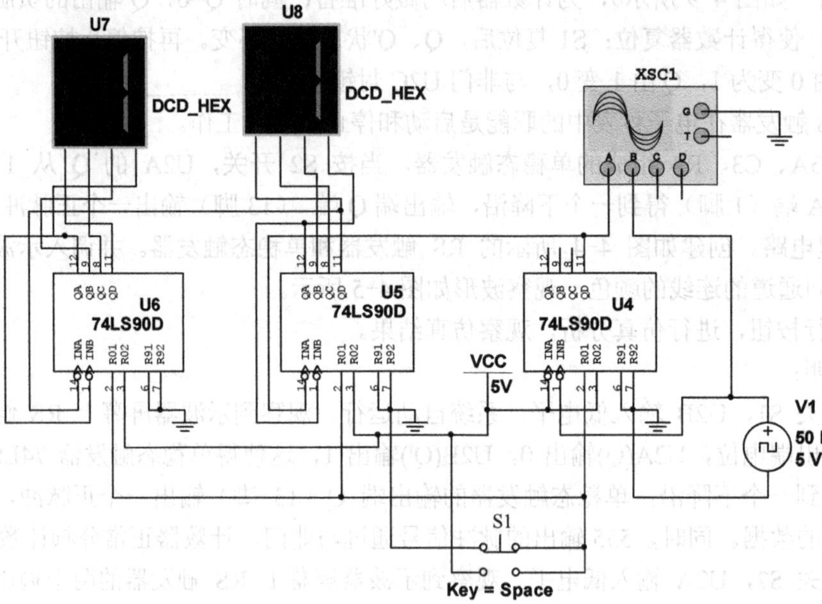

图 4-6　分频及计数器仿真电路图

2）仿真分析。单击运行按钮，进行仿真分析，观察仿真结果。

操作说明：

- 按开关 S1，数据复位为 00，然后开始递增，最多到 99。在任何数据下，再次按开关 S1，数据又复位为 00，然后开始递增。
- 双击示波器，打开示波器面板，如图 4-7 所示，即可观察到分频电路的脉冲信号输入输出关系，利用游标测量，输入脉冲周期为 20ms，输出脉冲周期为 100ms，符合设计要求。

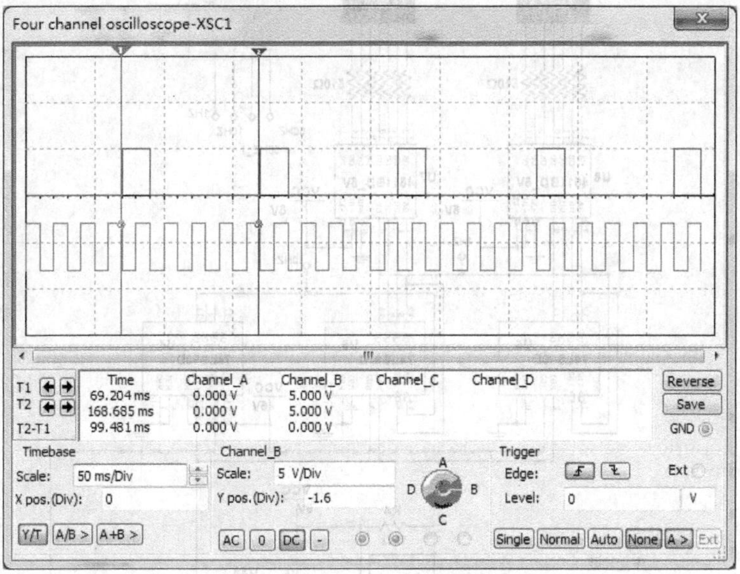

图 4-7　分频电路仿真波形图

3）存储文件。单击存储按钮，将文件命名为“计数器电路”并存储。

4．译码电路的设计及仿真

1）创建电路。在元件库“CMOS”→“CMOS_5V”里调入“4511”，在“Basic”→“RESISTER”里调入电阻，在“Indicators”→“HEX_DISPLAY”里调入共阴极七段数码管“SEVEN_SEG_COM_K”，连接成如图 4-8 所示的译码显示电路。把数据输入端 $D_DD_CD_BD_A$ 接至高低电平上，设置成某一数据。

2）单击运行按钮，进行仿真分析，观察仿真结果。

操作说明：

- 设置输入数据 $D_DD_CD_BD_A$ 为 0011，观察数码管是否显示为 3。正常显示从 0～9。
- 改变输入数据 $D_DD_CD_BD_A$ 的值，如 1111，观察数码管数据是否消隐。这是 4511 的拒伪码功能的体现。

3）存储文件。单击存储按钮，将文件命名为“译码显示电路”并存储。

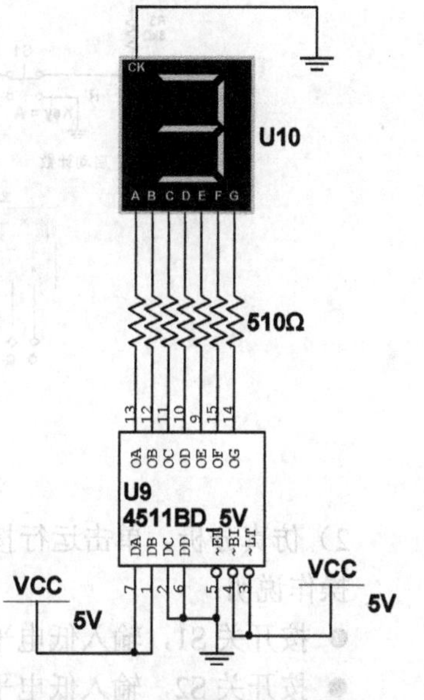

图 4-8　译码器仿真电路图

4.3.2 电子秒表总电路的设计及仿真

1）创建电路。新建文档，按照设计框图把各部分组合起来，如图 4-9 所示，在总电路中，与非门 U2C 实现对 50Hz 信号的封锁功能。为了使电路图更加简洁，使用页内连接器 On-page connector 进行一些观察点的连接。

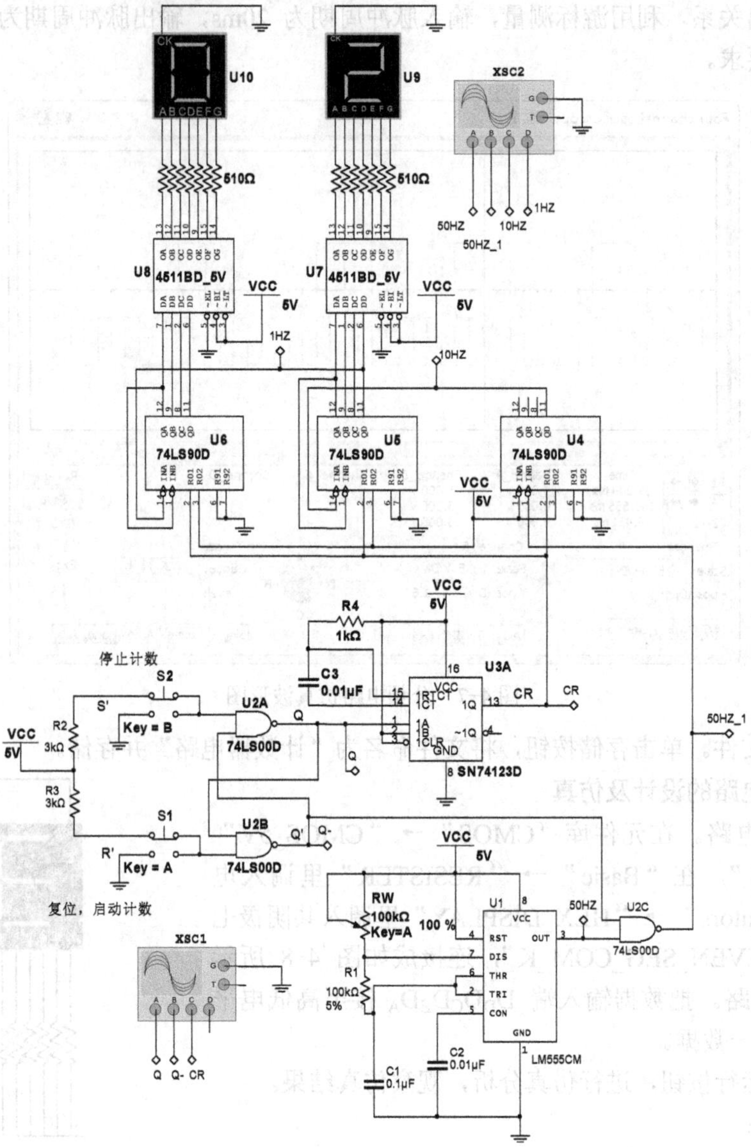

图 4-9　电子秒表总电路图

2）仿真分析。单击运行按钮，进行仿真分析，观察仿真结果。

操作说明：

- 按开关 S1，输入低电平，系统自动运行。观察数据是否从 00～99 递增。
- 按开关 S2，输入低电平。观察输出数据是否停止不变。
- 再按开关 S1，观察数据是否从 00～99 递增。同时观察示波器 XSC2 的波形，调整

R_W的值，使输出的频率准确。观察 50Hz、10Hz、1Hz 这几个点的波形。

3）存储文件。单击存储按钮，将文件命名为“电子秒表总电路”并存储。

4.4 实验要求

1. 按任务要求设计电子秒表，并分单元电路进行仿真和总体电路调试。
2. 设计任务中把精度改为 0.01s，试调整相关参数和单元电路，并进行电路仿真。
3. 设计任务中加入一个开关，控制秒表的暂停，试设计出该电路并进行仿真。

4.5 元件介绍

1. 单稳态触发器 74LS123

74LS123 是一个可重触发单稳态触发器，有清零功能和互补输出端，其内部结构和引脚排列如图 4-10 所示，功能见表 4-1。本实验用的是第五组功能。

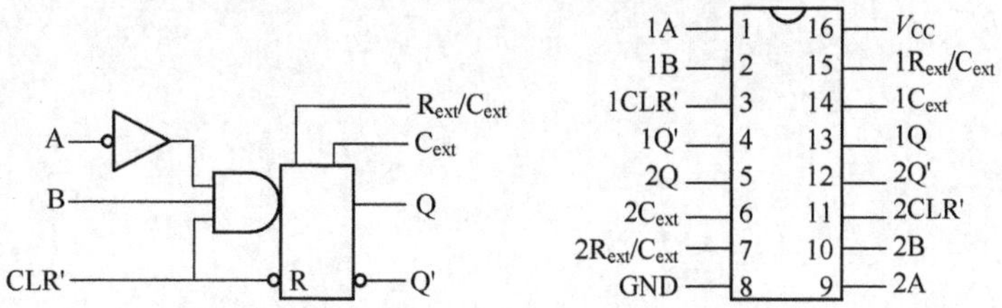

图 4-10 74LS123 内部结构及引脚排列

表 4-1 74LS123 的功能表

输 入			输 出	
CLR′	A	B	Q	Q′
0	×	×	0	1
×	1	×	0	1
×	×	0	0	1
1	0	↑		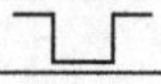
1	↓	1	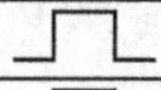	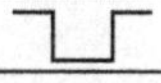
↑	0	1	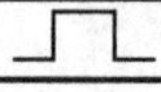	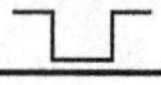

其单稳态时间由外围电阻电容决定，其典型连接方法如图 4-11 所示，如果 C_x 是有极性电解电容，则正极接在 R_{EXT}/C_{EXT} 端。当 C_x>>1000pF，输出的暂态时间 $T_w=K\times R_x\times C_x$。$R_x$ 的单位是 kΩ，C_x 的单位是 pF，T_w 的单位是 ns，$K\approx0.37$。

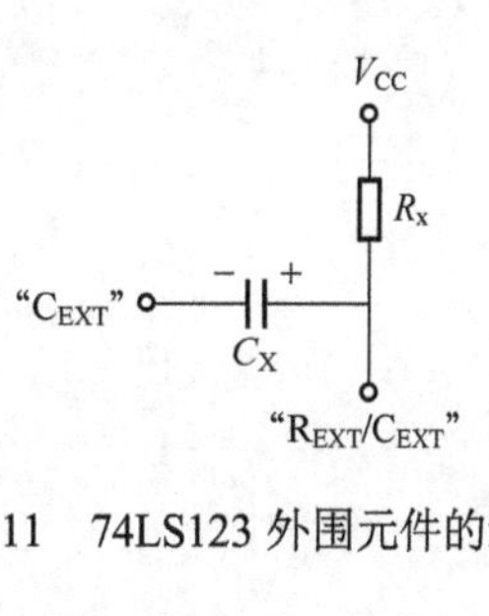

图 4-11 74LS123 外围元件的连接

4.6 思考题

1. 把 555 输出频率调整成 1000Hz，试调整相关参数？

2．把 555 输出频率调成 40Hz，在分频电路中，用 D 触发器 74LS74 来实现四分频，试设计该电路。

3．试用 555 来实现单稳态电路部分的设计。

4．译码器电路改用 74LS47 来实现，试设计出相应的电路。

5．把计数器部分的 74LS90 换成 74LS192，试设计出相应的电路。

第 5 章　交通信号控制系统的设计与开发

交通管理系统是一个城市交通管理的重要组成部分，其性能的好坏直接关系到城市的现代化水平，这里设计的电子电路系统模拟十字路口的交通灯管理。在十字路口的正中，面对各方向悬挂红、黄、绿三色信号灯及表示禁止（或允许）通行时间的数码显示牌。包括信号灯（红、黄、绿三色信号灯）管理和时间牌管理。

5.1　交通灯管理系统的设计要求

1．一个十字路口交通灯控制电路，要求主干道与支干道交替通行。主干道通行时，主干道绿灯亮，支干道红灯亮，时间为 60s。支干道通行时，支干道绿灯亮，主干道红灯亮，时间为 30s。

2．每次绿灯变红时，要求黄灯先闪烁 3s（频率为 5Hz）。此时另一路口红灯不变。

3．绿灯亮（通行时间内）和红灯亮（禁止通行时间内）均有倒计时显示。

5.2　交通灯管理系统的工作原理

分析交通灯管理系统的设计要求，电路实现可采用单片机控制方式，也可采用数字电路控制方式。考虑到用 Multisim 进行仿真设计，本系统选用数字电路控制方式。并根据设计要求，按单元电路分析电路的工作原理。

如图 5-1 所示，交通灯显示流程分 4 个阶段。

1）阶段：主干道绿灯亮（支干道红灯亮）。

2）阶段：主干道黄灯闪（支干道红灯亮）。

3）阶段：主干道红灯亮（支干道绿灯亮）。

4）阶段：主干道红灯亮（支干道黄灯闪）。

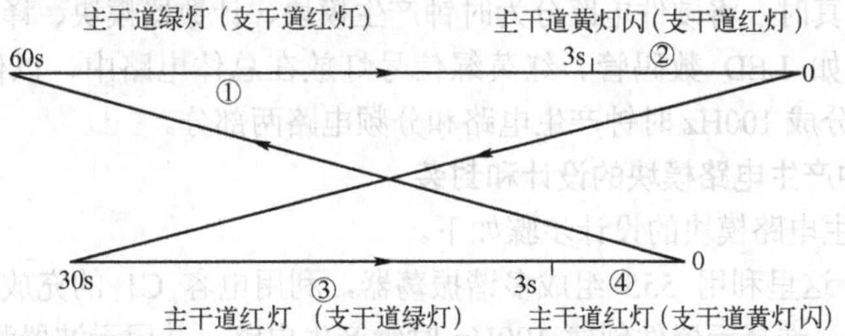

图 5-1　交通灯显示流程

时间牌从 60s 到 0，又从 30s 到 0 进行减计数，因此需要用到减计数器，具体应选用输出是两位 BCD 码的减计数器。

如果按秒减，则需要提供秒脉冲，假设黄灯按 5Hz 闪烁，则需要提供 5Hz 脉冲。这两个脉冲信号则由时钟发生电路提供，可先设计一个频率稍高的脉冲信号如 100Hz，再进行分频得到，这样有利于保证精确度。

当减计数至 0s 时，红绿灯交替。这意味着，应将 0s 这种状态识别出来，做为“检 0 信号”，控制计数器置入另一组数据 30 或 60，并控制红绿灯的交替。

当减计数至小于等于 3s 时，黄灯闪烁。这意味着，应能将 01～03s 从计数结果中识别出来，故应有“检 3 信号”承担对 01～03s 的译码任务；并有“黄灯闪烁控制电路”控制黄灯的闪烁。

系统中应有译码显示电路，承担计数结果的显示任务。

系统中应有信号灯驱动电路，承担驱动信号灯（红、黄、绿三色信号灯）发光的任务。

按以上分析，可设计交通信号控制系统的原理框图，如图 5-2 所示。

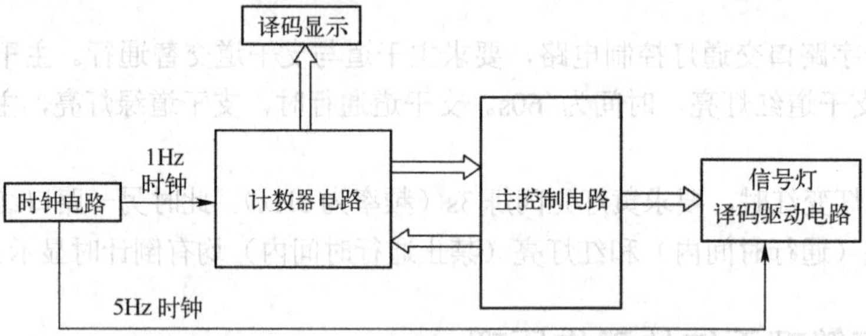

图 5-2　交通信号控制系统的原理框图

5.3 Multisim 12 在交通信号控制系统设计中的应用

根据交通信号控制系统的功能要求，确定了交通信号控制系统的设计方案，设计了系统的原理框图和单元电路。通过用 Multisim 对交通信号控制系统的仿真分析，说明复杂电路系统仿真分析的步骤和方法，建立对综合性电路的设计思路。

5.3.1　单元模块电路的设计

用 Multisim 仿真时，将硬件电路分为时钟产生模块、计数器模块、译码模块、主控制电路模块，其他部件如 LED 数码管、红黄绿信号灯放在总体电路中，以便观察结果。在这里，时钟产生模块分成 100Hz 时钟产生电路和分频电路两部分。

1．100Hz 时钟产生电路模块的设计和封装

100Hz 时钟产生电路模块的设计步骤如下。

1）创建电路。这里利用 555 组成多谐振荡器，利用电容 C1 的充放电，得到输出矩形波，如图 5-3 所示。选择元器件创建 100Hz 时钟产生电路，并用示波器测试 A 点输出波形和 B 点电容 C1 的充放电波形，调试相关参数，使输出波形频率为 100Hz，并记录元件参数和波形。

2）添加模块引脚。选择“Place”→“Connectors”→“HB/SC connector”命令，将其更名为 100Hz。

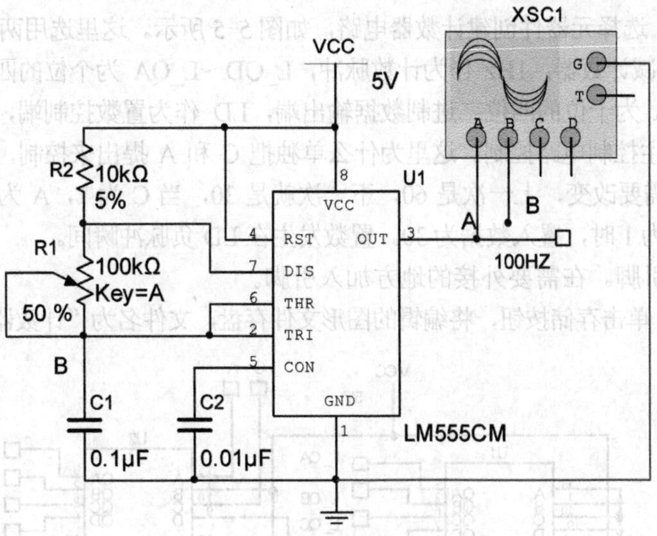

图 5-3　100Hz 时钟产生电路模块

3）存储文件。单击存储按钮，将编辑的图形文件存盘，文件名为“555 产生的时钟脉冲模块.ms12”。

4）模块封装。模块封装在总体电路设计环境中进行。

2．分频电路模块的设计和封装

1）创建电路。选择元器件创建分频电路，如图 5-4 所示。在 100Hz 处加入 CLOCK_VOLTAGE，输入 100Hz 脉冲信号，用示波器观察输入输出信号，观察输入输出频率关系并做好波形记录。此处选用两个 74LS192 加计数级联进行 20 分频和 100 分频得到 5Hz 和 1Hz 时钟脉冲信号。

2）添加模块引脚。在需要外接的地方加入引脚 100Hz、5Hz 和 1Hz。

3）存储文件。单击存储按钮，将编辑的图形文件存盘，文件名为“分频电路模块.ms12”。

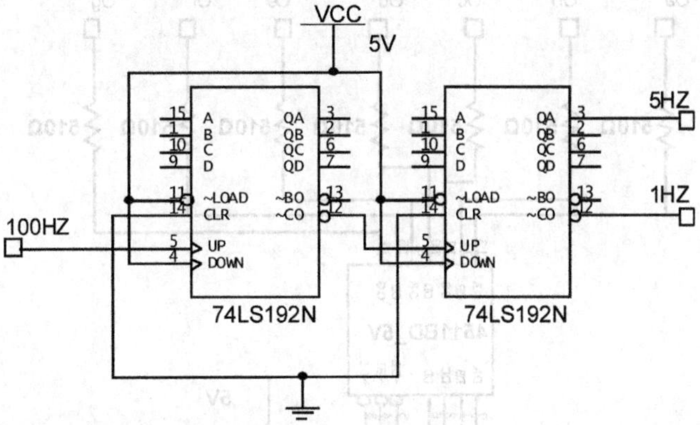

图 5-4　分频电路模块

3．计数器电路模块的设计与封装

计数器电路模块的设计步骤如下：

1）创建电路。选择元器件创建计数器电路，如图 5-5 所示。这里选用两个 74LS192 减计数级联组成 100 进制减计数器，1Hz 作为计数脉冲，L_QD～L_QA 为个位的四位二进制数据输出端，H_QD～H_QA 为十位的四位二进制数据输出端，LD 作为置数控制端，C、A 作为可改变的置入数据，都受主控制电路控制。这里为什么单独把 C 和 A 提出来控制，是因为每次计数到 0 后，置入的数据需要改变，上一次是 60，下一次就是 30，当 C 为 1，A 为 0 时，置入数据为 60，当 C 为 0，A 为 1 时，置入数据为 30。置数发生在 LD 负脉冲瞬间。

2）添加模块引脚。在需要外接的地方加入引脚。

3）存储文件。单击存储按钮，将编辑的图形文件存盘，文件名为“计数器电路模块.ms12”。

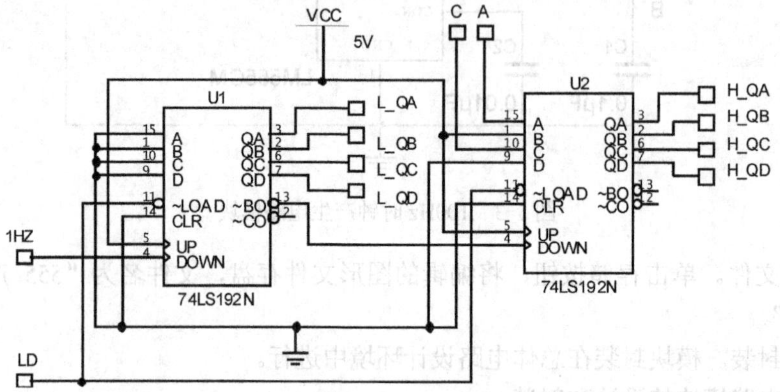

图 5-5 计数器电路模块

4. 译码电路模块的设计与封装

译码电路模块的设计步骤如下：

1）创建电路。选择元器件创建计数器电路，如图 5-6 所示。这里用共阴极数码管译码器 4511 作为译码器件，输出的每一段串联一个限流电阻，防止输出电流过大，烧毁数码管。

2）添加模块引脚。在四个输入端 ID～IA 和七个输出端 Og～Oa 接入模块引脚。

3）存储文件。单击存储按钮，将编辑的图形文件存盘，文件名为“译码电路模块.ms12”。

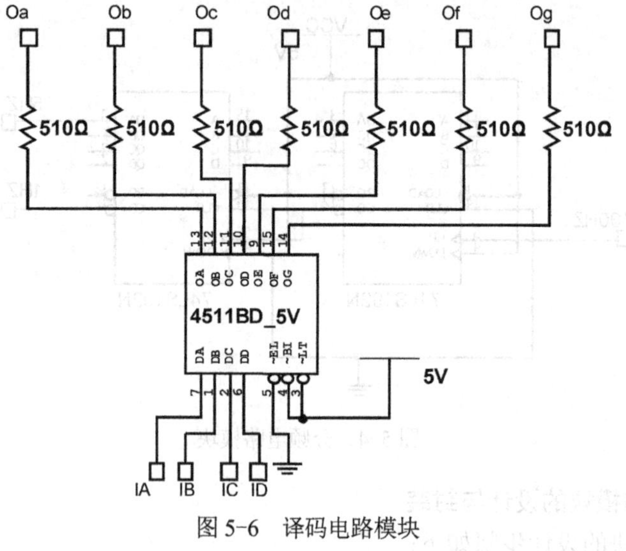

图 5-6 译码电路模块

5. 主控制电路模块的设计与封装

主控制电路模块设计步骤如下。

1）创建电路。选择元器件创建主控制电路，如图 5-7 所示。这里用一个 8 输入或门作为“检 0 信号”，当计数到 0 时，输出 LD 为 0，使得计数器置数。置数后 LD 马上恢复至 1，使得计数器又进入计数状态，LD 的上升沿触发 D 触发器，使得触发器输出端 1Q 和～1Q 发生翻转，也就是 C 和 A 的数据发生翻转，为下一次置数准备好数据。图 5-8 为主控制电路的时序图，从中可以看出，在 C 为 1 期间，主干道红灯亮，因此 R1 直接接 C 即可，在 A 为 1 期间，需要把后 3s 区分出来，这里用 6 输入或非门作为“检 3 信号”，当为最后 3s 时，输出为 1，控制 5Hz 信号进入 Y1，使得黄灯 Y1 闪烁，其余则绿灯 G1 亮。

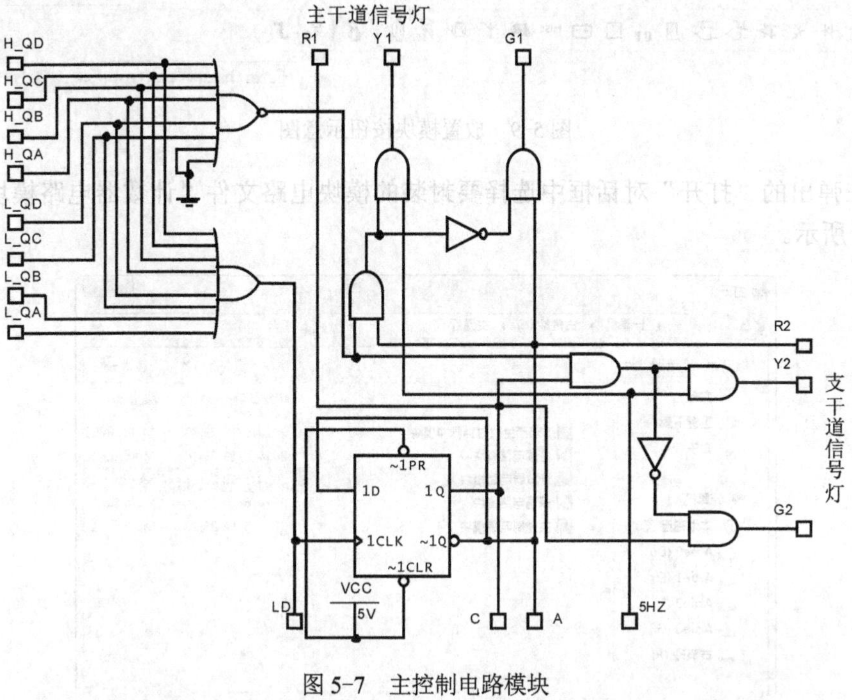

图 5-7　主控制电路模块

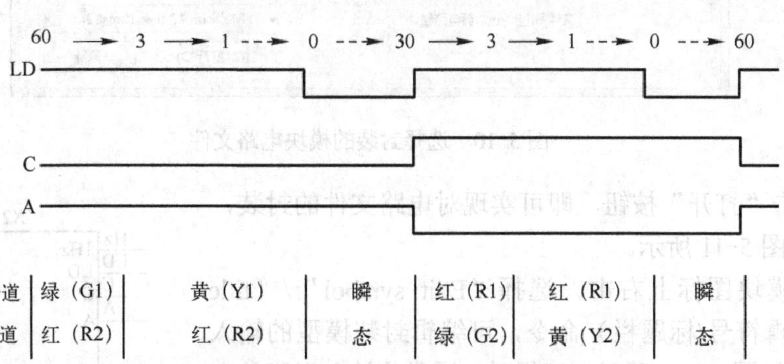

图 5-8　主控制电路模块时序图

2）添加模块引脚。H_QD～H_QA 为十位计数器输出端，L_QD～L_QA 为个位计数器输出端，R1、Y1、G1 分别为主干道的红黄绿灯，R2、Y2、G2 分别为支干道的红黄绿灯，

LD 为置数控制端，5Hz 为控制黄灯闪烁的脉冲输入端，C 和 A 为置数数据输入端。

3）存储文件。单击储存按钮，将编辑的图形文件存盘，文件名为“主控制电路模块.ms12”。

5.3.2 总体电路的设计和仿真

1. 总体电路的设计

总体电路的设计步骤如下。

1）放置模块电路。新建文件，命名为“交通灯总电路”。单击放置模块按钮，如图 5-9 所示。

图 5-9　放置模块按钮示意图

2）在弹出的“打开”对话框中选择要封装的模块电路文件“计数器电路模块.ms12”，如图 5-10 所示。

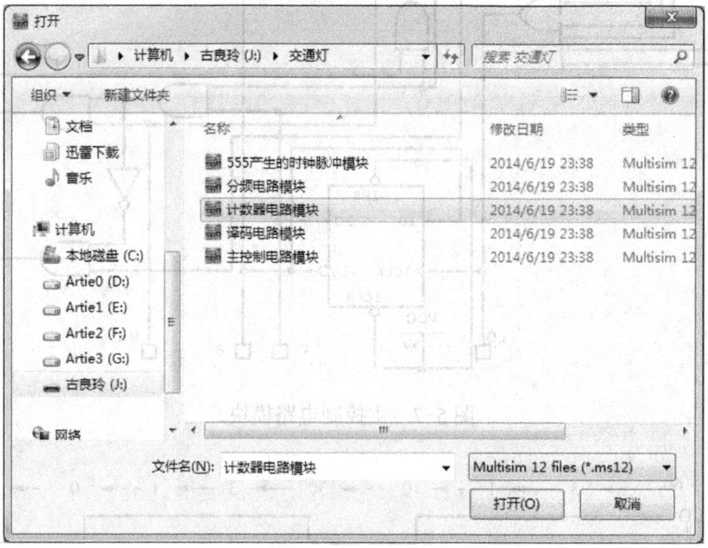

图 5-10　选择封装的模块电路文件

3）单击“打开”按钮，即可实现对电路文件的封装，封装模型如图 5-11 所示。

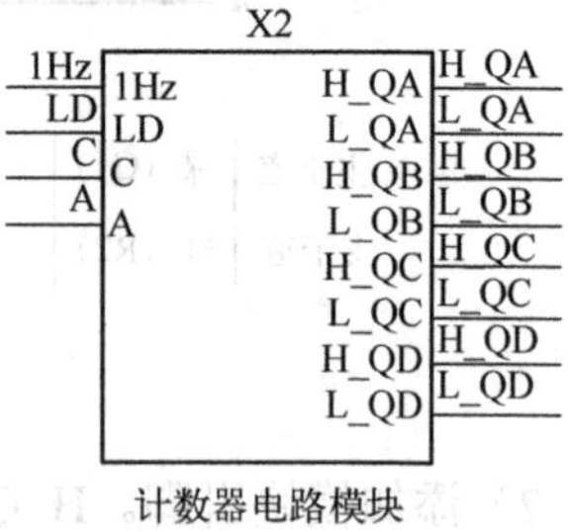

图 5-11　封装模型

4）在模块图标上右击，选择“Edit symbol”/“title block”（编辑符号/标题栏）命令，可编辑封装模型的输入输出引脚，如图 5-12 所示。编辑时，通常将输入引脚放在模型的左边，将输出引脚放在模型的右边。经调整后的封装模型如图 5-13 所示，在模块图标上双击，可对模块内部电路重新调整和编辑。

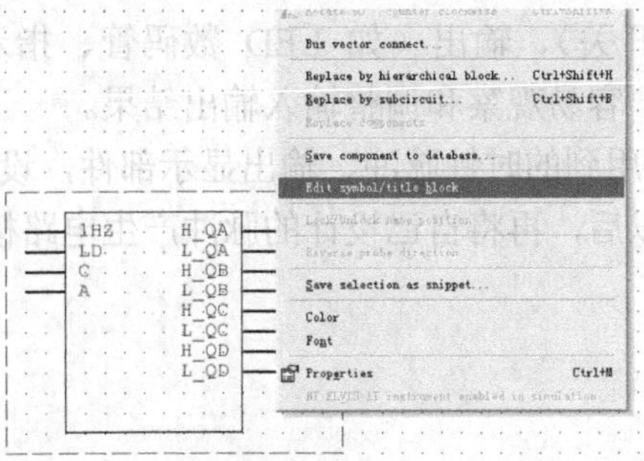

图 5-12 编辑封装模型的引脚

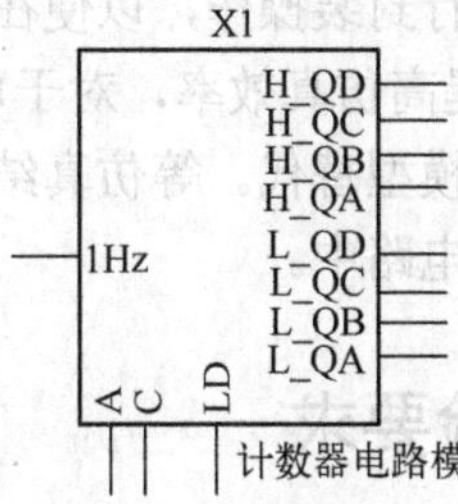

图 5-13 封装后的封装模型

5）依次放置 “555 产生的时钟脉冲模块”、“分频电路模块”、“计数器电路模块”“主控制电路模块”、“译码电路模块”，并根据连线需要调整输入输出引脚位置，调整布局，并调入显示器件 7 段数码管和指示灯，并进行连线，创建交通管理控制总体电路，如图 5-14 所示。

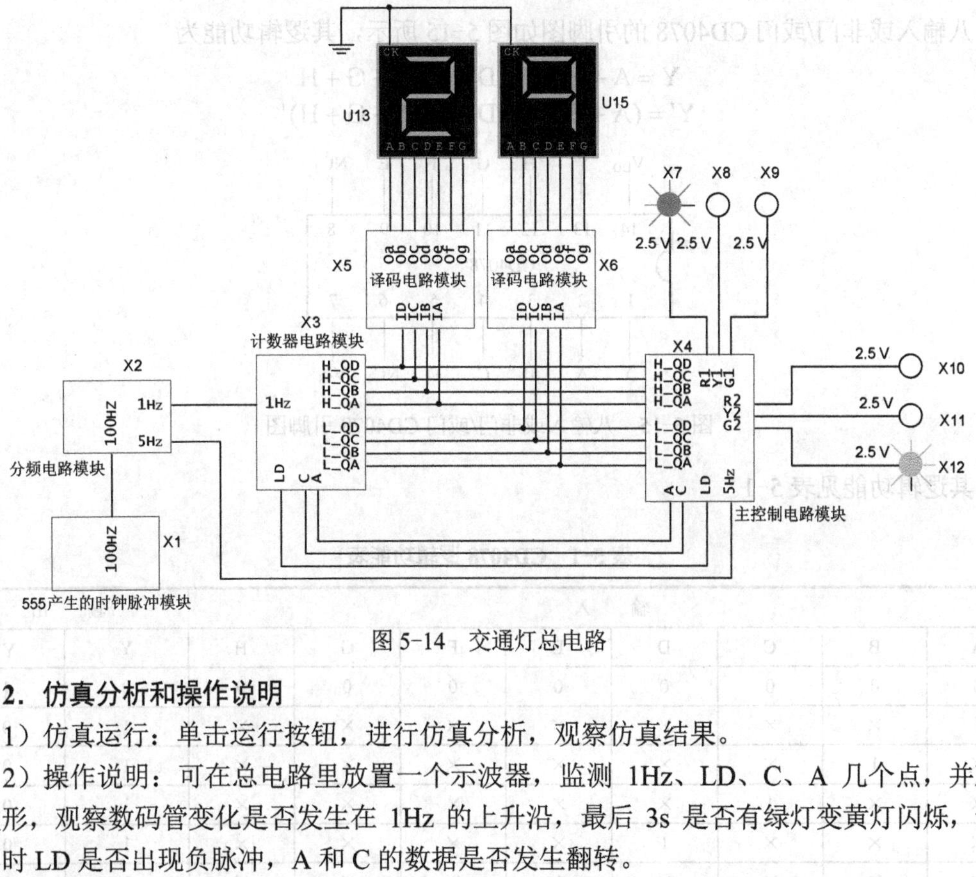

图 5-14 交通灯总电路

2. 仿真分析和操作说明

1）仿真运行：单击运行按钮，进行仿真分析，观察仿真结果。

2）操作说明：可在总电路里放置一个示波器，监测 1Hz、LD、C、A 几个点，并观察其波形，观察数码管变化是否发生在 1Hz 的上升沿，最后 3s 是否有绿灯变黄灯闪烁，计数到 0 时 LD 是否出现负脉冲，A 和 C 的数据是否发生翻转。

5.3.3 复杂电路系统仿真应注意的事项

1）采用模块化设计和封装，先对单元电路模块进行仿真分析，再对总体电路进行仿真分析，以提高仿真效率，并使总体电路简单。

2）在进行电路设计时，对于输入（如开关）、输出（如 LED 数码管、指示灯、示波器）等不进行封装操作，以便在总体电路中，容易观察和调整输入输出结果。

3）为提高仿真效率，对于电路系统需要用到的时钟脉冲、输出显示部件，设计时可先用系统中的模型替代。等仿真结果满足要求以后，再将自己设计的脉冲产生电路模块、显示模块接入总电路中。

5.4 实验要求

1．按任务要求设计交通信号控制系统，并分模块进行仿真和总体电路调试。

2．设计任务中把后 3s 黄灯闪烁改成后 5s 黄灯闪烁，试设计出该电路并进行仿真。

3．设计任务中把 60s 和 30s 分别改为 30s 和 20s，试设计出该电路并进行仿真。

5.5 元件介绍

八输入或非门/或门 CD4078 的引脚图如图 5-15 所示，其逻辑功能为

$$Y = A + B + C + D + E + F + G + H$$
$$Y' = (A + B + C + D + E + F + G + H)'$$

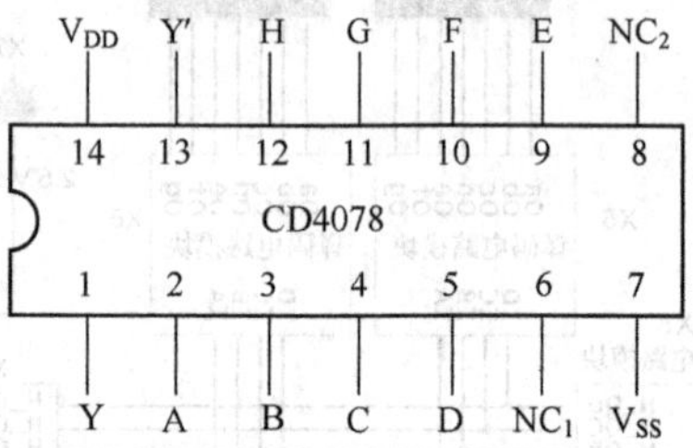

图 5-15 八输入或非门/或门 CD4078 引脚图

其逻辑功能见表 5-1。

表 5-1 CD4078 逻辑功能表

输入								输出	
A	B	C	D	E	F	G	H	Y	Y′
0	0	0	0	0	0	0	0	0	1
1	×	×	×	×	×	×	×	1	0
×	1	×	×	×	×	×	×	1	0
×	×	1	×	×	×	×	×	1	0
×	×	×	1	×	×	×	×	1	0
×	×	×	×	1	×	×	×	1	0
×	×	×	×	×	1	×	×	1	0
×	×	×	×	×	×	1	×	1	0
×	×	×	×	×	×	×	1	1	0

5.6 思考题

1．本设计是怎样通过数据 0 的检测而实现数据的重载的？

2．重载数据 30s、60s 是怎样实现切换的？

3．本设计怎样实现最后 3s 的检测，并在最后 3s 怎样实现黄灯的闪烁？

4．试用其他芯片进行设计。如脉冲发生电路改用门电路进行设计、分频电路改用 74LS390、计数器电路改用 74LS160、译码器电路改用 74LS47 或 74LS48，试设计出对应的模块。

附录 常用逻辑符号对照表

名称	国际符号	曾用符号	国外常用符号	名称	国标符号	曾用符号	国外常用符号
与门	&			基本 *RS* 触发器	S R	S Q R $\overline{Q}$	S Q R $\overline{Q}$
或门	≥1	+		同步 *RS* 触发器	1S C1 1R	S Q CP R $\overline{Q}$	S Q CK R $\overline{Q}$
非门	1						
与非门	&			正边沿 *D* 触发器	S 1D >C1 R	D Q >CP $\overline{Q}$	D S_D Q >CK R_D $\overline{Q}$
或非门	≥1	+					
异或门	=1	⊕		负边沿 JK 触发器	S 1J >C1 1K R	J Q >CP K $\overline{Q}$	J S_D Q >CK K R_D $\overline{Q}$
同或门	=1	⊙					
集电极开路与非门	& ◇			全加器	Σ CI CO	FA	FA
三态门	1 EN ▽			半加器	Σ CO	HA	HA
施密特与门	& ⎍	⎍	⎍	传输门	TG	TG	

参 考 文 献

[1] 蒋黎红，黄培根．电子技术基础实验&Multisim 10 仿真[M]．北京：电子工业出版社, 2010.

[2] 从宏寿，程卫群，李绍铭．Multisim 8 仿真与应用实例开发[M]．北京：清华大学出版社，2007.

[3] 古良玲，全晓莉．电路仿真与电路板设计项目化教程（基于 Multisim 与 Protel）[M]. 北京：机械工业出版社，2014.

[4] 刘建清．从零开始学电路仿真 Multisim 与电路设计 Protel 技术[M]．北京：国防工业出版社，2006.

[5] 邓泽霞，陈新岗．电路电子基础实验[M]．北京：中国电力出版社，2009.

[6] 康华光．电子技术基础 数字部分[M]．5 版．北京：高等教育出版社，2008

[7] 陈桂兰．电子线路板设计与制作[M]．北京：人民邮电出版社，2010.

[8] 缪晓中．电子 CAD−Protel 99 SE[M]．北京：化学工业出版社，2009.

[9] 钱金发．电子设计自动化技术[M]．北京：机械工业出版社，2005.

[10] 曾峰，巩海洪，曾波. 印刷电路板（PCB）设计与制作[M]. 北京：电子工业出版社，2005.

[11] 赵淑范，董鹏中. 电子技术实验与课程设计[M]. 2 版. 北京：清华大学出版社，2009.

[12] 王连英. 基于 Multisim 10 的电子仿真实验与设计[M]. 北京：北京邮电大学出版社，2009.

[13] 梁青，侯传教，熊伟，孟涛. Multisim 11 电路仿真与实践[M]. 北京：清华大学出版社，2012.

[14] 许晓华，何春华. Multisim 10 计算机仿真及应用[M]. 北京：清华大学出版社，2011.